"十三五"国家重点出版物出版规划项目

中国土系志

Soil Series of China

(中西部卷)

总主编 张甘霖

西 藏 卷
Xizang

赵玉国 李德成 著

科学出版社
龙门书局
北京

内 容 简 介

《中国土系志·西藏卷》是在对西藏自治区区域概况和主要土壤类型进行全面调查研究的基础上，进行了土壤系统分类高级分类单元（土纲-亚纲-土类-亚类）的鉴定和基层分类单元（土族-土系）的划分。本书的上篇论述区域概况、成土因素、成土过程、诊断层与诊断特性、土壤分类的发展以及本次土系调查的概况；下篇重点介绍建立的西藏自治区典型土系，内容包括每个土系所属的高级分类单元、分布与环境条件、土壤性状与特征变幅、代表性单个土体、对比土系、利用性能综述和参比土种以及相应的理化性质。最后附土壤发生层的符号表达、中国土壤系统分类土族与土系划分标准。

本书的主要读者为从事与土壤学相关的学科，包括农业、环境、生态和自然地理等学科的科学研究和教学工作者，以及从事土壤与环境调查的部门和科研机构人员。

审图号：GS（2020）3822 号

图书在版编目（CIP）数据

中国土系志. 中西部卷. 西藏卷/张甘霖主编；赵玉国，李德成著. —北京：龙门书局，2020.12

"十三五"国家重点出版物出版规划项目　国家出版基金项目

ISBN 978-7-5088-5890-6

Ⅰ.①中… Ⅱ.①张… ②赵… ③李… Ⅲ.①土壤地理-中国②土壤地理-西藏 Ⅳ.①S159.2

中国版本图书馆 CIP 数据核字（2020）第 250646 号

责任编辑：胡　凯　周　丹　黄　海/责任校对：杨聪敏
责任印制：师艳茹/封面设计：许　瑞

科学出版社
龍門書局　出版

北京东黄城根北街 16 号
邮政编码：100717
http://www.sciencep.com

中国科学院印刷厂 印刷
科学出版社发行　各地新华书店经销

*

2020 年 12 月第 一 版　开本：787×1092　1/16
2020 年 12 月第一次印刷　印张：18 1/2
字数：440 000

定价：268.00 元
（如有印装质量问题，我社负责调换）

《中国土系志》编委会顾问

孙鸿烈　赵其国　龚子同　黄鼎成　王人潮
张玉龙　黄鸿翔　李天杰　田均良　潘根兴
黄铁青　杨林章　张维理　郧文聚

土系审定小组

组　长　张甘霖

成　员（以姓氏笔画为序）

　　　　　王天巍　王秋兵　龙怀玉　卢　瑛　卢升高
　　　　　刘梦云　李德成　杨金玲　吴克宁　辛　刚
　　　　　张凤荣　张杨珠　赵玉国　袁大刚　黄　标
　　　　　常庆瑞　麻万诸　章明奎　隋跃宇　慈　恩
　　　　　蔡崇法　漆智平　翟瑞常　潘剑君

《中国土系志》编委会

主　编　张甘霖

副主编　王秋兵　李德成　张凤荣　吴克宁　章明奎

编　委（以姓氏笔画为序）

　　　　王天巍　王秋兵　王登峰　孔祥斌　龙怀玉
　　　　卢　瑛　卢升高　白军平　刘梦云　刘黎明
　　　　李　玲　李德成　杨金玲　吴克宁　辛　刚
　　　　宋付朋　宋效东　张凤荣　张甘霖　张杨珠
　　　　张海涛　陈　杰　陈印军　武红旗　周　清
　　　　赵　霞　赵玉国　胡雪峰　袁大刚　黄　标
　　　　常庆瑞　麻万诸　章明奎　隋跃宇　董云中
　　　　韩春兰　慈　恩　蔡崇法　漆智平　翟瑞常
　　　　潘剑君

《中国土系志·西藏卷》作者名单

主　　编　赵玉国　李德成
副 主 编　白军平　次　顿
参编人员　（以姓氏笔画为序）
　　　　　王宇彭　支俊俊　尼玛次仁　尼玛旺堆
　　　　　刘　峰　刘合满　刘青海　李继荣　杨　飞
　　　　　杨　帆　杨仁敏　杨金玲　吴华勇　邱　城
　　　　　余耀斌　沈晨露　宋效东　张飞龙　张甘霖
　　　　　张欣悦　阿旺达吉　陈鑫鑫　明玛卓嘎
　　　　　金成伟　洛桑催成　朗　扎　黄利英　曹丽花
　　　　　潘崇双
顾　　问　龚子同

丛 书 序 一

土壤分类作为认识和管理土壤资源不可或缺的工具，是土壤学最为经典的学科分支。现代土壤学诞生后，近 150 年来不断发展，日渐加深人们对土壤的系统认识。土壤分类的发展一方面促进了土壤学整体进步，同时也为相邻学科提供了理解土壤和认知土壤过程的重要载体。土壤分类水平的提高也极大地提高了土壤资源管理的水平，为土地利用和生态环境建设提供了重要的科学支撑。在土壤分类体系中，高级单元主要体现土壤的发生过程和地理分布规律，为宏观布局提供科学依据；基层单元主要反映区域特征、层次组合以及物理、化学性状，是区域规划和农业技术推广的基础。

我国幅员辽阔，自然地理条件迥异，人类活动历史悠久，造就了我国丰富多样的土壤资源。自现代土壤学在中国发端以来，土壤学工作者对我国土壤的形成过程、类型、分布规律开展了卓有成效的研究。就土壤基层分类而言，自 20 世纪 30 年代开始，早期的土壤分类引进美国 Marbut 体系，区分了我国亚热带低山丘陵区的土壤类型及其续分单元，同时定名了一批土系，如孝陵卫系、萝岗系、徐闻系等，对后来的土壤分类研究产生了深远的影响。

与此同时，美国土壤系统分类（soil taxonomy）也在建立过程中，当时 Marbut 分类体系中的土系（soil series）没有严格的边界，一个土系的属性空间往往跨越不同的土纲。典型的例子是迈阿密（Miami）系，在系统分类建立后按照属性边界被拆分成为不同土纲的多个土系。我国早期建立的土系也同样具有属性空间变异较大的情形。

20 世纪 50 年代，随着全面学习苏联土壤分类理论，以地带性为基础的发生学土壤分类迅速成为我国土壤分类的主体。1978 年，中国土壤学会召开土壤分类会议，制定了依据土壤地理发生的《中国土壤分类暂行草案》。该分类方案成为随后开展的全国第二次土壤普查中使用的主要依据。通过这次普查，于 20 世纪 90 年代出版了《中国土种志》，其中包含近 3000 个典型土种。这些土种成为各行业使用的重要土壤数据来源。限于当时的认识和技术水平，《中国土种志》所记录的典型土种依然存在"同名异土"和"同土异名"的问题，代表性的土壤剖面没有具体的经纬度位置，也未提供剖面照片，无法了解土种的直观形态特征。

随着"中国土壤系统分类"的建立和发展，在建立了从土纲到亚类的高级单元之后，建立以土系为核心的土壤基层分类体系是"中国土壤系统分类"发展的必然方向。建立我国的典型土系，不但可以从真正意义上使系统完整，全面体现土壤类型的多样性和丰富性，而且可以为土壤利用和管理提供最直接和完整的数据支持。

在科技部国家科技基础性工作专项项目"我国土系调查与《中国土系志》编制"的支持下,以中国科学院南京土壤研究所张甘霖研究员为首,联合全国二十多所大学和相关科研机构的一批中青年土壤科学工作者,经过数年的努力,首次提出了中国土壤系统分类框架内较为完整的土族和土系划分原则与标准,并应用于土族和土系的建立。通过艰苦的野外工作,先后完成了我国东部地区和中西部地区的主要土系调查和鉴别工作。在比土、评土的基础上,总结和建立了具有区域代表性的土系,并编纂了以各省市为分册的《中国土系志》,这是继"中国土壤系统分类"之后我国土壤分类领域的又一重要成果。

作为一个长期从事土壤地理学研究的科技工作者,我见证了该项工作取得的进展和一批中青年土壤科学工作者的成长,深感完善这项成果对中国土壤系统分类具有重要的意义。同时,这支中青年土壤分类工作者队伍的成长也将为未来该领域的可持续发展奠定基础。

对这一基础性工作的进展和前景我深感欣慰。是为序。

中国科学院院士
2017 年 2 月于北京

丛 书 序 二

土壤分类和分布研究既是土壤学也是自然地理学中的基础工作。认识和区分土壤类型是理解土壤多样性和开展土壤制图的基础，土壤分类的建立也是评估土壤功能，促进土壤技术转移和实现土壤资源可持续管理的工具。对土壤类型及其分布的勾画是土地资源评价、自然资源区划的重要依据，同时也是诸多地表过程研究所不可或缺的数据来源，因此，土壤分类研究具有显著的基础性，是地球表层系统研究的重要组成部分。

我国土壤资源调查和土壤分类工作经历了几个重要的发展阶段。20世纪30年代至70年代，老一辈土壤学家在路线调查和区域综合考察的基础上，基本明确了我国土壤的类型特征和宏观分布格局；80年代开始的全国土壤普查进一步摸清了我国的土壤资源状况，获得了大量的基础数据。当时由于历史条件的限制，我国土壤分类基本沿用了苏联的地理发生分类体系，强调生物气候带的影响，而对母质和时间因素重视不够。此后虽有局部的调查考察，但都没有形成系统的全国性数据集。

以诊断层和诊断特性为依据的定量分类是当今国际土壤分类的主流和趋势。自20世纪80年代开始的"中国土壤系统分类"研究历经20多年的努力构建了具有国际先进水平的分类体系，成果获得了国家自然科学奖二等奖。"中国土壤系统分类"完成了亚类以上的高级单元，但对基层分类级别——土族和土系——仅仅开展了一些样区尺度的探索性研究。因此，无论是从土壤系统分类的完整性，还是土壤类型代表性单个土体的数据积累来看，仅有高级单元与实际的需求还有很大距离，这也说明进行土系调查的必要性和紧迫性。

在科技部国家科技基础性工作专项的支持下，自2008年开始，中国科学院南京土壤研究所联合国内20多所大学和科研机构，在张甘霖研究员的带领下，先后承担了"我国土系调查与《中国土系志》编制"（项目编号2008FY110600）和"我国土系调查与《中国土系志（中西部卷）》编制"（项目编号2014FY110200）两期研究项目。自项目开展以来，近百名项目参加人员，包括数以百计的研究生，以省区为单位，依据统一的布点原则和野外调查规范，开展了全面的典型土系调查和鉴定。经过10多年的努力，参加人员足迹遍布全国各地，克服了种种困难，不畏艰辛，调查了近7000个典型土壤单个土体，结合历史土壤数据，建立了近5000个我国典型土系；并以省区为单位，完成了我国第一部包含30分册、基于定量标准和统一分类原则的土系志，朝着系统建立我国基于定量标准的基层分类体系迈进了重要的一步。这些基础性的数据，无疑是我国自第二次土壤普查以来重要的土壤信息来源，相关成果可望为各行业、部门和相关研究者，特别是土壤质量提升、土地资源评价、水文水资源模拟、生态系统服务评估等工作提供最新的、系统的数据支撑。

我欣喜于并祝贺《中国土系志》的出版，相信其对我国土壤分类研究的深入开展，对促进土壤分类在地球表层系统科学研究中的应用有重要的意义。欣然为序。

中国科学院院士
2017年3月于北京

丛 书 前 言

土壤分类的实质和理论基础，是区分地球表面三维土壤覆被这一连续体发生重要变化的边界，并试图将这种变化与土壤的功能相联系。区分土壤属性空间或地理空间变化的理论和实践过程在不断进步，这种演变构成土壤分类学的历史沿革。无论是古代朴素分类体系所使用的土壤颜色或土壤质地，还是现代分类采用的多种物理、化学属性乃至光谱（颜色）和数字特征，都携带或者代表了土壤的某种潜在功能信息。土壤分类正是基于这种属性与功能的相互关系，构建特定的分类体系，为使用者提供土壤功能指标，这些功能可以是农林生产能力，也可以是固存土壤有机碳或者无机碳的潜力或者抵御侵蚀的能力，乃至是否适合作为建筑材料。分类体系也构筑了关于土壤的系统知识，在一定程度上厘清了土壤之间在属性和空间上的距离关系，成为传播土壤科学知识的重要工具。

毫无疑问，对土壤变化区分的精细程度决定了对土壤功能理解和合理利用的水平，所采用的属性指标也决定了其与功能的关联程度。在大陆或国家尺度上，土纲或亚纲级别的分布已经可以比较准确地表达大尺度的土壤空间变化规律。在农场或景观水平，土壤的变化通常从诊断层（发生层）的差异变为颗粒组成或层次厚度等属性的差异，表达这种差异正是土族或土系确立的前提。因此，建立一套与土壤综合功能密切相关的土壤基层单元分类标准，并据此构建亚类以下的土壤分类体系（土族和土系），是对土壤变异精细认识的体现。

基于现代分类体系的土系鉴定工作在我国基本处于空白状态。我国早期（1949年以前）所建立的土系沿用了美国土壤系统分类建立之前的 Marbut 分类原则，基本上都是区域的典型土壤类型，大致可以相当于现代系统分类中的亚类水平，涵盖范围较大。"中国土壤系统分类"研究在完成高级单元之后尝试开展了土系研究，进行了一些局部的探索，建立了一些典型土系，并以海南等地区为例建立了省级尺度的土系概要，但全国范围内的土系鉴定一直未能实现。缺乏土族和土系的分类体系是不完整的，也在一定程度上制约了分类在生产实际中特别是区域土壤资源评价和利用中的应用，因此，建立"中国土壤系统分类"体系下的土族和土系十分必要和紧迫。

所幸，这项工作得到了国家科技基础性工作专项的支持。自 2008 年开始，我们联合国内 20 多所大学和科研机构，先后开展了"我国土系调查与《中国土系志》编制"（项目编号 2008FY110600）和"我国土系调查与《中国土系志（中西部卷）》编制"（项目编号 2014FY110200）两个项目的连续研究，朝着系统建立我国基于定量标准的基层分类体系迈进了重要的一步。经过10多年的努力，项目调查了近7000个典型土壤单个土体，结合历史土壤数据，建立了近5000个我国典型土系，并以省区为单位，完成了我国第一部基于定量标准和统一分类原则的全国土系志。这些基础性的数据，将成为自第二次全国土壤普查以来重要的土壤信息来源，可望为农业、自然资源管理、生态环境建设等部门和相关研究者提供最新的、系统的数据支撑。

项目在执行过程中，得到了两届项目专家小组和项目主管部门、依托单位的长期指导和支持。孙鸿烈院士、赵其国院士、龚子同研究员和其他专家为项目的顺利开展提供了诸多重要的指导。中国科学院前沿科学与教育局、重大科技任务局、科技促进发展局、中国科学院南京土壤研究所以及土壤与农业可持续发展国家重点实验室都持续给予关心和帮助。

值得指出的是，作为研究项目，在有限的资助下只能着眼主要的和典型的土系，难以开展全覆盖式的调查，不可能穷尽亚类单元以下所有的土族和土系，也无法绘制土系分布图。但是，我们有理由相信，随着研究和调查工作的开展，更多的土系会被鉴定，而基于土系的应用将展现巨大的潜力。

由于有关土系的系统工作在国内尚属首次，在国际上可资借鉴的理论和方法也十分有限，因此我们在对于土系划分相关理论的理解和土系划分标准的建立上难免会存在诸多不足；而且，由于本次土系调查工作在人员和经费方面的局限性以及项目执行期限的限制，书中疏误恐在所难免，希望得到各方的批评与指正！

张甘霖

2017年4月于南京

前　言

2014 年起，在科技部国家科技基础性工作专项"我国土系调查与《中国土系志（中西部卷）》编制"（2014FY110200）支持下，由中国科学院南京土壤研究所牵头，联合全国 19 所高等院校和科研单位，开展了我国中西部地区 15 个省（直辖市/自治区）的中国土壤系统分类基层单元土族-土系的系统性调查研究。本书是该专项的主要成果之一，也是继 20 世纪 80 年代第二次土壤普查后，有关西藏自治区土壤调查与分类方面的最新成果体现。

西藏自治区土系调查研究覆盖了全自治区区域，经历了基础资料与图件收集整理、代表性单个土体布点、野外调查与采样、室内测定分析、高级单元土纲-亚纲-土类-亚类的确定、基层单元土族-土系划分与建立、专著的编撰一系列过程，共调查了 120 个典型土壤剖面，观察了 100 多个检查剖面，测定分析了 600 多个发生层土样，拍摄了 2000 多张景观、剖面和新生体等照片，获取了 10 万多个成土因素、土壤剖面形态、土壤理化性质方面的信息，最终共划分出 52 个亚类，新建了 105 个土系。

本书中单个土体布点依据"空间单元（地形、母质、利用）＋历史土壤图＋专家经验"的方法，土壤剖面调查依据项目组制订的《野外土壤描述与采样手册》，土样测定分析依据《土壤调查实验室分析方法》，土纲-亚纲-土类-亚类高级分类单元的确定依据《中国土壤系统分类检索》（第三版），基层分类单元土族-土系的划分和建立根据项目组制订的《中国土壤系统分类土族和土系划分标准》。

作为一本区域性专著，全书共两篇分 12 章。上篇（1~3 章）为总论，主要介绍了西藏自治区的区域概况、成土因素、土壤分类简史、成土过程特征、土壤诊断层和诊断类型及其特征等；下篇（4~12 章）为区域典型土系，每个土纲一章，详细介绍了所建立的典型土系，包括分布与环境条件、土壤性状与特征变幅、代表性单个土体形态描述、对比土系、利用性能综述和参比土种以及相应的理化性质、利用评价等。

西藏自治区土系调查工作的完成与本书的定稿，自始至终均饱含着我国众多老一辈专家、各界同仁和研究生的辛勤劳动！感谢项目组专家和同仁多年来的温馨合作和热情指导！感谢西藏农牧学院及自治区、市、县（区）农委和土肥站同仁给予的支持和帮助！感谢参与野外调查、室内测定分析、土系数据库建设的同仁和研究生！在土系调查和本书写作过程中参阅了大量资料，特别是西藏自治区第二次土壤普查资料、青藏高原综合科学考察资料，在此一并表示感谢！感谢国家重点研发计划重点项目（2017YFC0803807）联合支持。

受时间和经费的限制，本次土系调查研究不同于全面的土壤普查，而是重点针对西藏自治区的典型土系，因此，虽然建立的典型土系空间上遍布西藏全境，但由于西藏自然地理跨度大，土壤类型非常丰富，很多土系没有被列入。因此本书对西藏自治区土系研究而言，仅是一个开端，新的土系还有待今后的进一步充实。另外，由于作者水平有限，不妥之处在所难免，希望读者给予指正。

赵玉国

2020 年 6 月 30 日

目 录

丛书序一
丛书序二
丛书前言
前言

上篇 总 论

第1章 区域概况与成土因素 3
1.1 区域概况 3
1.1.1 区域位置 3
1.1.2 土地利用 4
1.1.3 社会经济状况 6
1.2 成土因素 7
1.2.1 气候 7
1.2.2 地形地貌 10
1.2.3 母岩母质 12
1.2.4 水文 14
1.2.5 植被 15
1.2.6 人为影响 17

第2章 土壤分类 19
2.1 土壤分类的历史回顾 19
2.1.1 20世纪50~60年代 19
2.1.2 20世纪70年代 19
2.1.3 20世纪80年代 21
2.1.4 20世纪90年代以来 24
2.2 本次土系调查 24
2.2.1 依托项目 24
2.2.2 调查方法 24
2.2.3 土系建立情况 26

第3章 成土过程与主要土层 27
3.1 成土过程 27
3.1.1 原始成土过程 27
3.1.2 有机物质积累过程 27
3.1.3 钙积过程 28

	3.1.4 盐碱化过程	28
	3.1.5 黏化过程	28
	3.1.6 氧化还原过程	29
	3.1.7 潜育过程	29
	3.1.8 灰化过程	29
	3.1.9 富铝化过程	29
	3.1.10 熟化过程	29
3.2	诊断层与诊断特性	30
	3.2.1 有机表层	30
	3.2.2 草毡表层	30
	3.2.3 暗沃表层	30
	3.2.4 暗瘠表层	30
	3.2.5 淡薄表层	31
	3.2.6 干旱表层	31
	3.2.7 水耕表层	31
	3.2.8 肥熟表层	31
	3.2.9 盐结壳	31
	3.2.10 漂白层	31
	3.2.11 灰化淀积层和灰化淀积现象	31
	3.2.12 黏化层	32
	3.2.13 水耕氧化还原层	32
	3.2.14 磷质耕作淀积层	32
	3.2.15 雏形层	32
	3.2.16 钙积层和钙积现象	32
	3.2.17 盐积层	32
	3.2.18 有机土壤物质/有机现象	33
	3.2.19 岩性特征	33
	3.2.20 （准）石质接触面	33
	3.2.21 土壤水分状况	33
	3.2.22 土壤温度状况	33
	3.2.23 潜育特征	33
	3.2.24 氧化还原特征	33
	3.2.25 冻融特征	34
	3.2.26 永冻层次	34
	3.2.27 腐殖质特性	34
	3.2.28 石灰性	34

下篇 区域典型土系

第4章 有机土 ··· 37
4.1 矿底纤维永冻有机土 ·· 37
4.1.1 帕那系（Pana Series） ··· 37
4.2 矿底半腐正常有机土 ·· 39
4.2.1 帕里系（Pali Series） ··· 39

第5章 人为土 ··· 41
5.1 普通简育水耕人为土 ·· 41
5.1.1 下察隅系（Xiachayu Series） ····································· 41
5.2 斑纹肥熟旱耕人为土 ·· 43
5.2.1 章麦系（Zhangmai Series） ······································· 43

第6章 灰土 ··· 45
6.1 普通简育正常灰土 ·· 45
6.1.1 鲁朗系（Lulang Series） ··· 45

第7章 干旱土 ··· 47
7.1 黏化钙积寒性干旱土 ·· 47
7.1.1 满拉系（Manla Series） ·· 47
7.2 普通黏化寒性干旱土 ·· 49
7.2.1 索多系(Suoduo Series) ··· 49
7.3 石质钙积寒性干旱土 ·· 51
7.3.1 甲卫朝系（Jiaweichao Series） ··································· 51
7.4 普通钙积寒性干旱土 ·· 53
7.4.1 根打塘系（Gendatang Series） ···································· 53
7.4.2 甲岗系（Jiagang Series） ·· 55
7.4.3 直隆系（Zhilong Series） ·· 57
7.4.4 申扎系（Shenzha Series） ·· 59
7.4.5 拉欣系（Laxin Series） ·· 61
7.5 弱钙简育寒性干旱土 ·· 63
7.5.1 克布林典系（Kebulindian Series） ································ 63
7.5.2 亮扎隆系（Liangzhalong Series） ································· 65
7.5.3 亚沙系（Yasha Series） ·· 67
7.5.4 加热克系（Jiareke Series） ······································ 69
7.5.5 门次系（Menci Series） ·· 71
7.5.6 骑普系（Qipu Series） ··· 73
7.6 普通简育寒性干旱土 ·· 75
7.6.1 革吉系（Geji Series） ··· 75
7.6.2 色岗系（Segang Series） ··· 77

  7.6.3　加布系（Jiabu Series）……………………………………………………………… 79
  7.6.4　乃木嘎雅系（Naimugaya Series）…………………………………………………… 81

第 8 章　盐成土 …………………………………………………………………………………… 83
8.1　结壳潮湿正常盐成土 ………………………………………………………………………… 83
  8.1.1　拉热系（Lare Series）…………………………………………………………………… 83
  8.1.2　玉来系（Yulai Series）………………………………………………………………… 85
  8.1.3　徐果措系（Xuguocuo Series）………………………………………………………… 87

第 9 章　潜育土 …………………………………………………………………………………… 89
9.1　暗沃简育永冻潜育土 ………………………………………………………………………… 89
  9.1.1　林堤系（Lindi Series）………………………………………………………………… 89
9.2　普通简育永冻潜育土 ………………………………………………………………………… 91
  9.2.1　塘嘎布系（Tanggabu Series）………………………………………………………… 91
9.3　石灰简育正常潜育土 ………………………………………………………………………… 93
  9.3.1　克色系（Kese Series）………………………………………………………………… 93

第 10 章　淋溶土 ………………………………………………………………………………… 95
10.1　斑纹暗沃冷凉淋溶土 ……………………………………………………………………… 95
  10.1.1　日嘎系（Riga Series）………………………………………………………………… 95
10.2　腐殖简育常湿淋溶土 ……………………………………………………………………… 97
  10.2.1　仁钦崩系（Renqinbeng Series）……………………………………………………… 97
10.3　斑纹简育干润淋溶土 ……………………………………………………………………… 99
  10.3.1　巴果绕（Baguorao Series）…………………………………………………………… 99
  10.3.2　显布隆巴系（Xianbulongba Series）…………………………………………………101

第 11 章　雏形土 …………………………………………………………………………………103
11.1　普通永冻寒冻雏形土 ………………………………………………………………………103
  11.1.1　措热隆系（Cuorelong Series）………………………………………………………103
  11.1.2　土久隆系（Tujiulong Series）…………………………………………………………105
  11.1.3　亚木勒系（Yamule Series）……………………………………………………………107
  11.1.4　达郎列系（Dalanglie Series）…………………………………………………………109
  11.1.5　马攸木拉系（Mayoumula Series）……………………………………………………111
11.2　暗色潮湿寒冻雏形土 ………………………………………………………………………113
  11.2.1　亚岗系（Yagang Series）………………………………………………………………113
11.3　普通潮湿寒冻雏形土 ………………………………………………………………………115
  11.3.1　日土系（Ritu Series）…………………………………………………………………115
  11.3.2　强布果系（Qiangbuguo Series）……………………………………………………117
  11.3.3　以普特系（Yipute Series）……………………………………………………………119
11.4　钙积草毡寒冻雏形土 ………………………………………………………………………121
  11.4.1　列根系（Liegen Series）………………………………………………………………121
  11.4.2　达纠塘系（Dajiutang Series）…………………………………………………………123

11.5 石灰草毡寒冻雏形土 ………………………………………………………… 125
11.5.1 鄂钦系（Eqin Series） ……………………………………………… 125
11.6 普通草毡寒冻雏形土 ………………………………………………………… 127
11.6.1 哈索龙系（Hasuolong Series） ……………………………………… 127
11.6.2 地哈通系（Dihatong Series） ………………………………………… 129
11.6.3 纳龙系（Nalong Series） ……………………………………………… 131
11.6.4 娘巴错系（Niangbacuo Series） ……………………………………… 133
11.6.5 贡巴子系（Gongbazi Series） ………………………………………… 135
11.6.6 达木嘎系（Damuga Series） …………………………………………… 137
11.6.7 扎玛尔塘系（Zhamaertang Series） ………………………………… 139
11.6.8 查仓囊系（Zhacangnang Series） …………………………………… 141
11.6.9 档楚系（Dangchu Series） …………………………………………… 143
11.6.10 郎岭塘系（Langlingtang Series） …………………………………… 145
11.6.11 瓦康山系（Wakangshan Series） …………………………………… 147
11.7 普通暗沃寒冻雏形土 ………………………………………………………… 149
11.7.1 佰绘系（Baihui Series） ……………………………………………… 149
11.7.2 拿多拉山系（Naduolashan Series） ………………………………… 151
11.7.3 酿阁东系(Nianggedong Series) ……………………………………… 153
11.8 表蚀简育寒冻雏形土 ………………………………………………………… 155
11.8.1 江果玛系（Jiangguoma Series） ……………………………………… 155
11.9 钙积简育寒冻雏形土 ………………………………………………………… 157
11.9.1 翁塘系（Wengtang Series） …………………………………………… 157
11.9.2 吉考玛系（Jikaoma Series） ………………………………………… 159
11.9.3 布如曲系（Buruqu Series） …………………………………………… 161
11.9.4 打加错系（Dajiacuo Series） ………………………………………… 163
11.10 石灰简育寒冻雏形土 ………………………………………………………… 165
11.10.1 沱怕尼牙系（Tuopaniya Series） …………………………………… 165
11.10.2 加错系（Jiacuo Series） ……………………………………………… 167
11.11 斑纹简育寒冻雏形土 ………………………………………………………… 169
11.11.1 拥哇系（Yongwa Series） ……………………………………………… 169
11.12 普通简育寒冻雏形土 ………………………………………………………… 171
11.12.1 香加拉系（Xiangjiala Series） ……………………………………… 171
11.12.2 达普卡系（Dapuka Series） …………………………………………… 173
11.12.3 达玛拉系（Damala Series） …………………………………………… 175
11.13 石灰淡色潮湿雏形土 ………………………………………………………… 177
11.13.1 江孜系（Jiangzi Series） ……………………………………………… 177
11.13.2 色玛系（Sema Series） ………………………………………………… 179
11.14 普通淡色潮湿雏形土 ………………………………………………………… 181

- 11.14.1 塔玛系（Tama Series） ················ 181
- 11.14.2 永久村系（Yongjiucun Series） ················ 183
- 11.15 普通底锈干润雏形土 ················ 185
  - 11.15.1 仁吉岗系（Renjigang Series） ················ 185
- 11.16 钙积简育干润雏形土 ················ 187
  - 11.16.1 达登系（Dadeng Series） ················ 187
  - 11.16.2 约康系（Yuekang Series） ················ 189
- 11.17 普通简育干润雏形土 ················ 191
  - 11.17.1 普荣岗系（Puronggang Series） ················ 191
  - 11.17.2 达荣卡系（Darongka Series） ················ 193
  - 11.17.3 曲水系（Qushui Series） ················ 195
  - 11.17.4 米也系（Miye Series） ················ 197
- 11.18 灰化冷凉常湿雏形土 ················ 199
  - 11.18.1 洞青岗系（Dongqinggang Series） ················ 199
- 11.19 普通冷凉常湿雏形土 ················ 201
  - 11.19.1 加嘎普系（Jiagapu Series） ················ 201
- 11.20 腐殖钙质常湿雏形土 ················ 203
  - 11.20.1 嘎朗系（Galang Series） ················ 203
- 11.21 腐殖酸性常湿雏形土 ················ 205
  - 11.21.1 鲁古村系（Lugucun Series） ················ 205
- 11.22 腐殖简育常湿雏形土 ················ 207
  - 11.22.1 巴登系（Badeng Series） ················ 207
  - 11.22.2 巴日系（Bari Series） ················ 209
- 11.23 漂白简育湿润雏形土 ················ 211
  - 11.23.1 落日村系（Luoricun Series） ················ 211
- 11.24 斑纹简育湿润雏形土 ················ 213
  - 11.24.1 加当嘎系（Jiadangga Series） ················ 213
- 11.25 普通简育湿润雏形土 ················ 215
  - 11.25.1 明期系（Mingqi Series） ················ 215
  - 11.25.2 大达隆巴系（Dadalongba Series） ················ 217
  - 11.25.3 国雪隆巴系（Guoxuelongba Series） ················ 219
  - 11.25.4 切玛系（Qiema Series） ················ 221

第12章 新成土 ················ 223

- 12.1 永冻寒冻冲积新成土 ················ 223
  - 12.1.1 开欧系（Kaiou Series） ················ 223
  - 12.1.2 唐古拉（Tanggula Series） ················ 225
- 12.2 斑纹寒冻冲积新成土 ················ 227
  - 12.2.1 昂仁系（Angren Series） ················ 227

12.3 石灰红色正常新成土 ··· 229
    12.3.1 嘎玛尔系（Gamaer Series）··· 229
    12.3.2 日吉系（Riji Series）·· 231
12.4 永冻寒冻正常新成土 ··· 233
    12.4.1 益秀拉系（Yixiula Series）··· 233
12.5 草毡寒冻正常新成土 ··· 235
    12.5.1 妥坝系（Tuoba Series）··· 235
    12.5.2 罗玛林系（Luomalin Series）·· 237
12.6 石灰寒冻正常新成土 ··· 239
    12.6.1 措玛塘系（Cuomatang Series）·· 239
12.7 普通寒冻正常新成土 ··· 241
    12.7.1 玛永系（Mayong Series）··· 241
12.8 石灰干旱正常新成土 ··· 243
    12.8.1 恰圭朗果系（Qiaguilangguo Series）····································· 243
12.9 普通干润正常新成土 ··· 245
    12.9.1 热拉村系（Relacun Series）·· 245

参考文献 ··· 247
附录1 土壤发生层的符号表达 ··· 248
附录2 中国土壤系统分类土族与土系划分标准（试行稿）····················· 252
索引 ·· 265

上篇 总论

第1章　区域概况与成土因素

1.1　区　域　概　况

1.1.1　区域位置

西藏自治区，首府拉萨市，位于中华人民共和国西南边陲，是中国五个少数民族自治区之一。西藏位于青藏高原西南部，地处北纬26°52′~36°32′，东经78°24′~99°06′，平均海拔在4000 m以上，素有"世界屋脊"之称。土地面积为12021.89万 hm^2，约占全国总面积的1/8，在全国各省、市、自治区中仅次于新疆。

西藏北邻新疆，东接四川，东北紧靠青海，东南连接云南；南北最宽约1000 km，东西最长达2000 km，周边与缅甸、印度、不丹、尼泊尔、克什米尔等国家及地区接壤，陆地国界线约4000 km，是中国西南边陲的重要门户。

西藏自治区下辖6个设区市、1个地区，8个市辖区、66个县，其中，6个设区市包括拉萨市、日喀则市、昌都市、林芝市、山南市和那曲市，1个地区为阿里地区（图1-1，图1-2，表1-1）。

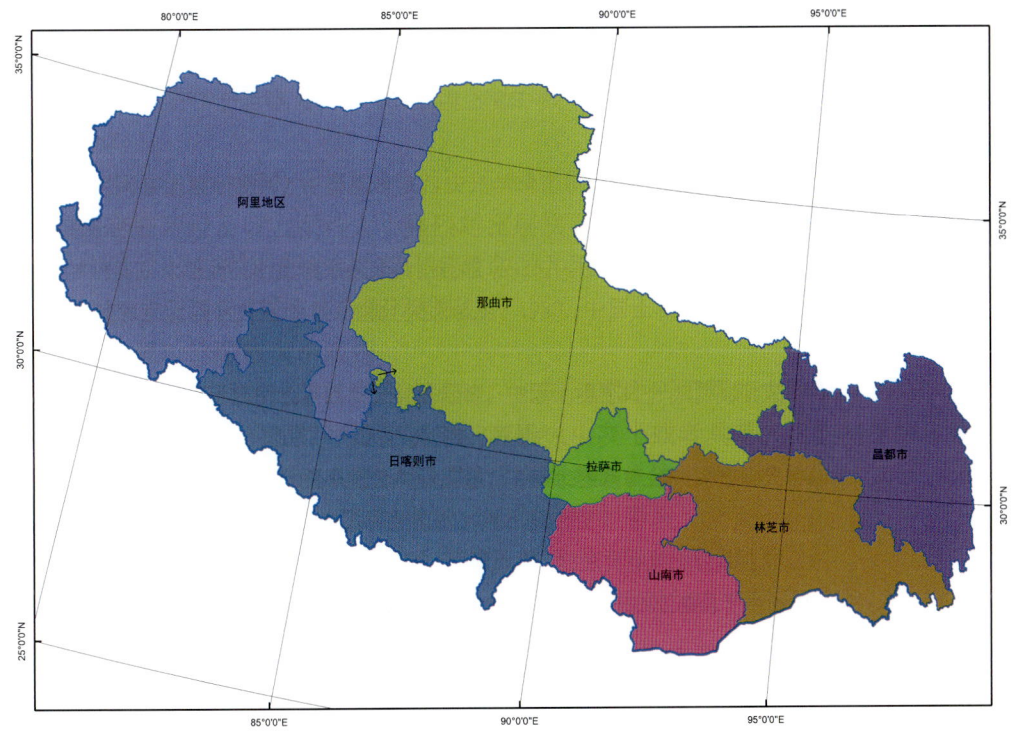

图1-1　西藏自治区行政区划（地级，2018年）

图 1-2 西藏自治区行政区划（县级，2018 年）

表 1-1 西藏自治区行政区划表

地区	下辖县级行政区
拉萨市	城关区、堆龙德庆区、达孜区、林周县、尼木县、当雄县、曲水县、墨竹工卡县
日喀则市	桑珠孜区、南木林县、江孜县、定日县、萨迦县、拉孜县、昂仁县、谢通门县、白朗县、仁布县、康马县、定结县、仲巴县、亚东县、吉隆县、聂拉木县、萨嘎县、岗巴县
昌都市	卡若区、察雅县、左贡县、芒康县、洛隆县、边坝县、江达县、贡觉县、丁青县、八宿县、类乌齐县
林芝市	巴宜区、米林县、墨脱县、察隅县、波密县、朗县、工布江达县
山南市	乃东区、扎囊县、贡嘎县、桑日县、琼结县、洛扎县、加查县、隆子县、曲松县、措美县、错那县、浪卡子县
那曲市	色尼区、申扎县、班戈县、聂荣县、安多县、嘉黎县、巴青县、比如县、索县、尼玛县、双湖县
阿里地区	噶尔县、普兰县、札达县、日土县、革吉县、改则县、措勤县

1.1.2 土地利用

西藏自治区土地面积为 12021.89 万 hm^2。自然条件复杂多样、区域差异明显，各地土地资源分布不均。如图 1-3 所示，这些土地大致可分为六个区域：

一是藏东高山峡谷农林牧区，为西藏土地开发利用历史最悠久的地区之一。

二是西藏边境高山深谷林农区。位于西藏自治区南部边境地带。境内山高、谷深、河窄，气候、植被、水、热、土壤等条件优越，森林资源丰富，农产品种类较多，是西藏独特的热带、亚热带经济植物区。

三是中南部高山宽谷农业区。该区包括拉萨市、日喀则市和山南市各一部分，人口稠密，经济相对发达，是西藏自治区政治、经济、文化的中心区域。产业结构较齐全，产值比重最大。

四是高山湖泊盆地农牧区。位于西藏中南部高山宽谷农业区以南，喜马拉雅山脉主脊线以北，是一个东西狭长的地区。本区多夜雨，属高原温带半干旱气候区。主要灾害性天气有干旱、霜冻，冬、春季多大风、沙暴等，农作物主要有青稞、小麦、豌豆、油菜等。

五是藏北高原湖泊盆地牧区。位于西藏自治区北部，该区地势高旷、地形复杂、气候干旱、草原辽阔，大部分为纯牧区，是西藏最大的牧业区。

六是藏北高原未利用区。位于西藏北部，该区高寒、干旱、荒凉，局部草地初步开发为临时性牧场。

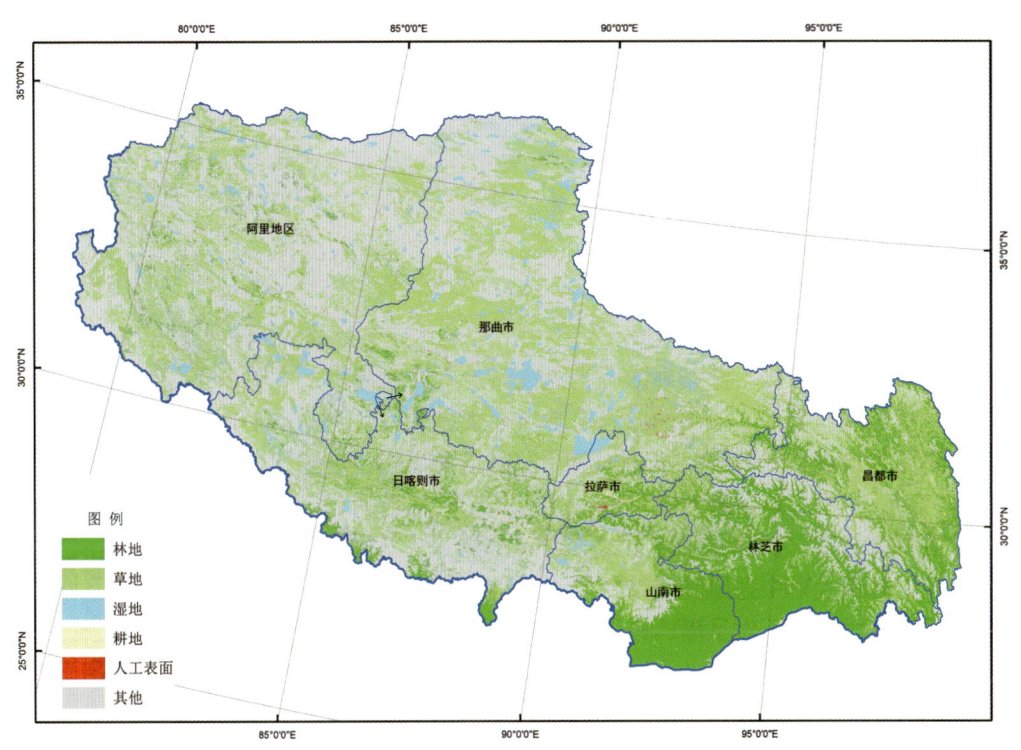

图 1-3　西藏自治区土地利用 （2010 年）

根据西藏自治区 2017 年度土地利用变化情况分析报告，截至 2017 年 12 月 31 日，西藏自治区土地总面积 12021.89 万 hm^2（表 1-2），其中，耕地 44.39 万 hm^2，占全区总面积的 0.369%，园地 0.15 万 hm^2，占全区总面积的 0.001%，林地 1602.42 万 hm^2，占全区总面积的 13.329%，草地 8431.24 万 hm^2，占全区总面积的 70.132%，居民点及工矿用地 10.67 万 hm^2，占全区总面积的 0.089%，交通用地 7.77 万 hm^2，占全区总面积的 0.065%，水域及水利设施用地 694.12 万 hm^2，占全区总面积的 5.774%，其他用地 1231.12 万 hm^2，占全区总面积的 10.241%。

表 1-2　西藏自治区土地利用

地类	面积/万 hm^2	比例/%
耕地	44.39	0.369
园地	0.15	0.001
林地	1602.42	13.329
草地	8431.24	70.132
居民点及工矿用地	10.67	0.089
交通用地	7.77	0.065
水域	694.12	5.774
其他	1231.12	10.241
小计	12021.89	100

1.1.3　社会经济状况

截至 2018 年底，西藏全区常住人口总数为 343.82 万人，是全国平均人口密度最小的省份，且人口分布极不均衡。其中"一江两河"流域人口密度最大，即雅鲁藏布江及其支流拉萨河和年楚河，包括了拉萨、日喀则、山南三个市的 18 个县（市、区），集中了全区约 50%的人口。其次是昌都市三江流域和日喀则市朋曲流域的河谷地带，阿里地区和那曲市西部人口密度最小，羌塘高原的最北部至今仍然是无人区。

全区城镇人口 107.07 万人，占总人口的 31.14%；乡村人口 236.75 万人，占总人口的 68.86%。人口出生率为 15.22‰，死亡率为 4.58‰，自然增长率为 10.64‰。西藏是以藏族为主体的少数民族自治区，全区还有汉族、门巴族、珞巴族、回族、纳西族等 45 个民族，其中藏族和其他少数民族占 91.83%。

2018 年，西藏实现地区生产总值（GDP）1477.63 亿元，按可比价格计算，比上年增长 9.1%。其中：第一产业增加值 130.25 亿元，增长 3.4%；第二产业增加值 628.37 亿元，增长 17.5%；第三产业增加值 719.01 亿元，增长 4.1%。人均地区生产总值 43397 元，增长 7.0%。在全区生产总值中，第一、二、三产业增加值所占比重分别为 8.8%、42.5%、48.7%，与上年相比，第一产业比重下降 0.6 个百分点，第二产业提高 3.4 个百分点，第三产业下降 2.8 个百分点。

2018 年，西藏居民人均可支配收入 17286 元，比上年增长 11.8%。按常住地分，城镇居民人均可支配收入 33797 元，增长 10.2%；农村居民人均可支配收入 11450 元，增长 10.8%。

截至 2018 年末，西藏公路总通车里程 97387 km，比上年增加 8044 km，有铺装路面总里程 27079.83 km。2019 年并有拉林高等级公路全线通车。铁路有青藏铁路、拉日铁路通车，拉林铁路在建设中。西藏自治区内已开通航班的机场有拉萨贡嘎国际机场、昌都邦达机场、林芝米林机场、阿里昆莎机场、日喀则和平机场。

西藏的耕地绝大部分分布在江河干、支流的河谷阶地、山麓斜坡、冲积扇地和湖泊平原一带。而且大部分耕地是由草甸土、亚高山草原土、亚高山草甸土等开垦而来的。2018 年，全区农作物种植面积 26.85 万 hm^2，其中青稞面积 13.96 万 hm^2，小麦面积 3.17 万 hm^2，油菜面积 2.24 万 hm^2，蔬菜面积 2.4 万 hm^2。全年实现粮食总产量 104.40 万 t，其中青稞 77.72 万 t，油菜籽 5.82 万 t，蔬菜 72.57 万 t。年末牲畜存栏总数 1726.46 万头（只、匹），其中：牛 606.73 万头，羊 1046.07 万只。全年猪牛羊肉产量达 27.80 万 t，奶类产量 40.87 万 t。

1.2 成 土 因 素

1.2.1 气候

青藏高原是耸立于中低纬地带的巨大高地，具有十分独特的气候条件。西藏的气候，由于地形、地貌和大气环流的影响，独特而且复杂多样。气候总体上具有西北严寒干燥、东南温暖湿润的特点。呈现出由东南向西北的带状分布，即热带—亚热带—温带—亚寒带—寒带；湿润—半湿润—半干旱—干旱。气候类型也因此自东南向西北依次为：热带、亚热带、高原温带、高原亚寒带、高原寒带等各种类型。在藏东南和喜马拉雅山南坡高山峡谷地区，由于地势迭次升高，气温逐渐下降，气候发生从热带或亚热带气候到温带、寒温带和寒带气候的垂直变化。西藏气候总的特点是：日照时间长，辐射强烈；气温较低，温差大；干湿分明，多夜雨；冬春干燥，多大风；气压低，氧气含量少。

西藏气候特点是热量低，其大部分地区的年均温较我国东部同纬度地区约低 9℃ 以上。高原昼夜温度变化剧烈，温度的日较差大、年较差小，这对农作物的生长和产量也会产生重要影响。在高原内部，温度的日较差和年较差均有由东向西增大的趋势，反映大陆度的增强。藏南和藏北气候差异很大。藏南谷地受印度洋暖湿气流的影响，温和多雨，年平均气温 8℃，最低月均气温−16℃，最高月均气温 16℃ 以上。藏北高原为典型的大陆性气候，年平均气温 0℃ 以下，冰冻期长达半年，最高的 7 月不超过 10℃，6～8 月较温暖，雨季多夜雨，冬春多大风（图 1-4）。

西藏地区海拔高，空气稀薄，太阳辐射强，是中国太阳辐射能最多的地方，比同纬度的平原地区多一倍或 1/3，日照时间也是全国最长的。例如拉萨的总辐射量每年为 7783.26 MJ/m^2，日照时数为 3008 h（图 1-5），正是因为这种强烈的太阳辐射，西藏"一江两河"及其他一些高海拔农区，虽然热量较低，却仍具有较高的植物光合潜力和光温潜力，可以获取较高的农作物产量。

除藏东南区域、西部部分河谷区域外，西藏自治区年积温整体低，全区大部分区域 ≥10℃ 年积温低于 1000℃（图 1-6），这决定了在自然条件下大部分农作物不适宜生长。在整体高寒温度条件下，由东向西，随着水分条件的降低，由高寒草甸植被为主过渡到高寒荒漠植被。

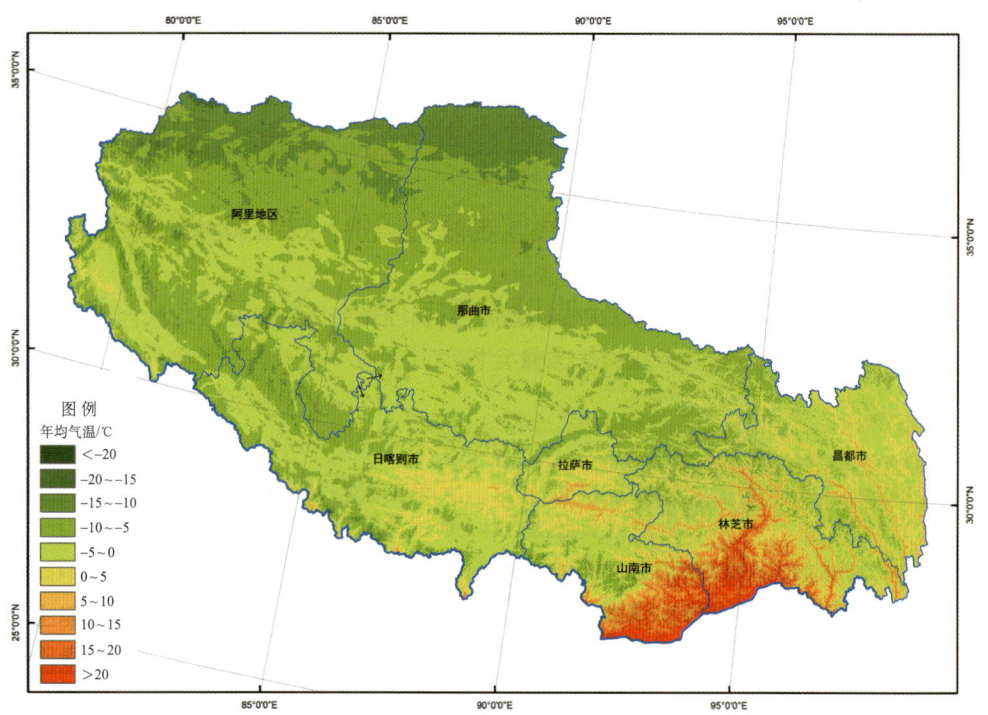

图 1-4　西藏自治区年均气温（℃）空间分布

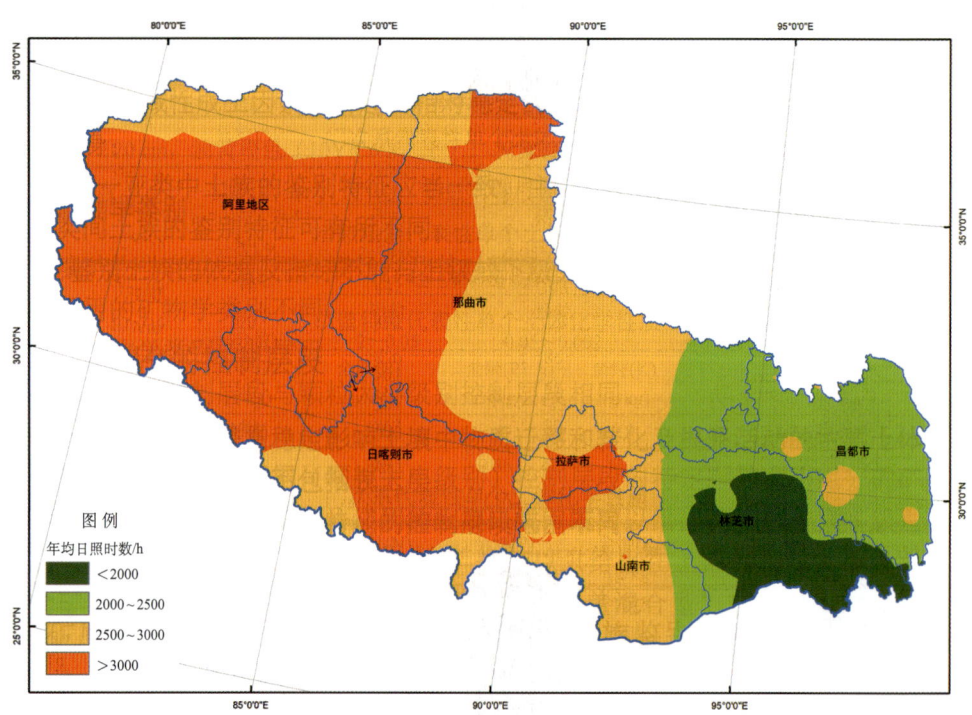

图 1-5　西藏自治区年均日照时数（h）空间分布

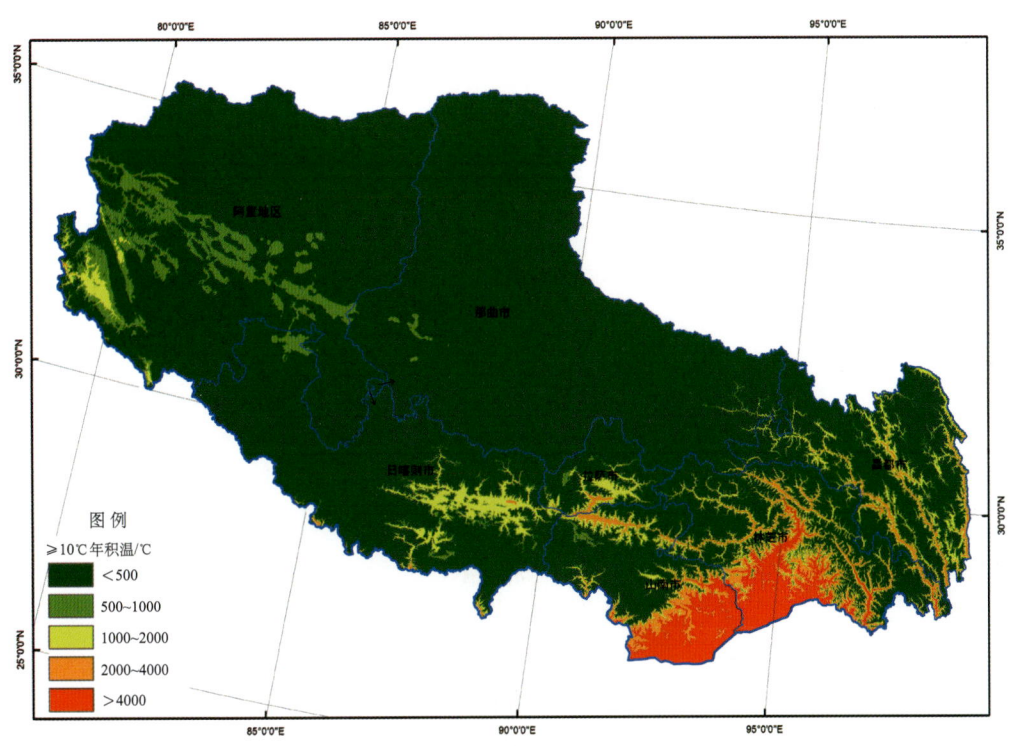

图 1-6 西藏自治区≥10℃年积温空间分布

西藏地区具有较明显的季风气候性质。夏季，高原为热低压中心，在其上空西风带北移和东南部盛行风偏南的影响下，印度洋暖湿气流得以向北侵入。然而只有少部分气流顺南北向河谷深入高原腹地，其他大部分则被喜马拉雅山等高大山脉层层阻留，致使高原内部少雨干旱，其东南部多雨湿润，并且降水多集中于夏季，干湿季分明。高原气候自东向西由湿润、半湿润型向半干旱、干旱型过渡，表现出明显的经度地带性变化，这对土壤的形成、分布和农牧业生产都有深刻的影响。一般每年 10 月至翌年 4 月为旱季；5~9 月为雨季，雨量一般占全年降水量的 90%左右。各地降水量也严重不均，年降水量自东南低地的 5000 mm，逐渐向西北递减到 50 mm（图 1-7）。

高原东南外缘低山河谷热带即察隅、墨脱、错那三县沿国境线海拔 1100 m 以下地区，热量高，湿度也大，年降水量可高达 3000~5000 mm。察隅、墨脱、错那、波密、林芝、聂拉木、吉隆等地的山地亚热带一般海拔范围 1100~2600 m，气候湿润，年降水量多在 1000~2500 mm。山地河谷暖温带一般海拔范围 2600~3500 m，气候以半湿润、半干旱型为主。高原温带分布范围较广，上限海拔 4000~4200 m，在"一江两河"地区以半干旱气候为主，在其他地区为湿润（迎风坡或阴坡）、半湿润（背风坡或阳坡）气候。高原亚寒带上限海拔 4500~4600 m，藏东南山地可降至 4200 m 左右。高原寒带的范围最广，并与高原亚寒带一起构成西藏地区的主要气候带，均包括由东向西的湿润或半湿润、半干旱和干旱等气候类型。高原寒带一般海拔 4500~5000 m，在此以上为高山冰雪寒冻带。

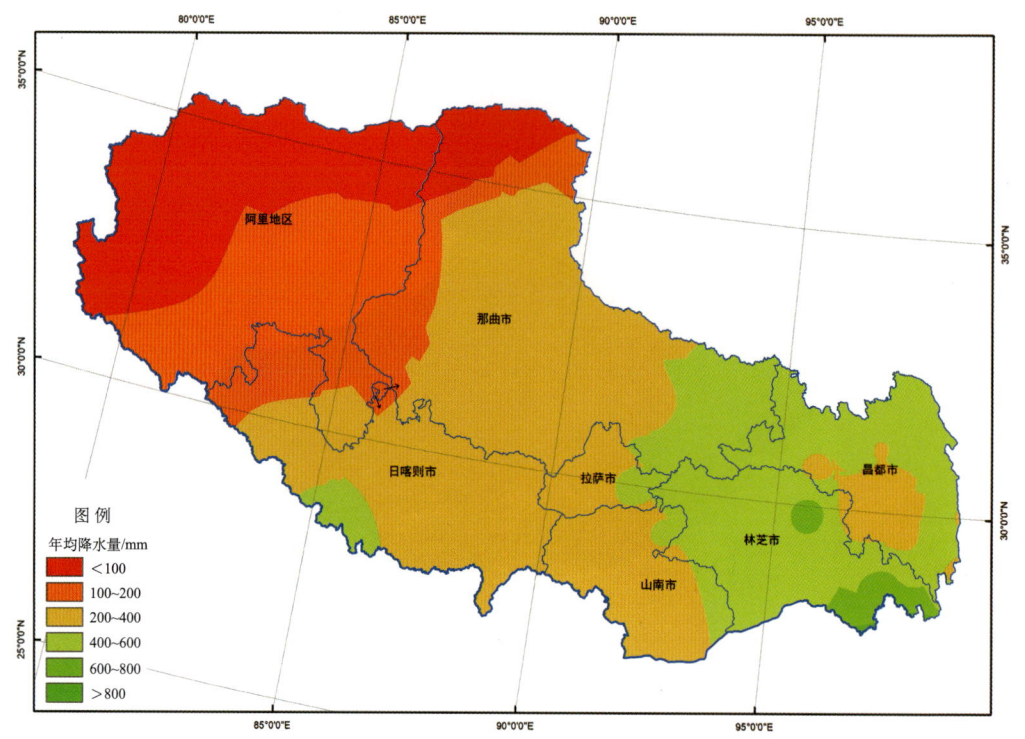

图 1-7　西藏自治区年均降水量（mm）空间分布

西藏气候的垂直变化，还表现于大气湿度随海拔升高而增加。同时山地和深切河谷气候的坡向分异亦较明显：季风影响较强的山地，迎风坡较背风坡的降水多、湿度大；季风影响较弱的山地和河谷，谷底和阳坡较干旱，而阴坡较湿润。气候的坡向变化可从植被的坡向变化得到证明，并对土壤的形成和分布产生重要影响。

50 cm 深度处年均土温可采用其与年均气温±（1~3）℃的关系或与海拔、纬度和海拔的关系推算（冯学民和蔡德利，2004；张慧智，2008；张慧智等，2009）。

1.2.2　地形地貌

青藏高原是世界上隆起最晚、面积最大、海拔最高的高原，因而被称为"世界屋脊"，被视为南极、北极之外的"地球第三极"。西藏高原位于青藏高原的主体区域，是青藏大高原的主体，在其漫长隆起过程中发生的多次造山运动形成了一系列巨大山系，奠定了西藏地形发育的基础。这些山系的走向大多近于东西，正与南北向的主压应力相适应，其中著名的有昆仑、喀喇昆仑-唐古拉、冈底斯-念青唐古拉及喜马拉雅等大山系。它们由北而南依次排列着，代表古生代以来相继发生的海西、印支、燕山与喜马拉雅等造山期的褶皱带。它们的平均海拔在 5500~6000 m，并有许多终年积雪的高峰。

此外，在藏东地区还分布着陡峻的高山与峡谷相间的纵向山系，它们是燕山运动以来在东西向挤压应力下形成的块断褶皱带。山脉平均海拔 4000 m 左右，谷地多在 3000~1500 m，地势起伏剧烈，河水湍急，阻断东西之间的交通，"横断山脉"即由此得名。

正是上述诸大山构成了西藏地形的基本骨架轮廓（图1-8）。地势总倾向为西北高、东南低，并可分出海拔5000～5200 m与4000～5000 m两级高原面。这两级高原面在藏北保持得较为完整，而在藏南与藏东等地区则受到雅鲁藏布江和金沙江等外流水系的侵蚀与切割，地形破碎而复杂，并出现更低一级的近期侵蚀-堆积地形面。同时，前述那些高大山系则屹立于这些地形面之上。大致可分为喜马拉雅高山区、藏南谷地、藏北高原和藏东高山峡谷区。

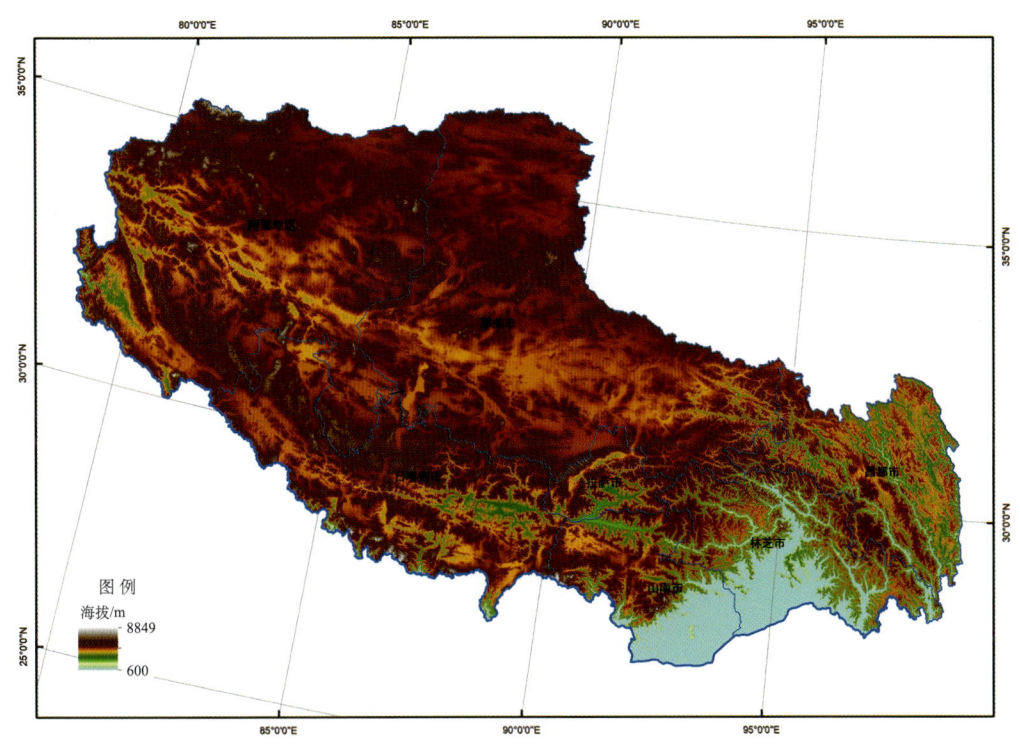

图1-8 西藏自治区数字高程模型空间分布

喜马拉雅高山区，位于藏南，由几条大致东西走向的山脉组成，平均海拔6000 m左右。其中位于中尼边境、地处西藏定日县境内的珠穆朗玛峰，海拔8848.86 m，是世界最高峰。喜马拉雅山顶部长年覆盖冰雪，其南北两侧的气候与地貌有很大差别。

藏南谷地，位于冈底斯山脉和喜马拉雅山脉，即雅鲁藏布江及其支流流经的地域。这一带有许多宽窄不一的河谷平地和湖盆谷地，地形平坦，土质肥沃，是西藏主要的农业区。

藏北高原，位于昆仑山、唐古拉山和冈底斯山、念青唐古拉山，约占全自治区面积的2/3。由一系列浑圆而平缓的山丘组成，其间夹着许多盆地，是西藏主要的牧业区。

藏东高山峡谷区，即著名的横断山地。大致位于那曲以东，为一系列东西走向逐渐转为南北走向的高山深谷，其间夹持着怒江、澜沧江和金沙江三条大江。

西藏的地形有着明显的阶梯性特征，它是高原阶段性隆起与新构造运动差异性的结果，反映了高原近代地貌发育的不同历史阶段，同时也影响着土壤类型的水平与垂直分布。

1.2.3 母岩母质

西藏高原的地质历史相当年轻，自早二叠世晚期开始，古地中海（特提斯海）由北而南陆续退出，至中始新世之后喜马拉雅运动才最终脱离海侵全部成陆。但直到上新世，西藏地区的海拔仅 1000 m 左右，只是在上新世末至第四纪初因强烈的新构造运动才大幅度整体抬升，成为地球之巅。在高原隆升过程中，还不时地伴随着岩浆侵入和火山喷发等活动，后者在较晚近的第四纪初期仍有较大规模发生（例如藏北昆仑山脉前山带有许多火山遗迹）。

西藏境内自元古代以来各时期的地层都见出露，但是由于沉积环境不同，各地岩层变化很大。境内最古老的地层为寒武纪（或前震旦纪）的变质岩系（各种片岩、千枚岩、片麻岩、大理岩等），主要见于喜马拉雅山脉中东段。奥陶、志留纪地层主要分布在横断山地与念青唐古拉山脉以南地区，多为砂岩、板岩、碳酸盐岩与生物碎屑灰岩等。泥盆纪地层的分布远不及石炭、二叠纪地层广泛，后两者从北到南都见出露，主要为碳酸盐岩、碎屑岩、砂岩、页岩与大理岩等，在藏东北还含有煤层。中生代地层以三叠纪分布最广，全区除察隅、波密与狮泉河—申扎一带外均见出露，其岩性复杂，主要为杂色的页岩和砂岩、板岩、碳酸盐岩、碎屑岩、硅质岩以及部分砾岩、安山岩、玄武岩与凝灰岩等，其在藏东北也含有煤层。侏罗纪地层的分布和岩性情况大致与三叠纪相似，只是它缺失于藏北北部，同时岩性相对简单些，并且含有较多的细粒碎屑沉积物。白垩纪海相地层（碳酸盐岩为主）多出露于本区南部和中部，其陆相红层则以昌都地区最为发育，在高原内部若干山间盆地和河谷内也有零星分布；局部地区还有海陆交替相含煤地层出露。第三纪（现称古近纪及新近纪）地层大多见于内陆盆地中，为陆相红色碎屑沉积或湖相沉积，紫红、棕红色砂岩或砂砾岩夹泥灰岩、页岩等，部分含有薄层石膏、火山凝灰岩夹油页岩和煤等。除上述各时代的沉积盖层外，还常夹杂有中酸性侵入岩（闪长岩类和花岗岩类）或超基性岩，特别是后者，在雅鲁藏布江南侧延续出露达七百余千米。

总之，西藏高原古生代与中生代海相沉积分布较广；新生代地层以陆相为主，仅南部出露有第三纪海相沉积。这种空间分布状况（图 1-9）正反映了高原沉积环境的变迁以及北部早于南部的成陆历史。

至于第四纪沉积物，尽管高原各地生物气候环境迥异，岩石的风化方式与强度、风化产物的运积过程等错综复杂，但是作为成土母质，可归纳为下列几种主要成因类型。

残积物：基岩物理风化的产物停积于原地而成，目前多留存于平缓山丘顶部。它们是由砂、砾或碎石与部分细土物质组成，粗骨性很强，矿物成分取决于母岩性质。在干旱、半干旱的藏北地区，地表残积物中的细粒物质常遭风力吹蚀，粗粒物质相对富集，成为砾幕。

重力堆积物：这是一般山地常见的堆积类型，分选很差，大小石砾混杂堆积。但在邻近雪线的高山地段，基岩受寒冻风化作用崩解的岩屑、碎块顺坡泻溜，停积于分水岭缓坡地段，形成独特的流石滩或石海景观，它们是以大量裸露的巨砾堆垒为显著特征的。此外，由于土内冻融作用产生的滑坡或徐徐蠕动下移的泥流等也是本区常见的特殊堆积类型。

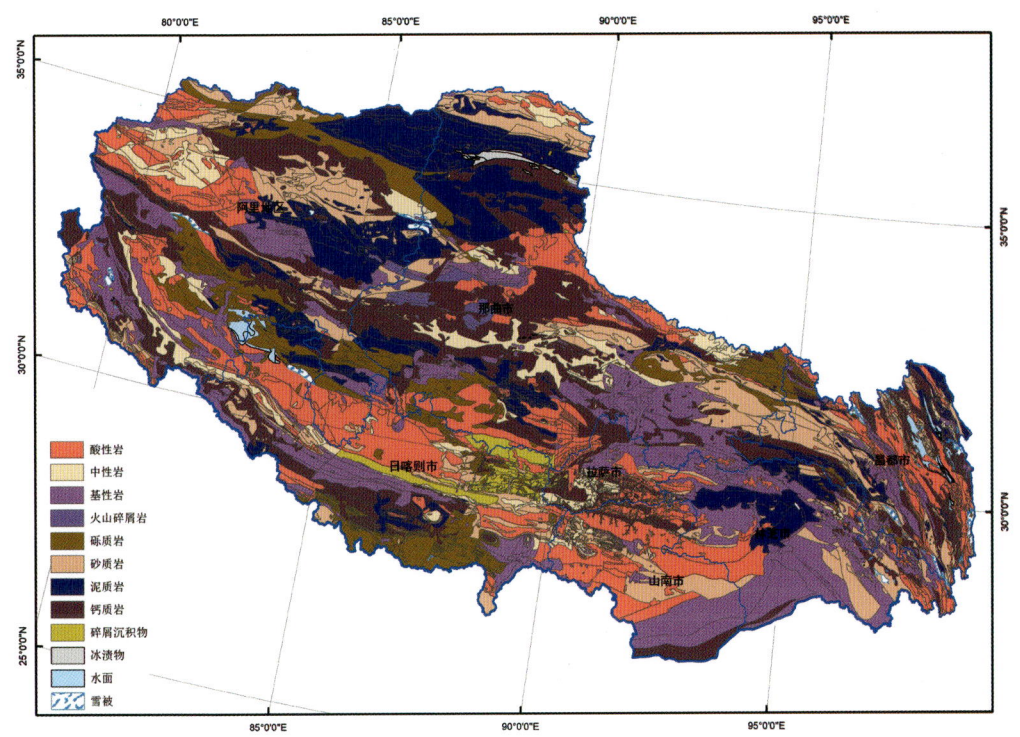

图1-9 西藏自治区成土母质空间分布

冰碛物：区内第四纪冰川发育，不仅古冰碛物广布，现代冰碛物也仍在不断形成。它们都为分选差、岩性杂的粗碎屑物质。较老的冰碛物大多处于胶结或半胶结状态，风化程度深些，有一定成土作用；近代冰碛物则多呈松散状态，风化程度很浅。

坡积物：基岩风化碎屑物在重力与坡面径流的共同作用下，积于山坡中下部位，是山区最普遍的堆积形式，其颗粒大小随搬运距离远近而异，分选较好，常含有较多的细土物质，有利于土壤形成。但是本区坡地侵蚀现象普遍，坡积物受到一定程度的冲刷。

洪积物：季节性流水作用产生的扇形堆积物普遍见于本区山麓地带与河谷盆地边缘，主要由砾石与粗砂组成，扇缘部分的质地较细些，有土壤发育。部分已经稳定的扇缘地段尚可辟作农田，这大都属于较古老的洪积物，也有一部分属于第四纪冰期的冰水洪积冲积物。

冲积物：本区各大河流谷地是冲积物集中分布的地方，主要为阶地与河漫滩（包括沙洲），其组成物质较有规律，除卵石外常含有一定厚度的砂质或粉砂质等细粒物质的堆积层，故为本区最佳宜垦地和林牧用地。但是区内阶地并不很发育，仅在雅鲁藏布江及其大支流的宽谷段内可见有四级以上的阶地，但面积较小，宜农土地潜力有限。除较古老的高阶地外，一些低阶地与河漫滩常受河水泛滥与地下水的影响，沉积物质较易变化不定，并且往往呈现潜育特征。

湖积物：本区湖泊多，湖相沉积广泛，主要是黏土、粉砂土和砂砾等物质组成的湖成阶地、湖滩地与堤岸等。这类沉积物质较细些，但多受地下或湖水影响，并有一定的化学淀积物，特别是干旱、半干旱地区的盐湖滨岸地带，这种特点对成土过程影响很大。

风积物：在雅鲁藏布江、朋曲河等中上游宽谷段及藏北内流区，风力吹蚀与堆积作用的产物——裸露新月形沙丘、固定与半固定沙丘（或沙）等风积物分布面积很可观，几乎超过了全区耕地总面积。它们质地均一，主要为长石、石英和云母等矿物组成的粉砂与细砂，而且常有一定数量碳酸钙等盐类的淀积。另，西藏地区地表也有广泛的黄土沉积物分布。

总之，西藏高原年轻的地质历史及其多种多样的成土母质对于高原各类土壤发育过程和主要理化属性具有重要的影响，特别是高原各处地形及生物气候虽然迥异，但大部分成土风化壳普遍含有大量石砾或粗粒物质，发育较为原始。显然，西藏高原土壤发生上的幼年性是跟成土年龄短及母质风化弱有关，而这又跟地貌、气候、生物等其他成土因素相联系的。

1.2.4 水文

青藏高原是亚洲几条著名大河——长江、澜沧江、怒江、雅鲁藏布江、恒河和狮泉河（印度河）等的发源地，这些河流呈放射状由高原流向四邻的中亚、东亚和南亚等地区，故有亚洲水塔之称。其中，雅鲁藏布江是西藏最大的河流，它在我国境内长达 2 000 km，流域面积达 24 万 km^2，年平均径流量占西藏外流河年平均总径流量的 44%。按水量，雅鲁藏布江仅次于长江和珠江，列我国第三位。除了上述外流河以外，高原内部还有许多短小的内流河，如藏北的扎加藏布、波仓藏布及索里藏布等。它们的流域面积很有限，径流量远逊于外流河，而且不少内流河仅雨季才有径流。

西藏地区绝大部分河流主要靠雨水直接补给，其次靠冰川融水和地下水补给，后两者在河流上游段及藏北内流区常为重要补给来源。由于气候影响，西藏地表径流的年内分配很不均匀，汛期出现在雨季，7～9 月的径流量占全年总径流量的一半以上；而 11 月至翌年 3 月为枯水期，一些小河溪甚至断流。因此，在春旱时期，农田灌溉用水颇显紧张。本区河水矿化度不高，大多属重碳酸盐型淡水，适宜饮用灌溉。部分内流河水的矿化度稍高些，少数可超过 10 g/L，水化学类型仍以碳酸盐型为主，其次为硫酸盐或氯化物型，除少数不宜利用外，一般仍可供人、畜饮用或灌溉。

西藏高原素以湖泊众多闻名于世，特别是在藏北内流区，湖泊星罗棋布，为世界上最高的湖群区。全区大小湖泊计 1 500 余个，湖泊总面积 2.4 万 km^2 左右，约占我国湖泊总面积的三分之一以上。其中面积超过 100 km^2 的大湖泊有 30 余个。最大的纳木错，面积达 1 920 km^2，海拔 4 718 m，是世界最高的大湖。

区内绝大多数湖泊属内流性质，是内流河的归宿处。由于地壳上升，气候趋干，高原上许多湖泊的水域面积急剧缩小，有的湖泊已经干涸或消失。湖水蒸发、浓缩，使许多湖泊成为矿化度很高的咸水湖或盐湖，个别盐湖矿化度高达 300 g/L 以上。这些盐湖富集了大量盐类，含有许多种有用的化学元素，特别是硼、锂等稀有元素的藏量非常可观，成为西藏高原特有的矿藏资源。

西藏的地下水较丰富，它与河湖等地表径流的关系非常密切，估计全区地表径流约有30%系由地下水补给的。而地下水则又大多来源于大气降水，不过它的形成过程还同地形、沉积物特征和地质构造等因素有关，许多热泉（藏南谷地出露最广泛）还同地壳内部的岩浆活动相联系。所以，本区地下水的成因及类型是多种多样、因地而异的。但是大多数地下水一般均含有一定数量的盐类或氟、砷等微量元素，特别是在内流盆地区，尤为显著。这些盐类和微量元素伴随地下水活动而迁移、积累，积极地参与高原地区的表生地球化学作用。所以在西藏高原现代成土环境中，许多低湿地段的水成或半水成土壤的形成以及它们的特殊属性均跟地下水动态与水化学特性有关。

总之，西藏高原的水文特征是跟它的地貌、气候及地质构造相关联的，它反映了高原近代自然地理过程的一个重要方面。它对于土壤发育有一定影响，但往往更重要的是直接关系到农牧业生产。

1.2.5 植被

在西藏，大部分地区保存着较原始的天然植被，它们直接反映了当地自然生态环境特征，同时也表征着土壤发育的基本方向。高寒的生态环境决定了西藏植被以耐寒的高山型植物占优势，而有许多还兼具耐旱特性。在藏东南森林上限（海拔约4100~4300 m）以上的高山地带及辽阔的高原内部，大多数灌木与草本具有特殊的形态和生理机能：植株低矮，呈丛状、垫状或莲座状；地下根系发达；植物体被绒毛或具刺，叶片强烈缩小；生长期短和以营养繁殖的多年生植物居多等。所有这些都是植物对干冷生境的适应结果。

同高原水热状况的空间分异趋势相适应，西藏植被的分布亦呈现了较明显的水平分带规律，从东南往西北相继为热带、亚热带山地森林→山地灌丛草原→高山草甸→高山草原→高寒荒漠草原→高寒荒漠等不同植被地带。同时，伴随地势高度变化，也存在着非常明显的植被垂直分带规律，从低热河谷的热带季雨林直到寒寂荒凉的高山稀疏垫状植被带，中间依次出现有常绿阔叶林、针阔叶混交林、暗针叶林、高山灌丛草甸及高山草甸等植被垂直带。然而在西藏，上述植被的水平分带与垂直分带往往彼此紧密结合在一起，导致本区植被的复杂多样性。西藏主要植被类型可概括为如下几种。

高山稀疏垫状植被：它们主要见于高山带上部，那里气候严寒，多年冻土发育，土质瘠薄多砾，故植物种属贫乏，主要是数种风毛菊、垫状点地梅和苔状蚤缀等垫状植物。覆盖度极稀，绝大部分地面裸露，景象荒凉。

高山草甸：在高山垫状植被带以下常为高山草甸植被带，其分布上限约海拔5200 m左右，下限接近4300 m或更低些。因生境湿冷，故以耐寒的多年生中生植物种类为主组成的低矮密集植丛（似草毡状）为特征。常见建群种为高山嵩草、矮生嵩草、喜马拉雅嵩草、短轴嵩草，伴生种有薹草、矮火绒草、委陵菜、圆穗蓼、毛茛、报春花、马先蒿和龙胆等，总盖度一般在40%~90%。通常在其分布上限或砾质地段，还伴生有苔状蚤缀、垫状点地梅和景天等；若生境偏旱，则有针茅属、羊茅、早熟禾和鹅冠草等禾草混入，显示出草原化的特征。

高山草原：以多年生草本植物组成的高山草原是西藏高原海拔 4000～5200 m 地域内分布最广的优势植被，它最典型地反映了高原干冷的生态环境。它主要由草丛禾本科（地面植物）组成，建群种以紫花针茅为代表，次有羽柱针茅、羊茅、丝颖针茅、长芒草、青藏薹草、早熟禾和一些杂类草如矮火绒草、黄芪、木根香青、棘豆、葱、紫菀等，总覆盖度 30%～65%。在地势偏高处，还伴生有风毛菊、垫状点地梅、苔状蚤缀等；而在藏南海拔稍低处则有蒿属、狼毒、金露梅和锦鸡儿属等灌木参与其间；及至西部阿里地区的干旱砂砾地段，又呈现荒漠化的特征：建群种变为砂生针茅、短花针茅、东方针茅等，而且混有驼绒藜、灌木亚菊等更加耐寒的荒漠植物。在沙质地上还长有固砂草、三角草等。

高寒荒漠：该植被只见于阿里北部喀喇昆仑山脉与昆仑山脉西段之间 5000 m 以上的石质岩屑坡及宽谷湖盆地段，那里是西藏最干旱之地，植被属超旱生小灌木垫状驼绒藜构成的稀疏高寒荒漠，成分极单纯。伴生种仅见少量棘豆、藏荠、高山蚤缀、青藏薹草、灌木亚菊、腺毛风毛菊等，通常覆盖度不超过 15%。

高寒荒漠草原：在藏北北部昆仑山脉南侧前山地带还广泛分布着由高山草原向高寒荒漠过渡的植被类型——高寒荒漠草原。它主要由青藏薹草组成，混生有若干垫状驼绒藜，后者在局部地段也有呈纯群落面貌单独出现的情况。其他伴生种还有棘豆、矮火绒草、黄芪和风毛菊等，总覆盖度 5%～20%。该植被类型的出现是与这里气候干冷及广泛覆盖松沙物质的生态环境有关的，特别是适于在沙地生长的青藏薹草成了反映当地生物气候特征的代表性植物。

亚高山荒漠：在阿里西部海拔 4600 m 以下的干旱石质山地内，由超旱生的驼绒藜与灌木亚菊以及旱生多年生草本——匙叶芥或雾冰藜等组成，伴生植物有砂生针茅、燥原荠、藏麻黄、盐生草和单翅猪毛菜等，总盖度一般不到 10%。

山地灌丛草原：在藏南海拔 4200 m 以下较干燥温和的山地与宽谷（如雅鲁藏布江中游）普遍分布着灌丛草原植被。草本植物为中温型禾草，如三刺草、白草、长芒草和固砂草等。灌木种类较多，有西藏狼牙刺、薄皮木、锦鸡儿、小檗等。此外尚见黄芪、狼毒、棘豆和绢毛盖、西藏大戟等伴生植物，其总盖度约 30%。这类灌丛草原可被认为是高原腹地的草原与高原边缘山地森林之间的过渡性植被。但是，在藏东横断山地海拔 2300～3400 m 的干燥温暖河谷内普遍分布白刺花灌丛，其伴生的灌木草本主要有小角柱花、锦鸡儿、醉鱼草、忍冬、鼠李、蔷薇、仙人掌、紫菀、灰毛莸、毛莲蒿、白草和卷柏等。这类旱生有刺灌丛的出现显然是同干热谷地的特殊生境有关，它是亚热带山地森林的一种变型。

高山灌丛草甸：在藏东和喜马拉雅山地的森林郁闭线（海拔 4100～4300 m）附近地段大多分布着由杜鹃属、高山柳、金露梅或香柏等灌木为主组成的灌丛草甸，局部地区则以藏方枝柏、金露梅等灌木为主。草本层内中生植物种类稍丰，许多种类同于高山草甸如嵩草、薹草、委陵菜、马先蒿、蓼、龙胆、景天、木根香青和青兰等。总盖度 70%～90%。这类植被常跟位于其上的高山草甸植被衔接，实际上是森林与高山草甸之间的过渡性植被。

暗针叶林：本区山地森林中面积最广、分布亦最高的是由冷杉、云杉组成的暗针叶林。其林相浓郁阴暗，林内较潮湿，下木主要有杜鹃、花楸和忍冬等。此外还有薹草、委陵菜、莓、唐松草、蕨类苔藓、地衣、松萝等草本植物与低等植物。暗针叶林带的分布高度约在海拔 3100~4200 m。

亮针叶林：这类喜温针叶林在藏东和喜马拉雅山地内垂直分布幅度较宽，一般在海拔 1800~3600 m。主要树种有云南松（分布限于察隅以东地区）、乔松、高山松、华山松和长叶松（限于喜马拉雅山脉西段南侧）等，大都呈纯林面貌。下木常有毛叶南烛、薄皮木、小檗、忍冬、蒙古绣线菊、白珠树等；蕨菜、野青茅、川芒等是较常见的草本植物。

针阔叶混交林：在亮针叶林分布范围内约海拔 3100 m 以下地段时常出现一个由云杉、西藏落叶松、乔松、云南铁杉等针叶树与槭、香榕、糙皮桦、杨、漆等阔叶树组成的混交林带。

常绿阔叶林和季雨林：喜马拉雅山脉南侧海拔 1800 m 以下的低山地区，气候湿热，林被密郁、四季葱绿。这里的常绿树种繁多，主要以壳斗科的栎属、栲属、石栎属和樟科的樟属、桢楠属、楠属及木姜子属等为主。其林内阴湿、层次多，灌木、藤本、草本和苔藓、地衣等错落杂处。但有一种纯由川滇高山栎组成的硬叶常绿林亦较常见，它的分布较高，常出现于针阔混交林和亮针叶林分布的范围内；在雅鲁藏布江和三江流域的阳坡地段也常呈丛生灌木成片分布。

在海拔 1000 m 以下的湿热低谷内分布着热带季雨林。代表树种为娑罗双、龙脑香、多种榄仁、四薮木、羊蹄甲、阿丁枫、榕属等。林内下木丰富，藤本与附生植物种类显著增多，林相更为郁湿错落。

草甸和沼泽：在西藏境内，这两类植被面积虽不是很大，但分布范围却极广，主要见于潜水位高或滞水的局部低地。植物种类变化不大，主要为喜马拉雅嵩草、藏北嵩草、甘肃嵩草、某些矮小型嵩草和薹草等中生植物及杉叶藻、蔍草、眼子菜、水毛茛等沼生植物。在主要由嵩草属组成的草甸或沼泽化草植被内，伴生种类较多，它们的盖度多在 80% 以上。

上述植被类型中，除了草甸与沼泽属于隐域性质外，都是显域性质的，然而它们都反映着一定地段的热量、水文条件及其生态环境特征，因此它们也必定密切地关系着所在地段的成土过程。通常，某植被类型下发育着一定的土壤类型，两者有密切的对应关系。

1.2.6 人为影响

据考证，西藏地区的农耕文明已有长期历史，近百年来人为活动进一步加剧，人为因素对土壤类型改变产生影响的主要表现在以下方面：梯田改土、酸化、蔬菜种植、肥力提升等。

肥力提升：表 1-3 是本次土系调查与第二次土壤普查土壤主要养分的变化。结果显示，30 年中，土壤有机碳、全氮、有效磷和速效钾均显著提升。其中有效磷提升幅度最为显著，本次土系调查表层土壤有效磷均值 54.8 mg/kg，与第二次土壤普查的 6.2 mg/kg 相比，提升了接近 8 倍。有机碳提升 38.1%，全氮提升 45.6%，速效钾提升 28.6%。在过去 30 年中，由于作物品种改良、水肥调控技术的提高，农田生物量大幅度提高，地下生物量留存量高，并且由于农村燃料结构改变，秸秆还田力度加大，所以整体而言，土壤处于碳汇阶段。

表 1-3 西藏自治区表层土壤属性均值 30 年变化

年代	样本数	pH	有机碳/（g/kg）	全氮/（g/kg）	有效磷/（mg/kg）	速效钾/（mg/kg）
2010	142	7.29	8.85	0.99	54.8	144
1980	250	7.40	6.41	0.68	6.2	112
变化率/%		−1.5	38.1	45.6	783.9	28.6

第 2 章 土 壤 分 类

2.1 土壤分类的历史回顾

2.1.1 20 世纪 50~60 年代

西藏土壤分类研究工作要比我国其他地区开展得晚些，1951 年前几乎是空白。20 世纪 50~60 年代，中国科学院及有关单位曾对西藏进行过数次土壤考察，如 1951~1953 年，中国科学院组织了西藏科学考察队在西藏中部与东部进行了地质、地理、气象、农业等专业的考察，李连捷等（1954）在土壤方面第一次进行了比较系统的考察研究。其后，在 1956~1967 年和 1963~1972 年两次国家科学发展规划中，都把青藏高原科学考察列为重点科研项目。中国科学院南京土壤研究所先后进行了西部地区南水北调土壤和土地资源考察（1959~1961 年）与西藏中部土壤和土地资源考察（1960~1961 年），继而进行了珠穆朗玛地区土壤科学考察（1966~1967 年）。这些调查工作积累了较为丰富的第一手资料，并首次拟定了西藏高原土分类系统表，为西藏土壤的分类研究奠定了良好基础，但由于当时客观条件所限，未能深入探讨，在一些高山土壤的命名上引用了植被景观名称，难以反映土壤本身的属性。

2.1.2 20 世纪 70 年代

1973~1976 年，中国科学院组织了青藏高原综合科学考察，南京土壤研究所完成了西藏全境的土壤考察，在土壤的形成条件、发生特点及历史演变等方面均取得了较系统的、全面的资料；把成土条件、成土过程发生层特性结合起来进行西藏土壤分类，在高山土壤命名上改变了过去的植被景观命名法，制定了西藏土壤分类系统。

西藏土壤分类系统吸取了苏联的发生分类、联邦德国的剖面形态和剖面层序的分类以及美国的诊断土层分类的优点，结合我国的现实情况，以发生学原则为基础，以诊断发生层及其发生特性为依据进行分类。采用五级分类，即土纲、土类、亚类、土属与土种。

土纲是根据成土过程的共性，即主要成土作用的组合及综合表现或共同特点归纳划分。不同土纲具有不同的剖面发生类型。所谓剖面发生类型是指土壤剖面中一些发生层的共性概括，或在主要基本成土作用影响下形成的土壤发生层段的组合类型。

土类是高级分类的基本单元，系成土过程、属性相类似的一组土壤，按成土作用的不同发育阶段和发生层的结构类型划分。所谓发生层结构类型是指受主要成土作用影响而形成的发生层的组合。亚类是按成土作用的发育分段、附加成土作用和发生层结构亚类型划分。所谓发生层结构亚类型是指受主要成土作用和附加成土作用影响所形成的典型的、过渡的或附加的发生层组合亚类型。

土属是承上启下单元，也是基层分类的最高单元。主要是按成土母质（包括残留母质)、水分补给状况、盐分组成等地方性因素对土壤发育属性和肥力影响大小归纳划分。

土种是基层分类的基本单元,按基本土层构成的土体构型所反映的土壤发育程度和土壤属性量上的差异来划分。

各级分类单元之间不仅在发生上相互联系,而且各自具有为生产服务的明确目的。各种土类具有不同的土地利用与生产配置方向。不同的土壤亚类,其改良和提高土壤肥力的方向性措施有异。不同土属反映了不同的肥力状况和利用改良措施。而不同土种则表现了土壤肥力水平与具体耕作措施的差异。

按照上述标准,拟定了西藏土壤分类系统,按从高到低、从湿到干的次序,即依照具体的地带性由高山和亚高山的草甸、草原、荒漠、边缘森林到水成的、盐成的和耕种熟化的等系列顺序排列。共分出12个土纲,22个土类,54个亚类,33个土属,土种没有划分(表2-1)。

表2-1 西藏土壤分类表

土纲	土类	亚类	土属
寒冻土	寒冻土		
毡土	草毡土	原始草毡土	
		草毡土	草毡土、残余碳酸盐草毡土
		淡草毡土	
	黑毡土	黑毡土	黑毡土、残余碳酸盐黑毡土
		淡黑毡土	
		耕种黑毡土	
钙层土	漠嘎土	漠嘎土	漠嘎土、薄层漠嘎土
	莎嘎土	淋溶莎嘎土	
		莎嘎土	莎嘎土、薄层莎嘎土
	巴嘎土	淋溶巴嘎土	
		巴嘎土	
		耕种巴嘎土	
		淋溶阿嘎土	
		阿嘎土	
		表聚碳酸盐阿嘎土	
		耕种阿嘎土	
漠土	寒漠土	寒漠土	
		龟裂寒漠土	
		灰冷漠土	灰冷漠土、耕种灰冷漠土
	冷漠土	冷漠土	
漂灰土	棕毡土	泥炭漂灰化棕毡土	
		棕毡土	
	漂灰土	腐殖质淀积漂灰土	
		泥炭质漂灰土	
		漂灰土	

续表

土纲	土类	亚类	土属
棕壤	酸性棕壤	泥炭质酸性棕壤	
		酸性棕壤	酸性棕壤、耕种酸性棕壤
		生草酸性棕壤	
	棕壤	棕壤	棕壤、薄层腐殖质棕壤、耕种棕壤
		草甸棕壤	草甸棕壤、耕种草甸棕壤
褐土	黄棕壤	表潜黄棕壤	
		腐殖质黄棕壤	
		黄棕壤	
	棕褐土	棕褐土	棕褐土、耕种棕褐土
	褐土	淋溶褐土	
		碳酸盐褐土	粗骨性碳酸盐褐土、碳酸盐褐土、黏壤质碳酸盐褐土
		耕种碳酸盐褐土	
富铝土	黄壤	腐殖质黄壤	
		黄壤	黄壤、残余硅铁质红黄壤
	赤红壤	黄色赤红壤	
	砖红壤	黄色砖红壤	
半水成土	毡状草甸土	微酸性毡状草甸土	
		碳酸盐毡状草甸土	
		盐化毡状草甸土	
		耕种毡状草甸土	
水成土	沼泽土	泥炭土	
		泥炭沼泽土	
		腐殖质沼泽土	
		盐化沼泽土	盐化沼泽土、苏打盐化沼泽土
盐成土	盐土	沼泽盐土	沼泽盐土、苏打沼泽盐土
		草甸盐土	氯化物-硫酸盐草甸盐土、硫酸盐草甸盐土、硫酸盐-氯化物草甸盐土
		碱化盐土	碳酸钠碱化盐土、碳酸镁碱化盐土
水稻土	水稻土	黄泥田	
		潮泥田	

本次土壤科考与土壤分类的成果集中体现在《西藏土壤》一书，作为青藏高原科学考察丛书系列之一，于1985年由科学出版社出版。其中的"1/250万西藏自治区土壤图"，以土类和亚类结合作为制图单元，比较清楚地勾勒出了西藏的土壤类型空间分布。

2.1.3 20世纪80年代

20世纪80年代，西藏自治区进行了第二次土壤普查工作（1979~1991年），并结合国家"七五"科技研究大纲重要课题"西藏自治区土地资源调查"，在全区以县为单位，开展了大、中比例尺土壤调查、分类与制图工作，编制了土壤报告和土壤图，建立了西藏自治区第二次土壤普查土壤分类系统,全区土壤共分为9个土纲、28个土类、67个亚类、362个土属和2236个土种。西藏自治区第二次土壤普查分类系统见表2-2。

表2-2 西藏自治区二普土壤分类系统(高级单元)

土纲	土类	亚类	土纲	土类	亚类
高山土	高山寒漠土	高山寒漠土	淋溶土	灰化土	灰化土
	高山草甸土	原始高山草甸土			漂灰土
		高山草甸土		棕壤	棕壤
		高山草甸草原土			酸性棕壤
		高山湿草甸土			棕壤性土
		高山灌丛草甸土		黄棕壤	黄棕壤
	高山草原土	高山草原土	铁铝土	黄壤	黄壤
		高山草甸草原土		红壤	黄红壤
		高山灌丛草原土		赤红壤	黄色赤红壤
		高山荒漠草原土		砖红壤	黄色砖红壤
		高山盐渍草原土	盐碱土	寒原盐土	寒原盐土
	高山漠土	高山漠土			寒原草甸盐土
	亚高山草甸土	亚高山草甸土			寒原碱化盐土
		亚高山林灌草甸土	半水成土	草甸土	草甸土
		亚高山灌丛草甸土			潜育草甸土
		亚高山草原草甸土			盐化草甸土
		亚高山湿草甸土			碱化草甸土
	亚高山草原土	亚高山草原土		潮土	潮土
		亚高山草原草甸土			湿潮土
		亚高山荒漠草原土			脱潮土
		亚高山盐渍草原土			盐化潮土
		亚高山灌丛草原土	水成土	沼泽土	沼泽土
	亚高山漠土	亚高山漠土			草甸沼泽土
	山地灌丛草原土	山地灌丛草原土			泥炭沼泽土
		山地淋溶灌丛草原土			盐化沼泽土
半淋溶土	灰褐土	灰褐土	人为土	灌淤土	灌淤土
		淋溶灰褐土		水稻土	淹育性水稻土
		灰褐土性土			渗育性水稻土
	褐土	褐土	初育土	新积土	新积土
		淋溶褐土		风沙土	草甸风沙土
		石灰性褐土			草原风沙土
		褐土性土		石质土	石质土
淋溶土	暗棕壤	暗棕壤		粗骨土	粗骨土
		灰化暗棕壤			

西藏二普分类的基层分类包括土属和土种两级,土属根据区域性成土因素的影响划分。在西藏境内,母质类型是土壤形成的区域性因素,并同时反映了地形因素,是土属

划分的主要依据。同时，人为耕种活动影响也作为部分土壤的土属划分依据，即将同一亚类的耕种土壤划为耕型土属。此外，盐渍土壤又以盐分组成作为土属划分的依据。西藏二普土属划分依据如下：

自成型土壤：首先按母质成因分为残坡积和沉积两种情况。残坡积母质发育土壤，再按照母岩的岩性划分为麻砂质、硅质、泥质、紫土质和灰泥质共 5 个土属。沉积物母质发育土壤划分为洪积、冲积、冰碛和湖积 4 个土属（表 2-3）。

表 2-3 自成型土壤的土属划分依据

土属名称	残坡积母质岩性与沉积母质类型	人为活动	
麻砂质	花岗岩、流纹岩、闪长岩、安山岩、正长岩、粗面岩、花岗片麻岩等	耕型	非耕型
硅质	石英岩、石英砂岩、硅灰岩等		
泥质	页岩、板岩、片岩、千枚岩、辉绿岩、橄榄岩、辉长岩、玄武岩等		
紫土质	紫色或红色砂岩、页岩、灰泥质石灰岩、白云岩、大理岩等		
灰泥质	石灰岩、白云岩、大理岩等		
洪积	洪积物、洪积-冲积物		
冲积	河流冲积物		
冰碛	第四纪冰碛物		
湖积	湖积物		

水成、半水成土壤：均为沉积物母质，以碳酸钙含量 1%为依据分为冲积和灰冲积、洪积和灰洪积、湖积和灰湖积共 6 个类型，并根据人为活动再进一步分为耕型和非耕型 12 个类型。

盐成型土壤：根据盐分组成分为氯化物土属（Cl^-/SO_4^{2-} 值大于 1）和硫酸盐土属（Cl^-/SO_4^{2-} 值小于 1）等。

风沙土：根据植被覆盖度和腐殖质层（A）的发育程度划分为流动、半固定和固定风沙土 3 个土属。

土种是土壤基层分类的基本单元，是指在同一土属范围内和相同母质条件下，土体构型、理化性质和生产性能基本一致的一组土壤实体。土种是地方性的土壤类型，具有一定的空间分布位置和明显的区域性、生产性特点。在西藏境内，土层厚度、质地类型和砾石含量以及由此组合的土体构型是制约土壤生产性能的主要因素，也是反映土壤发育程度的重要标志，因此选作土种划分的基本依据。具体划分的标准如下：

（1）土层厚度：由残坡积母质发育的土壤，一般按土层厚度和有效土层内质地的差异划分土种，小于 30 cm 为薄层，30～60 cm 为中层，大于 60 cm 为厚层。

（2）土体质地构型：由沉积母质发育的土壤，按土体质地构型划分土种。为确定土体质地构型，先将土体分为上、中、下 3 个层段：0～30 cm 为上层，30～60 cm 为中层，60～100 cm 为下层。此 3 个层段的质地排列组合即为土体质地构型。根据西藏土壤质地和砾石含量对农业生产的影响程度，共划分 11 种基本土层，并且按照表土层细分、中下土层较粗的实用原则，将这 11 种基本土层作进一步的归并和简化。再根据土体上、中、下基本土层类型的排列组合，即可划分出均质型、体型、底型、心型和三段型共 5 种构型：①均质型，指土体 100 cm 内为同一种基本土层，如砂砾土、泥砾土等；②体型，指土体 0～30 cm 和 30～100 cm 各为不同的基本土层，如 0～30 cm 为壤土层而 30～100 cm 为砾石层的土壤构型为石体壤土；③底型，指土体 0～60 cm 和 60～100 cm 各为不同的基本土层，如上、中层为砾黏层而下层为砂层的土壤构型为砂底砾黏土；④心型，指土体 20～50 cm 范围内夹有一层厚度为 20～30 cm 的另一种基本土层，如整个土体（100 cm）为砂壤土，而其中 20～45 cm 为黏土层，即为黏心砂壤土构型；⑤三段型，指上、中、下三层均分别为不同的基本土层，如上层为壤土层，中层为砾泥层，下层为（砾）石层的土体构型为石底砾泥心壤土。

（3）特征土层：系指在土壤分类上有标志意义，又对农牧业生产有重要影响的发生土层。根据西藏农牧业生产的实际需要，仅选草毡层（草甸型土壤）、砂姜层（碳酸钙结核层）和泥炭层等特征土层为部分土壤的土种划分依据。凡出现这些特征土层之一的土壤，在其土种划分时，除依据土层和土体质地构型外，也要考虑特征土层因素。

综上所述，西藏二普土壤分类系统是在全面调查基础上，对全区土壤的系统性归纳，并特别强调了农牧业利用目的。在 1994 年出版的《西藏自治区土种志》中，列出了 181 个代表性土种，其中适用农牧业利用的耕种、毡类土种类型占据其中大部分。

除二普土壤调查与分类工作外，中国科学院在此期间也组织进行了专区土壤资源考察，如横断山区考察（1981～1984 年）和喀喇昆仑山、昆仑山地区考察（1987～1990 年），获取了相关资料，对区域土壤分类进行了探讨，并出版了相关土壤书籍、图件。

2.1.4　20 世纪 90 年代以来

20 世纪 80 年代末期开始，土壤系统分类研究在我国开展和兴起，高以信等（1995，2000）对西藏土壤开展了系统分类方面的研究，主要体现在草毡土、干旱土、灰土、盐成土等几个土纲的分类研究工作。建立了草毡表层、灰化淀积层、寒性干旱土等诊断层和诊断特性（中国科学院南京土壤研究所土壤分类课题组，1985，1987；中国科学院南京土壤研究所土壤分类课题组，中国土壤系统分类课题研究协作组，1995，2001；何毓蓉等，1999；邹德生，1994；龚子同等，1999，2007）。

2.2　本次土系调查

2.2.1　依托项目

本次土系调查主要依托国家科技基础性工作专项项目"我国土系调查与《中国土系志（中西部卷）》编制"（2014FY110200，2014～2019）。

2.2.2　调查方法

（1）单个土体位置确定与调查方法。单个土体位置确定考虑全区及重点县市两个尺度，采用综合地理单元法，即通过将 90 m 分辨率的 DEM 数字高程图提取相关地形因子、1∶50 万地质图（转化为成土母质图）、植被类型图和土地利用类型图（由 TM 卫星影像提取)、二普土壤类型图进行数字化叠加(表 2-4),形成综合地理单元图,再考虑各个综合地理单元类型对应的二普土壤类型及其代表的面积大小,逐个确定单个土体的调查位置。本次调查合计调查单个土体 120 个(图 2-1)。

表 2-4 西藏自治区土系调查协同环境因子数据

协同环境因子		比例尺/分辨率
气候	年均温、降水量和蒸发量	1 km
母质	地质图	1∶50 万
植被	NDVI(2000~2009)	1 km
土地利用	土地利用类型	1∶25 万
地形	海拔、坡度、剖面曲率、地形湿度指数	90 m

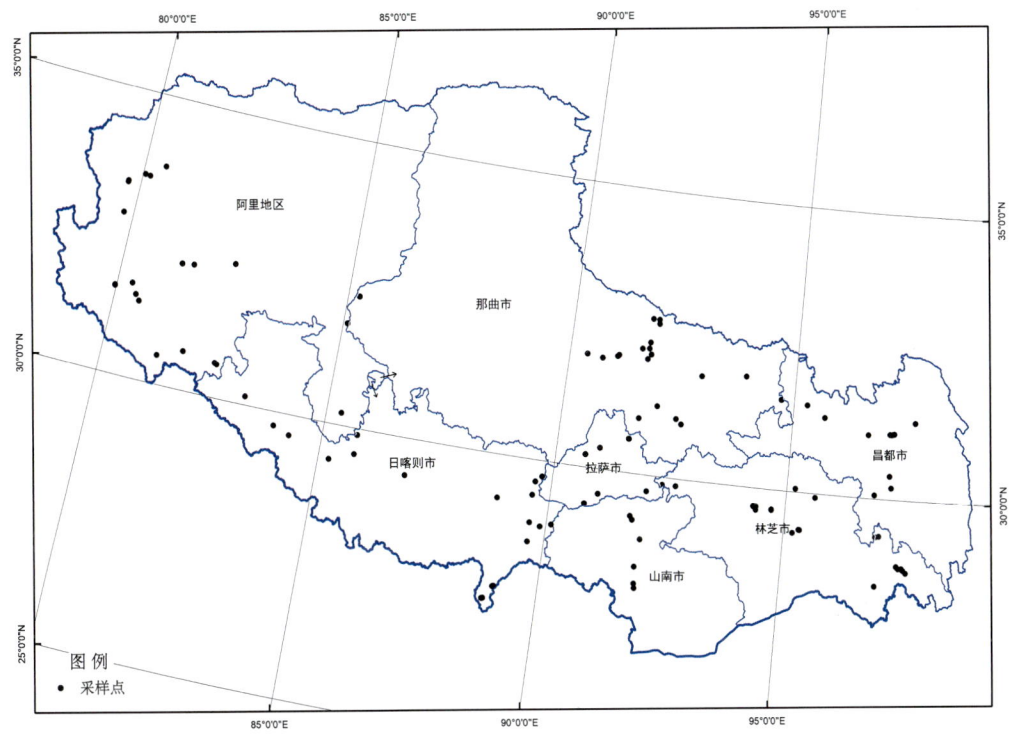

图 2-1 西藏自治区土系调查单个土体位置图

(2)野外单个土体调查和描述、土壤样品测定、系统分类归属的依据。野外单个土体调查和描述依据《野外土壤描述与采样手册》(张甘霖等,2017),土壤发生层符号表达见附录 1,土壤颜色比色依据《中国土壤标准色卡》(中国科学院南京土壤研究所和西安光学精密机械研究所,1989),土样测定分析依据《土壤调查实验室分析方法》(张甘霖和龚子同,2012),土壤系统分类高级单元确定依据《中国土壤系统分类检索(第三版)》(中国科学院南京土壤研究所土壤系统分类课题组和中国土壤系统分类课题研究协作组,

2001），土族和土系建立依据"中国土壤系统分类土族和土系划分标准"（附录 2）。

2.2.3 土系建立情况

通过对调查的 120 个单个土体的筛选和归并，合并建立 105 个土系，涉及 9 个土纲，18 个亚纲，34 个土类，52 个亚类，105 个土系（表 2-5），各土系的详细信息见下篇"区域典型土系"。

表 2-5 西藏自治区土系建立情况表

土纲	亚纲	土类	亚类	土系数量
1.有机土	2	2	2	2
2.人为土	2	2	2	2
3.灰土	1	1	1	1
4.干旱土	1	5	6	18
5.盐成土	1	1	1	3
6.潜育土	1	1	3	3
7.淋溶土	3	3	3	4
8.雏形土	5	14	25	60
9.新成土	2	5	9	12
合计	18	34	52	105

第 3 章　成土过程与主要土层

3.1　成土过程

土壤是在各成土因素综合作用下，经过一定的成土过程形成的。西藏水平和垂直空间跨度大，成土因素复杂多变。西藏地区成土条件的特殊性和多样性，不仅使其拥有众多特殊的成土过程，且其中一些成土过程常常相互结合同时进行，从而形成多种多样的土壤类型。西藏境内主要成土过程可归纳如下。

3.1.1　原始成土过程

在高海拔山区，岩石经物理风化，其碎土和少量细粒土，开始能蓄少量水分，适应地衣、苔藓等低等植物生长，伴随着石缝中的细土在水分和微弱细菌的作用下，分解少量矿物质，变成极少量的可给态养分供给高山地区垫状植物生长，形成了正常新成土和雏形土。在西藏高山冰缘地带，寒冻机械风化作用和着生在裸露岩石表面上的地衣、苔藓等低等植物及真菌的有机质原始积累作用是这一成土过程的主要表现。

在风积流动沙丘上，接纳雨水，可以生长先锋植物——虫实，然后逐渐生长耐旱耐瘠的沙蒿等植物，借此积累有机碳，经过分解，增加土壤养分，可供粗壮蒿草、赖草、针茅等植物生长，逐渐扩大植被覆盖度，形成砂质新成土和冲积新成土。这些土壤形成的起始点就是原始成土过程。

3.1.2　有机物质积累过程

有机物质积累过程广泛存在于各种土壤中，但由于水热条件和植被类型的差异，有机物质积累过程表现的形式也不一样，西藏区域有机物质积累过程大体表现为以下四种。

（1）枯枝落叶堆积过程：指植物残体在矿质土表累积的过程，一般发生在森林植被条件下，地表形成一个枯枝落叶层。枯枝落叶堆积过程主要发生在东部和南部区域的山地天然乔木林下。在干燥气候条件下，枯枝落叶不易分解，而在潮湿、湿润或常湿润气候条件下，其下易生长苔藓类植物，与不同腐解程度的枯枝落叶共同组成地表有机物质层。

（2）生草腐殖质积累过程：一是在土壤受较饱和的水分浸润，或较长季节的干旱及低温冻结的影响，土壤有机质来源于中生草甸或中旱生的草原与荒漠等草本小灌木的残体。有机质积累的数量与形态表现：一是草原与荒漠植被下的土壤有机质含量中等偏少。二是在生长茂密的草甸植被下，因土壤湿度大或受土体内永久或季节性冻层低温的影响，微生物活动弱，植物残体得不到充分的分解，有机质的腐殖质化程度低，所以有机质积累量高，并且大多以活根和腐解程度不高的死根密集交织成特殊形态的草毡表层。这种冻融生草腐殖质积累作用是高山与亚高山草毡寒冻雏形土形成过程的主要特征之一，在西藏中、东部大面积存在。

（3）森林腐殖质积累过程：在山地森林及亚高山矮林或灌丛植被下，由于生物作用旺盛，土壤有机质积累量大多明显地高于较干旱地区的生草腐殖质积累作用，而且其腐殖质化程度亦较高。

（4）泥炭积累过程：在长期积水与草甸或沼泽植物茂密生长下，土壤过湿时首先形成草甸植被茂密生长，随着积水时间的不断加长，土壤通气条件更加恶化，土壤微生物活动减弱，植物有机体分解减缓，有机质在土壤中大量积累，而植物灰分元素日趋减少。在西藏高寒地区，永久或季节性冻土层的存在更加促进了泥炭积累作用。

3.1.3 钙积过程

钙积过程是西藏境内半干润、干旱地区的主要成土过程。由于季节性淋溶、地下水蒸发等过程带动碳酸钙在土层中发生迁移与淀积，形成钙积层。土壤钙积作用具有明显的区域性差异。随着降水的增多与干旱程度的减低，依次在土体表层、中、下部发生碳酸钙聚积，以至出现明显的钙积层或碳酸盐新生体等不同情况。在藏东河谷地区的旱生森林土壤如干润雏形土的形成过程中，也存在类似碳酸钙淋淀的钙化作用。此外，土壤受富含碳酸钙母质的影响而产生钙化现象，称残余钙积作用。这在藏东石灰岩及黄土状物质堆积地区较为常见；另在广泛分布有富含钙质古土壤埋藏层的藏南雅鲁藏布江流域也有出现。

3.1.4 盐碱化过程

盐碱化过程包括自然因素和人为活动两个方面。自然形成过程一是主要发生在柴达木盆地的不受地下水影响的古湖滩地、河流老阶地、山前洪积扇和残丘岗地，由于长期脱离地下水影响，现代积盐过程终止，历史上的积盐在干旱条件下的残留土体中由于风蚀、风积和微弱淋溶，主要集中在亚表层或心土层；二是近代春夏季节冰川融化和暴雨通过含盐岩层时，溶解其中盐分而成为含盐多的地面径流，在低洼地带汇集，由于旱季的强烈蒸发作用也会发生盐分表聚。这些地区其地表无植被或有极少的耐盐旱生植物，盐分多为氯化物或硫酸盐-氯化物，下层硫酸盐含量显著增加，为硫酸盐和氯化物-硫酸盐，土体有一定数量的石膏。

含盐风化壳、含盐母质是盐碱化过程形成、发展、演变的物质基础，水文地质状况和干旱气候条件是各类盐碱化形成、发展、演变的先决条件和支配因素。在藏北、藏南及阿里等较干旱的内流洼地，因强烈蒸发作用使地下水中易溶盐类随土壤水分的上移而聚积于表层，并常在该层内生成白色粉粒状结晶盐体，而在地表面则常形成盐结皮。其中少部分因在脱盐过程中土壤吸附一定量的交换性钠而呈现碱化现象。在半干旱、干旱地区部分水成、半水成土的形成过程中，也常伴生一定的盐碱化过程。

3.1.5 黏化过程

黏化过程指土壤中黏粒的形成、淋移和聚积过程，在较温暖湿润的气候条件下，土体内原生矿物强烈分解并形成次生黏土矿物，土壤表层的黏粒随土壤水分向下淋移，并在土体某一深度淀积，从而使某深度出现黏粒含量相对增高的黏化层。在西藏境内，土壤中黏粒生成、淋淀过程较明显的主要有东南部湿润山地的淋溶土，在这些湿润区域，黏化过程仍然在进行。除此之外，西藏还分布有地质历史过程中形成的古黏化层土壤，在高原抬升过程中，气候湿热条件下形成黏化层，在抬升之后，气候变干冷，黏化层被保留下来，但黏化不再继续。这在喜马拉雅山脉雨影区、横断山区等区域都有分布。

3.1.6 氧化还原过程

自然降雨、旱耕灌溉以及地下水的升降，致使土体干湿交替，引起铁锰化合物的氧化态与还原态的变化，产生局部的移动或淀积，从而形成一个具有锈纹锈斑或铁锰结核的土层。氧化还原过程是平原地区或地势平缓低洼地区的旱耕人为土、潮湿正常盐成土、潮湿寒冻雏形土、斑纹简育寒冻雏形土、潮湿雏形土、底锈干润雏形土以及冲积新成土的成土过程之一。对于西藏区域，土壤冻融交替，特别是具有永冻层的土壤由于永冻层的顶托而引起的氧化还原作用是其独特的成土过程之一。

3.1.7 潜育过程

潜育过程是土壤长期渍水，水、气比例失调，几乎完全处于闭气状态，有机质嫌气分解，而铁锰强烈还原，发生潜育作用，形成灰蓝-灰绿色潜育层的过程。与泥炭积累过程一样，潜育过程在全自治区零星分布，但主要发生在三江源区、高原面上地势平缓或低洼、空气湿度高、长期积水的地段，是有机土和滞水潜育土的主要成土过程之一。

3.1.8 灰化过程

在西藏东南部山地林线附近，在冷湿、郁闭的暗针叶林或乔状杜鹃灌丛下，土壤的丰富酸性腐殖质和充足水分造成盐基大量淋失，并使亚表层强烈酸化，黏粒酸性蚀变释放的铁、铝与有机酸络合而发生螯合淋移，从而形成灰白色或淡色的强酸性土层，即灰化层。在该层之下则形成暗棕色的腐殖质铁铝淀积层。这种灰化过程是湿润山地的灰土的主导或常湿淋溶土和常湿雏形土的附加形成过程。

3.1.9 富铝化过程

在喜马拉雅南侧湿热山地，土壤中硅酸盐矿物强烈分解，盐基和硅酸大量淋失，而铁、铝、锰等氧化物残留富集于土体内，使土体呈红黄色调。这种富铝化过程是富铁土的主要形成过程，常湿淋溶土亦发生弱富铝化过程。

3.1.10 熟化过程

这是土壤在人为耕作、施肥与灌溉等措施影响下发生的特殊成土过程，可分为水耕熟化和旱耕熟化两种。水耕熟化即是水耕人为土形成过程，在西藏境内仅限于在东部湿热谷地中小面积存在；旱耕熟化是旱作耕地土壤的主要成土过程，在西藏主要是多年蔬菜种植，施用厩肥等而形成的肥熟旱耕人为土，在城市和村庄周边零星分布。

3.2 诊断层与诊断特性

《中国土壤系统分类检索（第三版）》（中国科学院南京土壤研究所土壤系统分类课题组和中国土壤系统分类课题研究协作组，2001）设有 33 个诊断层、25 个诊断特性和 20 个诊断现象。本次调查工作建立的 105 个西藏土系中涉及 17 个诊断层（含诊断现象）：有机表层、草毡表层、暗沃表层、暗瘠表层、淡薄表层、干旱表层、水耕表层、肥熟表层、盐结壳、漂白层、灰化淀积层（含灰化淀积现象）、黏化层、水耕氧化还原层、磷质耕作淀积层、雏形层、钙积层（含钙积现象）、盐积层；12 个诊断特性：有机土壤物质、岩性特征、石质接触面、准石质接触面、土壤水分状况、土壤温度状况、潜育特征、氧化还原特征、永冻层次、冻融特征、腐殖质特性和石灰性。

3.2.1 有机表层

有机表层是矿质土壤中经常被水饱和，具高量有机碳的泥炭质有机土壤物质表层，或被水分饱和的时间很短，具极高量有机碳的枯枝落叶质有机土壤物质表层。有机表层出现在 2 个土系，包括有机土的矿底纤维永冻有机土、矿底半腐正常有机土。依据调查的有机土剖面的信息，有机表层包括纤维和半腐有机土壤物质组成，厚度小于 70 cm，有机碳含量 60～160 g/kg，容重 0.30～0.40 g/cm^3。

3.2.2 草毡表层

草毡表层是指高寒草甸植被下具高量有机碳有机土壤物质、活根与死根根系交织缠结的草毡状表层。草毡表层集中在草毡寒冻雏形土的土系，少量出现在潜育土纲、永冻寒冻雏形土、寒冻正常新成土土系。依据调查的含有草毡表层的剖面信息，其 50 cm 深处土温 0.0～6.0℃，厚度 5～25 cm，C/N 14～20。

3.2.3 暗沃表层

暗沃表层是指有机碳含量高或较高、盐基饱和、结构良好的暗色腐殖质表层。暗沃表层出现在 5 个土系中，其中 2 个潜育土土系，3 个寒冻雏形土土系。依据调查的含有暗沃表层的剖面信息，暗沃表层的厚度 15～40 cm，干态明度 1～5，润态明度 1～3，润态彩度 1～3，有机碳含量 10～60 g/kg，pH 6.6～7.2。

3.2.4 暗瘠表层

暗瘠表层是指有机碳含量高或较高、盐基不饱和、结构良好的暗色腐殖质表层。暗瘠表层出现在 4 个土系中，其中 1 个常湿淋溶土土系，3 个常湿雏形土土系。依据调查的含有暗瘠表层的剖面信息，暗瘠表层的厚度 10～22 cm，有机碳含量 20～65 g/kg，pH 4.1～6.0。

3.2.5 淡薄表层

淡薄表层是指发育程度较差的淡色或较薄的腐殖质表层，在西藏境内大量出现。依据调查的含有淡薄表层的剖面信息，淡薄表层的厚度 5~32 cm，干态明度 4~8，润态明度 3~6，润态彩度 1~6，有机碳含量 1.9~100 g/kg，pH 4.9~9.7。

3.2.6 干旱表层

干旱表层是指在干旱水分状况条件下形成的具特定形态分异的表层，地表无植被或植被稀疏，腐殖质积累较弱。干旱表层出现在干旱土的 18 个土系和干旱正常新成土的 1 个土系。依据调查的有干旱表层的剖面信息，其结皮厚度 1~3 cm，表层厚度 8~25 cm，干态明度 6~7，润态明度 4~5，润态彩度 1~3，有机碳含量 1.7~26.5 g/kg，碳酸钙含量 0~420 g/kg。

3.2.7 水耕表层

水耕表层是指水稻种植淹水耕作条件下形成的人为表层（包括耕作层和犁底层）。本次调查涉及水耕人为土的 1 个土系。厚度约 20 cm，犁底层容重/耕作层容重约 1.1，下伏埋藏犁底层，多铁锈斑纹和少量铁锰结核。

3.2.8 肥熟表层

肥熟表层是长期种植蔬菜，大量施用人畜粪尿、厩肥、有机垃圾和土杂肥等，精耕细作，频繁灌溉而形成的高度熟化人为表层。本次调查涉及旱耕人为土 1 个土系，肥熟表层厚度 32 cm，有多条蚯蚓，有机碳含量 20~30 g/kg，有效磷含量 100~120 mg/kg。

3.2.9 盐结壳

盐结壳是指由大量易溶性盐胶结成的灰白色或灰黑色表层结壳。盐结壳出现在结壳潮湿正常盐成土的 3 个土系，依据调查的含有盐结壳的剖面信息，其地表盐生植被（主要是芦苇）的盖度 5%~40%，盐结壳厚度 0~3 cm，含盐量均在 100 g/kg 以上。

3.2.10 漂白层

由于黏粒和/或游离氧化铁淋失，有时伴有氧化铁的就地分凝，形成颜色主要决定于砂粒和粉粒的漂白物质所构成的土层。在本次调查的土系中，漂白层出现在 1 个灰土土系、1 个寒冻雏形土土系、1 个湿润雏形土土系。厚度 17~50 cm，明度 7，彩度 1~2。

3.2.11 灰化淀积层和灰化淀积现象

由螯合淋溶作用形成的一种淀积层，出现在灰土的 1 个土系和冷凉常湿雏形土的 1 个土系。厚度 15~26 cm，色调均为 5YR，明度 5，彩度 4~8，pH 5.0~5.5。

3.2.12 黏化层

是黏粒含量明显高于上覆土层的表下层。其质地分异可以由表层黏粒分散后悬浮液向下迁移并淀积于一定深度中而形成的黏粒淀积层，也可以由原土层中原生矿物发生土内风化作用就地形成黏粒并聚集而形成的次生黏化层。出现在本次调查的寒性干旱土 2 个土系和淋溶土的 3 个土系。厚度 25~60 cm，黏粒含量 149~205 g/kg，可见黏粒胶膜，与上层黏粒比>1.2。其中，寒性干旱土的黏化层为地质历史时期成土过程的黏化残遗。

3.2.13 水耕氧化还原层

是水耕条件下铁锰自水耕表层或兼自其下垫土层的上部亚层还原淋溶，或兼有由下面具潜育特征或潜育现象的土层还原上移，并在一定深度中氧化淀积的土层。在本次调查涉及水耕人为土的 1 个土系。厚度约 80 cm，具有中量铁锰斑纹。

3.2.14 磷质耕作淀积层

是指长期种植蔬菜，大量施用人畜粪尿、厩肥、有机垃圾和土杂肥等，频繁灌溉而形成的有效磷明显高于下垫土层的土层。本次调查涉及旱耕人为土的 1 个土系。厚度 32 cm，有效磷含量 100~120 mg/kg，其下垫土层有效磷含量小于 70 mg/kg。

3.2.15 雏形层

雏形层是指风化-成土过程中形成的无或基本上无物质淀积，未发生明显黏化，带棕、红棕、红、黄或紫等颜色，且有土壤结构发育的 B 层。雏形层在本区分布广泛，几乎出现在所有的土系中。依据调查的有雏形层的剖面信息，雏形层出现上界 5~100 cm，厚度 5~100 cm，质地类型多样，主要有砂土、壤质砂土、砂质壤土、粉壤土、壤土、砂质黏壤土、粉质黏壤土，pH 4.5~10.5，有机碳含量 1.0~70.0 g/kg，碳酸钙 0~252 g/kg。

3.2.16 钙积层和钙积现象

钙积层和钙积现象是指富含次生碳酸盐的未胶结或未硬结土层。本次调查中，钙积层和钙积现象出现在 55 个土系。依据调查的有钙积层的剖面信息，钙积层的出现上界 10~75 cm，厚度 15~110 cm，质地主要有壤质砂土、砂质壤土、粉壤土、壤土、粉质黏壤土、黏壤土，pH 7.1~9.6，有机碳含量 1.7~30.0 g/kg，碳酸钙 20~400 g/kg，新生体包括土体中的碳酸钙粉末、假菌丝体和砾石表面的钙膜等。

3.2.17 盐积层

盐积层是指在冷水中溶解度大于石膏的易溶性盐富集的土层。出现在盐成土的 3 个土系。依据调查的含有盐积层的剖面信息，盐积层的厚度 15~20 cm，电导率 35~86 dS/m。

3.2.18 有机土壤物质/有机现象

指经常被水分饱和，具高有机碳的泥炭、腐泥等物质，或被水分饱和时间很短，具极高有机碳的枯枝落叶质物质或草毡状物质。有机土壤物质出现在有机土的2个土系和永冻寒冻雏形土的1个土系，润态色调5YR～10YR，明度2～4，彩度1～3。

3.2.19 岩性特征

指土表至125 cm范围内土壤性状明显或较明显保留母岩或母质的岩石学性质特征。本次调查涉及岩性特征有冲积物岩性特征，位于河道边，受定期泛滥的影响而有新鲜冲积物质加入，50 cm以上土体中可见冲积层理；砂质沉积物岩性特征，为流动、半固定风积沙丘；还有红色砂、页岩岩性特征，紫色砂、页岩性特征和碳酸盐岩岩性特征。

3.2.20 （准）石质接触面

（准）石质接触面是指土壤与紧实黏结的下垫物质（岩石）的界面层，用铁铲不能挖开或可勉强挖开。（准）石质接触面出现在各个土纲的20个土系中，依据调查的有（准）石质接触面的剖面信息，（准）石质接触面出现的上界15～100 cm，基岩多种多样。

3.2.21 土壤水分状况

土壤水分状况是指年内各时期土壤内或某土层内地下水或<1500 kPa张力持水量的有无或多寡。建立的土系中，包括干旱、半干润、滞水、人为滞水、常湿、潮湿和湿润7个土壤水分状况，涵盖系统分类所有土壤水分状况类型。

3.2.22 土壤温度状况

土壤温度状况是指土表下50 cm深度处或浅于50 cm的石质或准石质接触面处的土壤温度。建立的土系包括了寒冻、寒性、冷性、温性和热性5个土壤温度状况。

3.2.23 潜育特征

潜育特征是指长期被水饱和，导致土壤发生强烈还原的特征。出现在本次调查的有机土、人为土、盐成土、潜育土、雏形土的7个土系中，由于地下水位浅或者永冻层顶托而导致长期滞水潜育。

3.2.24 氧化还原特征

氧化还原特征是指由于潮湿水分状况、滞水水分状况或人为滞水水分状况的影响，大多数年份某一时期土壤受季节性水分饱和，发生氧化还原交替作用而形成的特征。出现在本次调查的除干旱土外的有机土、人为土、灰土、盐成土、潜育土、淋溶土、雏形土、新成土的众多土系中，在藏东、东南部土壤中频繁出现，在藏中西部主要出现在沟谷部位发育的土壤中。

3.2.25 冻融特征

冻融特征是指由冻融交替作用在地表或土层中形成的形态特征，地表可见石环、冻胀丘等冷冻扰动形态，A 或 B 层的部分亚层可见鳞片状结构。冻融特征出现在 45 个土系中，主要以雏形土为主，在有机土、潜育土、新成土、干旱土等土纲中也有少量出现。大部分土系的地表出现冻胀丘，其土体中不同深度可见鳞片状结构。

3.2.26 永冻层次

永冻层次是指土表至 200 cm 范围内土温常年≤0℃的层次，其湿冻者结持坚硬，干冻者结持疏松。永冻层次出现在有机土的 1 个土系、雏形土的 2 个土系和新成土的 2 个土系中，多是位于平缓低洼底部易积水区域或平缓岗顶，永冻层次出现上界多在 100 cm 以下，地表可见冻胀丘，土体内部分亚层可见鳞片状结构。

3.2.27 腐殖质特性

腐殖质特性是指热带、亚热带地区土壤或黏质开裂土壤中除 A 层或 A+AB 层有腐殖质的生物积累外，B 层并有腐殖质的淋淀积累或重力积累的特性。A 层腐殖质含量较高，向下逐渐减少，B 层结构体表面、孔隙壁有腐殖质淀积胶膜，或裂隙填充有自 A 层落下的含腐殖质土体或土膜。本次调查腐殖质特性出现在淋溶土的 2 个土系以及雏形土的 4 个土系中。均分布在藏东南湿润区域，B 层可见多量腐殖质淀积胶膜。

3.2.28 石灰性

石灰性是指土表至 50 cm 范围内所有亚层中碳酸钙相当物含量均≥10 g/kg，用 1∶3 HCl 处理有泡沫反应。建立的土系中，石灰性广泛出现，尤其以藏中西部区域为常见。

下篇 区域典型土系

第4章 有 机 土

4.1 矿底纤维永冻有机土

4.1.1 帕那系（Pana Series）

土　族：壤质混合型石灰性-矿底纤维永冻有机土
拟定者：赵玉国，李德成

分布与环境条件　主要分布于那曲市安多县帕那镇一带，高原河谷，海拔 4500～5000 m，坡度 2°，母质为冲积物，沼泽，高原亚寒带半干旱气候，年均气温约–2.5℃，年均降水量约 431 mm，年均日照时数约 2852 h，无绝对无霜期。

帕那系典型景观

土壤性状与特征变幅　诊断层包括有机表层；诊断特性包括永冻土壤温度状况、滞水土壤水分状况、钙积现象、有机土壤物质、永冻层次和冻融特征；地表有冻胀丘，有效土体厚度 1 m 以上，永冻层出现在 1 m 以下；有机表层厚度低于 60 cm，以纤维有机土壤物质为主；22～68 cm 有钙积现象，碳酸钙含量 65～90 g/kg；通体 pH 8.0～8.5。

对比土系　帕里系，同一土纲不同亚纲，为半腐正常有机土，无永冻层，有机土壤物质以半腐为主。

利用性能综述　地形平缓，土体厚，养分含量高，草被盖度高，优质牧草地，既可以作为冬春牧场或割草地,也可以常年放牧。长期地面积水对牧草生长不太有利,也不利于放牧,可以采取开沟排水方式,适当降低地下水位。

参比土种 灰冲积泥炭沼泽土。

代表性单个土体 位于西藏那曲市安多县帕那镇汤地村,32°7′9.07″N,91°45′57.11″E,海拔4713 m,高原河谷,坡度2°,母质为冲积物,牧草地,覆盖度>90%,50 cm深处土温为0℃,野外调查采样日期为2015年7月9日,编号54-011。

帕那系代表性单个土体剖面

Oed1:0~22 cm,棕色(7.5YR 4/3,干),黑棕色(7.5YR 3/2,润),纤维有机土壤物质为主,多量草类根系,少量细土,松软,中度石灰反应,向下层波状渐变过渡。

Oed2:22~42 cm,棕色(7.5YR 4/3,干),黑棕色(7.5YR 3/2,润),纤维和半腐有机土壤物质为主,多量草根,少量细土,松软,强度石灰反应,向下层波状渐变过渡。

Okad:42~68 cm,浊棕色(7.5YR 5/3,干),灰棕色(7.5YR 4/2,润),半腐和纤维有机土壤物质为主,多量草根,松软,强度石灰反应,向下层波状渐变过渡。

Bkgd:68~100 cm,棕色(7.5YR 4/3,干),黑棕色(7.5YR 3/2,润),砂质壤土,弱发育鳞片状结构,松软,少量草根,少量铁锰斑纹,中度石灰反应,向下层平滑清晰过渡。

Bf: 100~120 cm,永冻层,无结构。

帕那系代表性单个土体物理性质

土层	深度/cm	砾石(>2 mm,体积分数)/%	细土颗粒组成(粒径:mm)/(g/kg)			质地	容重/(g/cm³)
			砂粒 2~0.05	粉粒 0.05~0.002	黏粒 <0.002		
Oed1	0~22	0	—	—	—	—	0.38
Oed2	22~42	0	—	—	—	—	0.35
Okad	42~68	0	—	—	—	—	0.35
Bkgd	68~100	0	569	316	115	砂质壤土	0.69

帕那系代表性单个土体化学性质

深度/cm	pH(H₂O)	有机碳/(g/kg)	全氮(N)/(g/kg)	全磷(P)/(g/kg)	全钾(K)/(g/kg)	CEC/[cmol(+)/kg]	CaCO₃/(g/kg)
0~22	8.0	67.2	4.83	0.44	6.91	24.7	81
22~42	8.1	79.0	5.63	0.56	6.54	20.0	114
42~68	8.0	77.3	5.83	0.52	6.09	20.1	139
68~100	8.2	85.5	6.02	0.48	7.22	20.3	32

4.2 矿底半腐正常有机土

4.2.1 帕里系（Pali Series）

土　族：壤质混合型弱酸性寒性-矿底半腐正常有机土
拟定者：赵玉国，宋效东，鞠　兵

分布与环境条件　主要分布于日喀则地区亚东县帕里镇一带，高山沟谷，海拔 4000～4500 m，坡度 1°～3°，母质为冲积物，牧草地，高原亚寒带半湿润季风气候，年均气温约 0℃，年均降水量约 426 mm，年均日照时数约 2685 h，无霜期约 36 d。

帕里系典型景观

土壤性状与特征变幅　诊断层包括有机表层；诊断特性包括寒性土壤温度状况、潮湿土壤水分状况、钙积现象、有机土壤物质和潜育特征；有效土体厚度约 60～90 cm，60 cm 以下出现潜育特征；有机表层厚度约 60 cm，有机碳含量 190～280 g/kg，以半腐有机土壤物质为主；表层 10 cm 有钙积现象，碳酸钙含量 38 g/kg；通体 pH 4.9～7.9。

对比土系　帕那系，同一土纲不同亚纲，为纤维永冻有机土，永冻层上界出现在 100 cm 以下，有机土壤物质以纤维为主。瓦康山系，同一县域不同土纲，具有草毡表层、雏形层、半干润土壤水分状况和冻融特征，为普通草毡寒冻雏形土。

利用性能综述　地形平缓，养分含量高，草被盖度高，优质牧草地，既可以作为冬春牧场或割草地，也可以常年放牧。长期地面积水对牧草生长不太有利，也不利于放牧，可以采取开沟排水方式，适当降低地下水位。

参比土种　洪冲积泥炭沼泽土。

代表性单个土体 位于西藏日喀则市亚东县帕里镇阿康村,27°40′04″N,89°04′52″E,海拔 4254 m,高原沟谷,坡度 3°,母质为冲积物,牧草地,覆盖度>90%,50 cm 深处土温 2.8℃,野外调查采样日期为 2015 年 6 月 28 日,编号 54-067。

帕里系代表性单个土体剖面

Oed1:0~10 cm,暗棕色(10YR 3/3,干),黑棕色(10YR 2/2,润),纤维和半腐有机土壤物质为主,大量根系,稍紧,中度石灰反应,向下层平滑渐变过渡。

Oed2:10~22 cm,暗棕色(10YR 3/3,干),黑棕色(10YR 2/2,润),纤维和半腐有机土壤物质为主,少量细土,松散,无石灰反应,向下层平滑清晰过渡。

Oed3:22~40 cm,浊黄棕色(10YR 4/3,干),黑棕色(10YR 3/2,润),纤维和半腐有机土壤物质为主,少量细土,松散,向下层平滑清晰过渡。

Oad:40~62 cm,黑棕色(10YR 3/2,干),黑色(10YR 2/1,润),半腐和高腐有机土壤物质为主,松散,向下层平滑清晰过渡。

Cg:62~75 cm,灰色(7.5Y 6/1,干),灰色(7.5Y 5/1,润),砂质壤土,无结构,少量草根,50%潜育特征,多量铁锰斑纹。

帕里系代表性单个土体物理性质

土层	深度/cm	砾石(>2 mm,体积分数)/%	细土颗粒组成(粒径:mm)/(g/kg)			质地	容重/(g/cm³)
			砂粒 2~0.05	粉粒 0.05~0.002	黏粒 <0.002		
Oed1	0~10	0	—	—	—	—	0.37
Oed2	10~22	0	—	—	—	—	0.38
Oed3	22~40	0	—	—	—	—	0.39
Oad	40~62	0	—	—	—	—	0.35
Cg	62~75	0	609	257	134	砂质壤土	1.06

帕里系代表性单个土体化学性质

深度/cm	pH(H₂O)	有机碳/(g/kg)	全氮(N)/(g/kg)	全磷(P)/(g/kg)	全钾(K)/(g/kg)	CEC/[cmol(+)/kg]	CaCO₃/(g/kg)
0~10	7.9	158.4	11.79	1.05	6.8	48.2	38
10~22	7.0	138.1	9.65	0.93	7.0	44.2	0
22~40	6.4	112.8	8.11	0.82	7.7	43.8	0
40~62	5.8	126.0	7.56	0.53	8.7	48.1	0
62~75	4.9	31.1	2.22	0.61	11.6	41.4	0

第5章 人 为 土

5.1 普通简育水耕人为土

5.1.1 下察隅系（Xiachayu Series）

土　族：壤质盖粗骨壤质混合型非酸性热性-普通简育水耕人为土
拟定者：赵玉国，李德成，刘合满

分布与环境条件　主要分布于林芝市察隅县、墨脱县等地，海拔 900~1600 m，河谷高阶地，母质为冲洪积物，水田，亚热带山地湿润季风气候，年均气温约 12.1℃，年均降水量大于 800 mm，年均日照时数约 1660 h，无霜期约 280 d。

下察隅系典型景观

土壤性状与特征变幅　诊断层包括水耕表层和水耕氧化还原层；诊断特性包括热性土壤温度状况、人为滞水土壤水分状况和氧化还原特征；有效土体厚度 60~90 cm，水耕表层厚度 20 cm 以内；耕作层厚度小于 20 cm，有机碳含量 10~15 g/kg；20 cm 以下可见铁锰斑纹；通体 pH 6.0~6.5，层次质地构型为粉壤土-壤土-粉壤土-砂壤土，粉粒含量 370~690 g/kg。

对比土系　塔玛系，相邻位置相同母质，不同土纲，旱作，属潮湿土壤水分状况，为普通淡色潮湿雏形土。

利用性能综述　水旱轮作，地形有起伏，田块面积小，农田基建条件较差，属于中低产水田。养分含量中等偏低，应秸秆还田和增施复合肥，培肥土壤。

参比土种　洪积渗育水稻土。

代表性单个土体　位于西藏林芝市察隅县下察隅镇塔玛村西南，28°27′13.3″N，

97°3′9.9″E，海拔 1492 m，高山谷地高阶地，母质为冲洪积物，梯田，水旱轮作，50 cm 深处土温为 19.4℃，野外调查采样日期为 2016 年 7 月 5 日，编号 54-201。

下察隅系代表性单个土体剖面

Ap1：0~13 cm，灰黄色（2.5Y 6/2，干），黄灰色（2.5Y 5/1，润），粉壤土，中等发育粒状—小块状结构，松散—稍硬，向下层平滑渐变过渡。

Ap2：13~20 cm，灰黄色（2.5Y 6/2，干），黄灰色（2.5Y 5/1，润），粉壤土，中等发育中块状结构，坚硬，向下层平滑清晰过渡。

Arb：20~31 cm，亮黄棕色（2.5Y 6/6，干），黄棕色（2.5Y 5/4，润），壤土，中等发育中块状结构，坚硬，中量铁锰斑纹，少量铁锰结核，向下层平滑清晰过渡。

Br1：31~45 cm，黄色（2.5Y 8/6，干），浊黄色（2.5Y 6/4，润），粉壤土，中等发育中块状结构，坚硬，中量铁锰结核和斑纹，向下层波状渐变过渡。

Br2：45~70 cm，黄色（2.5Y 8/6，干），浊黄色（2.5Y 6/4，润），砂壤土，中等发育中块状结构，坚硬，中量铁锰结核和斑纹，向下层不规则突变过渡。

Cr：70~100 cm，黄色（2.5Y 8/6，干），浊黄色（2.5Y 6/4，润），砂壤土，冲洪积物母质，中量铁锰斑纹，大量次圆大砾石。

下察隅系代表性单个土体物理性质

土层	深度 /cm	砾石 （>2 mm，体积 分数）/%	细土颗粒组成（粒径：mm)/(g/kg)			质地	容重 /(g/cm³)
			砂粒 2~0.05	粉粒 0.05~0.002	黏粒 <0.002		
Ap1	0~13	5	350	569	81	粉壤土	1.22
Ap2	13~20	5	416	509	75	粉壤土	1.35
Arb	20~31	5	436	489	75	壤土	1.39
Br1	31~45	5	231	682	87	粉壤土	1.40
Br2	45~70	10	533	383	84	砂壤土	1.47
Cr	70~100	30	538	379	83	砂壤土	1.51

下察隅系代表性单个土体化学性质

深度 /cm	pH (H_2O)	有机碳 /(g/kg)	全氮(N) /(g/kg)	全磷(P) /(g/kg)	全钾(K) /(g/kg)	$CaCO_3$ /(g/kg)
0~13	6.1	11.2	0.95	0.81	22.1	0
13~20	6.3	8.5	0.61	0.75	21.8	0
20~31	6.3	8.0	0.45	0.69	21.8	0
31~45	6.1	4.2	0.28	0.77	26.0	0
45~70	6.2	2.3	0.18	0.45	24.2	0
70~100	6.2	2.9	0.21	0.59	24.8	0

5.2 斑纹肥熟旱耕人为土

5.2.1 章麦系（Zhangmai Series）

土　族：壤质混合型非酸性温性-斑纹肥熟旱耕人为土
拟定者：赵玉国，李德成，刘合满

分布与环境条件　主要分布于林芝市巴宜区郊区一带，河谷两岸一级阶地，海拔 3000～3200 m，母质为冲积物，蔬菜大棚，温带湿润季风气候，年均气温约 8.5℃，年均降水量约 665 mm，年均日照时数约 2021 h，无霜期约 175 d。

章麦系典型景观

土壤性状与特征变幅　诊断层包括肥熟表层和磷质耕作淀积层；诊断特性包括温性土壤温度状况、潮湿土壤水分状况、氧化还原特征和潜育特征；有效土体厚度 30～60 cm，潜育层出现深度在 48 cm 以下，地下水深度 90 cm；肥熟表层有机碳含量 20～30 g/kg，有效磷含量 100～120 mg/kg；通体 pH 5.4～6.5，层次质地构型为砂壤土-壤质砂土-砂土-壤质砂土，砂粒含量 650～900 g/kg。

对比土系　永久村系，同一区域，相似母质，均为河流冲积物，都具有潮湿土壤水分状况，但是未开垦河滩，不具有肥熟表层和磷质耕作淀积层，属于不同土纲，为普通淡色潮湿雏形土。

利用性能综述　多年蔬菜大棚，地势平缓，土体深厚，砂性强，耕性良好，大量施用厩肥，养分含量高，应定期揭棚淋洗盐分，防止次生盐渍化。应控制肥料投入量，避免养分流失对周围水体造成污染。

参比土种　无。

代表性单个土体　位于西藏林芝市巴宜区章麦村,29°40′12.9″N,94°19′51.9″E,海拔3100 m,河谷两岸一级阶地,母质为冲积物,蔬菜大棚,50 cm 深处土温为11.9℃,野外调查采样日期为 2016 年 7 月 8 日,编号 54-204。

章麦系代表性单个土体剖面

Ap：　0～18 cm,暗灰黄色(2.5Y 4/2,干),黑棕色(2.5Y 3/1,润),砂壤土,强发育屑粒状结构,松散,2 条蚯蚓,向下层平滑清晰过渡。

Bpr: 18～32 cm,暗灰黄色(2.5Y 4/2,干),黑棕色(2.5Y 3/1,润),壤质砂土,强发育碎块状结构,稍紧,中量铁锰斑纹,2 条蚯蚓,向下层波状渐变过渡。

Br：　32～48 cm,暗灰黄色(2.5Y 4/2,干),黑棕色(2.5Y 3/1,润),壤质砂土,中等发育中块状结构,坚硬,中量铁锰斑纹,2 条蚯蚓,向下层平滑清晰过渡。

Cg1: 48～70 cm,黄棕色(2.5Y 5/3,干),暗灰黄色(2.5Y 4/2,润),砂土,半糊泥状,无结构,松软,中量铁锰斑纹,向下层波状渐变过渡。

Cg2: 70～90 cm,暗灰黄色(2.5Y 4/2,干),黑棕色(2.5Y 3/1,润),壤质砂土,糊泥状,无结构,松软,中量铁锰斑纹。

章麦系代表性单个土体物理性质

土层	深度 /cm	砾石 (>2 mm,体积分数)/%	细土颗粒组成(粒径：mm)/(g/kg)			质地	容重 /(g/cm³)
			砂粒 2～0.05	粉粒 0.05～0.002	黏粒 <0.002		
Ap	0～18	0	658	299	43	砂壤土	1.13
Bpr	18～32	0	750	220	30	壤质砂土	1.19
Br	32～48	0	800	175	25	壤质砂土	1.24
Cg1	48～70	0	879	108	13	砂土	1.45
Cg2	70～90	0	732	238	30	壤质砂土	1.49

章麦系代表性单个土体化学性质

深度 /cm	pH (H_2O)	有机碳 /(g/kg)	全氮(N) /(g/kg)	全磷(P) /(g/kg)	全钾(K) /(g/kg)	有效磷(P) /(mg/kg)
0～18	6.2	27.0	2.29	1.15	17.1	105
18～32	5.4	22.1	1.86	1.14	18.5	103
32～48	6.1	18.5	1.44	1.25	19.0	67
48～70	6.1	5.5	0.50	0.93	19.3	24
70～90	6.2	3.5	0.30	0.82	19.9	43

第 6 章 灰 土

6.1 普通简育正常灰土

6.1.1 鲁朗系（Lulang Series）

土　族：粗骨壤质盖粗骨质硅质混合型酸性寒性-普通简育正常灰土
拟定者：赵玉国，李德成，刘合满，何小卫

分布与环境条件　主要分布于林芝市巴宜区鲁朗镇一带，高山坡地，海拔 4000~4300 m，坡度 10°~15°，母质为花岗片麻岩风化坡积物，冷杉林，高原温暖半湿润气候，年均气温约 6.4℃，年均降水量约 668 mm，年均日照时数约 2003 h，无霜期约 175 d。

鲁朗系典型景观

土壤性状与特征变幅　诊断层包括漂白层和灰化淀积层；诊断特性包括寒性土壤温度状况、常湿土壤水分状况和石质接触面；有效土体厚度小于 30 cm，下伏大量坡积砾石，再下为石质接触面；漂白层厚度约 17 cm，有机碳含量 15~20 g/kg，灰化淀积层厚度 26 cm；通体 pH 4.4~5.5，层次质地构型为粉壤土-壤质砂土-粉壤土，砂粒含量 290~800 g/kg。

对比土系　洞青岗系，属于不同土纲，为灰化冷凉常湿雏形土，具有冷性土壤温度状况、常湿土壤水分状况和灰化淀积现象，不具漂白层，通体 pH<5.5；加嘎普系，空间相近，但海拔低，不具有灰化淀积层，属不同土纲，为普通冷凉常湿雏形土。

利用性能综述 海拔高，地势陡，植被盖度高，土体很薄，养分含量较高，原始森林，应封境保护植被，防止水土流失。

参比土种 麻砂质灰化土。

代表性单个土体 位于西藏林芝市巴宜区鲁朗镇东巴才村西南，318 国道鲁朗大阴坡，29°38′15.5″N，94°42′51.3″E，海拔 4100 m，高山陡坡，坡度 15°，母质为花岗片麻岩风化坡积物，冷杉林，植被覆盖度>90%，地表多枯枝落叶和苔藓，50 cm 深处土温 8.2℃，野外调查采样日期为 2016 年 7 月 7 日，编号 C2.1。

O： +10～0 cm，枯枝落叶、苔藓。

AE： 0～17 cm，淡灰色（10YR 7/1，干），棕灰色（10YR 6/1，润），粉壤土，中等发育粒状结构，松散，多量树灌根系，30%砾石，向下层平滑清晰过渡。

Bs1： 17～27 cm，浊红棕色（5YR 5/4，干），浊红棕色（5YR 4/4，润），壤质砂土，中等发育小块状结构，松散，多量树灌根系，多量铁锰斑纹，40%砾石，向下层波状渐变过渡。

Bs2： 27～43 cm，浊红棕色（5YR 5/4，干），浊红棕色（5YR 4/4，润），壤质砂土，中等发育小块状结构，松散，多量树灌根系，多量铁锰斑纹，50%砾石，向下层波状突变过渡。

C： 43～100 cm，95%次圆砾石。

鲁朗系代表性单个土体剖面

鲁朗系代表性单个土体物理性质

土层	深度/cm	砾石（>2 mm，体积分数）/%	细土颗粒组成(粒径：mm)/(g/kg)			质地	容重/(g/cm³)
			砂粒 2～0.05	粉粒 0.05～0.002	黏粒 <0.002		
AE	0～17	30	304	544	152	粉壤土	1.24
Bs1	17～27	40	792	168	40	壤质砂土	0.89
Bs2	27～43	50	755	210	35	壤质砂土	1.25
C	43～100	95	295	556	149	粉壤土	1.29

鲁朗系代表性单个土体化学性质

深度/cm	pH (H₂O)	有机碳/(g/kg)	全氮(N)/(g/kg)	全磷(P)/(g/kg)	全钾(K)/(g/kg)	游离铁(Fe)/(g/kg)	活性铝+1/2 活性铁/%
0～17	4.4	18.5	0.89	0.25	20.0	1.9	0.24
17～27	5.0	53.6	1.66	0.83	17.4	65.5	5.68
27～43	5.4	17.6	0.62	0.73	20.4	36.1	4.32
43～100	5.4	14.7	1.00	0.85	20.7	18.2	1.21

第7章 干 旱 土

7.1 黏化钙积寒性干旱土

7.1.1 满拉系（Manla Series）

土　族：壤质混合型石灰性-黏化钙积寒性干旱土
拟定者：赵玉国，李德成，何小卫

分布与环境条件　分布于西藏日喀则市江孜县龙马乡一带，高山坡地，海拔 4000～4500 m，坡度 5°～10°，母质为坡积物，荒草地，高原温带半干旱季风气候，年均气温约 4.9℃，年均降水量约 316 mm，年均日照时数约 3101 h，无霜期 110 d。

满拉系典型景观

土壤性状与特征变幅　诊断层包括干旱表层、钙积层和黏化层；诊断特性包括寒性土壤温度状况和干旱土壤水分状况；有效土体厚度大于 1 m，干旱表层厚度 8～15 cm；钙积层出现在 15 cm 以下，厚度约 90 cm，碳酸钙含量 120～190 g/kg；黏化层出现在 30 cm 以下，黏粒含量约 180 g/kg，可见少量黏粒胶膜；通体 pH 9.1～9.5，层次质地构型为砂壤土-壤土，砂粒含量 500～730 g/kg。

对比土系　索多系，同一亚类不同土类，为普通黏化寒性干旱土，具有钙积现象，达不到钙积层，具有黏化层；翁塘系，同一县域，不同土纲，为钙积简育寒冻雏形土，分布于高原山坡地，具有寒性土壤温度状况、半干润土壤水分状况、钙积层和冻融特征，钙积层上界 22 cm，厚度约 40 cm，碳酸钙含量约 318 g/kg。

利用性能综述　地形较陡，荒草地，植被盖度较低，土体深厚，养分含量低，放牧等人为活动影响较为频繁,易造成侵蚀。应采取控制放牧、封山养育等措施,恢复植被。

参比土种 亚高山草原土。

代表性单个土体 位于西藏日喀则市江孜县龙马乡满拉水库边,28°50′19.4″N,89°53′22.0″E,海拔 4243 m,高山中坡中部,坡度 5°~10°,母质为坡积物,荒草地,覆盖度约 30%,50 cm 深处土温为 7.7℃,野外调查采样日期为 2016 年 7 月 10 日,编号 G1.3。

满拉系代表性单个土体剖面

Ah: 0~15 cm,浊黄橙色(10YR 6/4,干),浊黄棕色(10YR 5/3,润),10%角状砾石,砂壤土,强发育屑粒状结构,松散,中量草根,强度石灰反应,向下层波状渐变过渡。

ABk: 15~30 cm,浊黄橙色(10YR 6/4,干),浊黄棕色(10YR 5/3,润),10%角状砾石,砂壤土,中等发育小块状结构,坚硬,少量草根,中量碳酸钙假菌丝体,极强度石灰反应,向下层平滑渐变过渡。

Btk1: 30~60 cm,橙白色(10YR 8/2,干),淡灰色(10YR 7/1,润),壤土,中等发育中块状结构,坚硬,10%角状砾石,多量碳酸钙假菌丝体,极强度石灰反应,向下层平滑渐变过渡。

Btk2: 60~120 cm,橙色(7.5YR 7/6,干),浊橙色(7.5YR 6/4,润),壤土,中等发育小块状结构,坚硬,10%角状砾石,强度石灰反应。

满拉系代表性单个土体物理性质

土层	深度/cm	砾石(>2 mm,体积分数)/%	细土颗粒组成(粒径:mm)/(g/kg)			质地	容重/(g/cm³)
			砂粒 2~0.05	粉粒 0.05~0.002	黏粒 <0.002		
Ah	0~15	10	729	143	128	砂壤土	1.52
ABk	15~30	10	579	233	188	砂壤土	1.52
Btk1	30~60	10	504	315	181	壤土	1.53
Btk2	60~120	10	501	311	188	壤土	1.53

满拉系代表性单个土体化学性质

深度/cm	pH(H_2O)	有机碳/(g/kg)	全氮(N)/(g/kg)	全磷(P)/(g/kg)	全钾(K)/(g/kg)	$CaCO_3$/(g/kg)
0~15	9.5	1.7	0.24	0.59	20.9	87
15~30	9.5	1.8	0.27	0.63	19.7	154
30~60	9.1	1.7	0.30	0.58	21.5	183
60~120	9.1	1.5	0.25	0.57	21.2	121

7.2 普通黏化寒性干旱土

7.2.1 索多系(Suoduo Series)

土 族：粗骨砂质盖粗骨质混合型非酸性-普通黏化寒性干旱土
拟定者：赵玉国，吴华勇，杨 飞

分布与环境条件 主要分布于阿里地区噶尔县门土乡，高山坡地，海拔 4300～4800 m，坡度 5°～8°，母质为红砂岩风化坡积物，稀疏灌草地，高原亚寒带半干旱气候，年均气温约 0.3℃，年均降水量约 113 mm，年均日照时数约 3322 h，无霜期约 170 d。

索多系典型景观

土壤性状与特征变幅 诊断层包括干旱表层和黏化层；诊断特性包括寒性土壤温度状况、干旱土壤水分状况和钙积现象；地表遍布粗碎块，有效土体厚度 30～60 cm，下伏多砾石母质；干旱表层厚度 8～15 cm，碳酸钙含量约 0～5 g/kg，黏粒含量约 90 g/kg；黏化层出现上界 10 cm，厚约 35 cm，黏粒含量约 140 g/kg，可见少量黏粒胶膜；钙积现象出现在 45 cm 以下，碳酸钙含量 70～80 g/kg，有假菌丝体；通体 pH 8.5～9.1，层次质地构型为砂质壤土-壤土-砂质壤土-壤质砂土，砂粒含量 520～810 g/kg，砾石含量 30%～80%。

对比土系 亚沙系，空间相近，同一土类不同亚类，为弱钙简育寒性干旱土；满拉系，有钙积特征，同一亚类不同土类，为黏化钙积寒性干旱土。

利用性能综述 荒漠，地形较陡，植被盖度低，土体较厚，砾石多，养分含量低，放牧等人为活动影响较为频繁，易造成侵蚀。应采取控制放牧、封山养育等措施，恢复植被。

参比土种 高山草甸草原土。

代表性单个土体 位于西藏阿里地区噶尔县门土乡索多村西南，靠近巴尔兵站，

31°27′59.910″N，80°27′28.573″E，海拔 4548 m，高山坡地，坡度 5°～8°，母质为红砂岩风化坡积物，地表大量粗砾，稀疏灌草地，植被盖度约 30%，50 cm 深处土温 3.6℃，野外调查采样日期为 2015 年 7 月 2 日，编号 54-034。

索多系代表性单个土体剖面

Ah： 0～10 cm，浊黄棕色（10YR 5/4，干），浊黄棕色（10YR 4/3，润），砂质壤土，中等发育小块状结构，松散，中量草根，40%磨圆砾石，无石灰反应，向下层平滑清晰过渡。

Bt1： 10～30 cm，棕色（10YR 4/6，干），暗棕色（10YR 3/4，润），砂质壤土，中等发育中块状结构，坚硬，少量草根，少量黏粒胶膜，30%磨圆砾石，无石灰反应，向下层波状清晰过渡。

Bt2： 30～45 cm，棕色（10YR 4/4，干），暗棕色（10YR 3/3，润），壤土，中等发育中块状结构，坚实，40%磨圆砾石，石面可见钙膜，中量碳酸钙假菌丝体，无石灰反应，向下层波状清晰过渡。

Ck1： 45～58 cm，棕色（10YR 4/6，干），暗棕色（10YR 3/4，润），中等发育中块状结构，坚实，少量黏粒胶膜，70%磨圆砾石，石面大量钙膜，多量碳酸钙假菌丝体，中度石灰反应，向下层波状清晰过渡。

Ck2： 58～110 cm，浊棕色（7.5YR 6/3，干），灰棕色（7.5YR 5/2，润），中等发育中块状结构，坚实，多死亡细根，80%磨圆砾石，石面大量钙膜，多量碳酸钙假菌丝体，中度石灰反应。

索多系代表性单个土体物理性质

土层	深度/cm	砾石（>2 mm，体积分数）/%	细土颗粒组成（粒径：mm）/(g/kg)			质地	容重/(g/cm³)
			砂粒 2～0.05	粉粒 0.05～0.002	黏粒 <0.002		
Ah	0～10	40	751	161	88	砂质壤土	1.39
Bt1	10～30	30	589	271	140	砂质壤土	1.40
Bt2	30～45	40	521	333	146	壤土	1.37
Ck1	45～58	70	672	229	99	砂质壤土	1.39
Ck2	58～110	80	803	131	66	壤质砂土	1.33

索多系代表性单个土体化学性质

深度/cm	pH(H_2O)	有机碳/(g/kg)	全氮(N)/(g/kg)	全磷(P)/(g/kg)	全钾(K)/(g/kg)	CEC/[cmol(+)/kg]	$CaCO_3$/(g/kg)
0～10	8.5	7.1	0.72	0.55	8.3	6.4	3
10～30	8.6	6.6	0.88	0.54	9.3	9.2	0
30～45	8.7	7.9	0.92	0.60	8.7	9.9	0
45～58	8.9	7.0	0.76	0.58	8.4	10.0	70
58～110	9.1	10.5	1.16	0.63	8.8	11.1	71

7.3 石质钙积寒性干旱土

7.3.1 甲卫朝系（Jiaweichao Series）

土　　族：粗骨质混合型-石质钙积寒性干旱土
拟定者：赵玉国，宋效东，鞠　兵

分布与环境条件　主要分布于阿里地区日土县日土镇一带，高山坡地中下部，海拔 4000~4400 m，母质为板岩风化残-坡积物，坡度 3°~5°，荒漠戈壁，高原亚寒带半干旱季风气候，年均气温约 -0.1℃，年均降水量约 79 mm，年均日照时数约 3355 h，无霜期约 95 d。

甲卫朝系典型景观

土壤性状与特征变幅　诊断层包括干旱表层和钙积层；诊断特性包括寒性土壤温度状况、干旱土壤水分状况、石质接触面和石灰性；地表遍布粗碎块，有效土体厚度小于 30 cm，下伏基岩；干旱结皮厚度 1~2 cm，干旱表层厚度 5~10 cm，碳酸钙含量 30~70 g/kg；钙积层出现上界 8 cm，厚度 10~20 cm，碳酸钙含量在 200 g/kg 以上；通体中-强度石灰反应，pH 8.5~9.0，砂质壤土，砂粒含量 550~700 g/kg，砾石 30%~75%。

对比土系　拉欣系和甲岗系，空间相近，同一土类不同亚类，为冲洪积物母质，土体更厚，为普通钙积寒性干旱土。

利用性能综述　荒漠，植被盖度极低，土体极其浅薄，砾石很多，养分含量很低，生态脆弱区域，缺少放牧价值，应封境禁牧，维持自然生态系统。

参比土种　粗骨土。

代表性单个土体　位于西藏阿里地区日土县日土镇甲卫朝村，33°21′20.063″N，79°43′41.428″E，海拔 4280 m，高原山地缓坡中下部，坡度 3°，母质为板岩风化残-坡积物，极稀疏荒漠植被，50 cm 深处土温 3.8℃，野外调查采样日期为 2015 年 7 月 4 日，编号 54-007。

甲卫朝系代表性单个土体剖面

Ah：0～8 cm，淡黄色（2.5Y 7/3，干），灰黄色（2.5Y 6/2，润），砂质壤土，弱发育粒状—小块状结构，松散—稍硬，30%半风化砾石，中度石灰反应，向下层波状渐变过渡。

Bk：8～20 cm，灰黄色（2.5Y 6/2，干），黄灰色（2.5Y 6/1，润），砂质壤土，弱发育鳞片状结构，稍硬，可见碳酸钙白色粉末，75%半风化砾石，强度石灰反应，向下层波状清晰过渡。

C：20～30 cm，灰黄色（2.5Y 6/2，干），黄灰色（2.5Y 6/1，润），坚硬，90%半风化砾石，可见碳酸钙白色粉末，强度石灰反应，向下层波状清晰过渡。

R：30～40 cm，基岩。

甲卫朝系代表性单个土体物理性质

土层	深度/cm	砾石(>2 mm，体积分数)/%	细土颗粒组成(粒径：mm)/(g/kg)			质地	容重/(g/cm³)
			砂粒 2～0.05	粉粒 0.05～0.002	黏粒 <0.002		
Ah	0～8	30	554	258	188	砂质壤土	—
Bk	8～20	75	666	201	133	砂质壤土	—

甲卫朝系代表性单个土体化学性质

深度/cm	pH(H_2O)	有机碳/(g/kg)	全氮(N)/(g/kg)	全磷(P)/(g/kg)	全钾(K)/(g/kg)	CEC/[cmol(+)/kg]	$CaCO_3$/(g/kg)
0～8	9.0	7.3	0.97	0.89	13.3	6.8	48
8～20	8.9	16.0	1.93	0.76	11.1	9.5	212

7.4 普通钙积寒性干旱土

7.4.1 根打塘系（Gendatang Series）

土　族：粗骨砂质硅质混合型-普通钙积寒性干旱土
拟定者：赵玉国，吴华勇，支俊俊

分布与环境条件　主要分布于阿里地区改则县洞措乡一带，高原山前洪积扇，海拔 4600～5100 m，坡度 3°～5°，母质为冲-洪积物，草地，高原亚寒带半干旱季风气候，年均气温约-1.6℃，年均降水量约 171 mm，年均日照时数约 3203 h，无霜期约 95 d。

根打塘系典型景观

土壤性状与特征变幅　诊断层包括干旱表层和钙积层；诊断特性包括寒性土壤温度状况、干旱土壤水分状况和石灰性；地表遍布粗碎块，有效土体厚度小于 30～60 cm，之下为冲-洪积砾石；干旱结皮厚度 1～2 cm，干旱表层厚度 10～18 cm，碳酸钙含量约 110 g/kg；钙积层出现上界 13 cm，厚度大于 60 cm，碳酸钙含量 310～470 g/kg，可见碳酸钙白色粉末；通体强及极强石灰反应，pH 8.6～9.8，层次质地构型为砂质壤土-壤质砂土，砂粒含量 590～810 g/kg，砾石含量 20%～90%。

对比土系　甲岗系和直隆系，同一土族，层次质地构型分别为砂质壤土-砂土和壤土-砂质壤土-砂质黏壤土。甲岗系，海拔更低，水分条件更弱，植被盖度更低，有机碳含量通体低于 10 g/kg。

利用性能综述　地形较为平缓，有效土体薄，通体大量砾石，地表多砾石，草原，植被盖度较低，牧草生长稀疏，牲畜负载量低，存在风蚀风险，应保护自然植被，防止过度放牧。

参比土种　砾体砾砂壤性洪积高山草原土。

代表性单个土体　位于西藏阿里地区改则县洞措乡根打塘北，31°47′17.534″N，85°5′59.569″E，海拔 4874 m，高原山前冲-洪积扇，坡度 3°～5°，母质为冲-洪积物，草地，草被盖度约 20%，地表大量砾石，50 cm 深处土温 2.6℃，野外调查采样日期为 2015 年 7 月 5 日，编号 54-102。

根打塘系代表性单个土体剖面

K：+2～0 cm，干旱结皮。

Ah：0～13 cm，浊黄棕色（10YR 5/4，干），浊黄棕色（10YR 4/3，润），砂质壤土，中等发育小块状结构，稍硬，少量草根，20%磨圆砾石，石面大量钙膜，强度石灰反应，向下层波状渐变过渡。

Bk：13～37 cm，橙白色（10YR 8/2，干），淡灰色（10YR 7/1，润），砂质壤土，弱发育小块状结构，稍硬，少量草根，1 个鼠洞，50%磨圆砾石，石面大量钙膜，可见碳酸钙白色粉末，极强度石灰反应，向下层波状清晰过渡。

Ck：37～52 cm，淡灰色（10YR 7/1，干），棕灰色（10YR 6/1，润），砂质壤土，弱发育鳞片状结构，稍硬，80%磨圆砾石，石面大量钙膜，可见碳酸钙白色粉末，极强度石灰反应，向下层波状渐变过渡。

Ckr：52～100 cm，淡灰色（7.5Y 7/1，干），灰色（7.5Y 6/1，润），壤质砂土，无结构，中量 Fe、Mn 斑纹，90%磨圆砾石，石面中量钙膜，可见碳酸钙白色粉末，极强度石灰反应。

根打塘系代表性单个土体物理性质

土层	深度/cm	砾石（>2 mm，体积分数）/%	细土颗粒组成(粒径：mm)/(g/kg)			质地	容重/(g/cm³)
			砂粒 2～0.05	粉粒 0.05～0.002	黏粒 <0.002		
Ah	0～13	20	664	223	113	砂质壤土	1.33
Bk	13～37	50	596	261	143	砂质壤土	1.38
Ck	37～52	80	765	144	91	砂质壤土	1.38
Ckr	52～100	90	805	112	83	壤质砂土	1.46

根打塘系代表性单个土体化学性质

深度/cm	pH(H_2O)	有机碳/(g/kg)	全氮(N)/(g/kg)	全磷(P)/(g/kg)	全钾(K)/(g/kg)	CEC/[cmol(+)/kg]	$CaCO_3$/(g/kg)
0～13	8.6	25.3	2.75	0.74	8.6	9.3	114
13～37	9.1	13.0	1.55	0.57	5.6	4.8	315
37～52	9.4	7.3	0.83	0.44	3.4	2.1	448
52～100	9.8	3.1	0.37	0.37	3.2	1.4	461

7.4.2 甲岗系（Jiagang Series）

土　　族：粗骨砂质硅质混合型-普通钙积寒性干旱土
拟定者：赵玉国，宋效东，鞠　兵

分布与环境条件　主要分布于阿里地区日土县日松乡一带，高原山前冲-洪积扇，海拔 4100～4500 m，坡度 2°～3°，母质为冲-洪积物，荒漠戈壁，高原亚寒带半干旱季风气候，年均气温约−0.5℃，年均降水量约 76 mm，年均日照时数约 3437 h，无霜期约 95 d。

甲岗系典型景观

土壤性状与特征变幅　诊断层包括干旱表层、雏形层和钙积层；诊断特性包括寒性土壤温度状况、干旱土壤水分状况和石灰性；地表遍布粗碎块，有效土体厚度 60～90 cm，干旱结皮厚度 1～2 cm；干旱表层厚度 8～15 cm，碳酸钙含量 40～80 g/kg；钙积层出现上界 23 cm，厚度小于 40 cm，碳酸钙含量 168 g/kg，可见碳酸钙白色粉末；通体有石灰反应，pH 9.1～9.6，层次质地构型为砂质壤土-砂土，砂粒含量 620～950 g/kg，砾石含量 20%～50%。

对比土系　根打塘系和直隆系，同一土族，层次质地构型分别为砂质壤土-壤质砂土和壤土-砂质壤土-砂质黏壤土；海拔更高，水分条件更好，植被盖度更高，表层有机碳含量高于 20 g/kg。

利用性能综述　地形较为平缓，通体大量砾石，地表多砾石，草原，植被盖度很低，牧草生长稀疏，牲畜负载量低，存在风蚀风险，应保护自然植被，防止过度放牧。

参比土种　砂砾性洪积亚高山荒漠草原土。

代表性单个土体　位于西藏阿里地区日土县日松乡甲岗村西南，32°49′28.79″N，79°47′10.81″E，海拔 4356 m，高原山区冲-洪积扇，坡度 2°，母质为冲-洪积物，荒漠戈壁，草被非常稀疏。50 cm 深处土温 3.4℃，野外调查采样日期为 2015 年 7 月 4 日，编号 54-031。

甲岗系代表性单个土体剖面

K：+2～0 cm，干旱结皮。

A：0～10 cm，浊黄橙色（10YR 7/4，干），浊黄橙色（10YR 6/3，润），砂质壤土，弱发育屑粒状结构，稍硬，少量根系，20%角状小砾石，中度石灰反应，向下层平滑清晰过渡。

Bw：10～23 cm，浊黄橙色（10YR 7/4，干），浊黄橙色（10YR 6/3，润），砂土，弱发育小块状结构，坚实，40%角状小砾石，石面可见钙膜，少量碳酸钙白色粉末，中度石灰反应，向下层平滑清晰过渡。

Bk：23～62 cm，淡黄橙色（10YR 8/3，干），浊黄橙色（10YR 7/2，润），砂土，弱发育小块状结构，坚实，50%角状小砾石，多量碳酸钙白色粉末，残留冲积层理，强度石灰反应，向下层平滑清晰过渡。

Ck：62～140 cm，浊黄橙色（10YR 7/3，干），灰黄棕色（10YR 6/2，润），砂土，弱发育小块状结构，坚实，50%角状小砾石，多量碳酸钙白色粉末，残留冲积层理，强度石灰反应。

甲岗系代表性单个土体物理性质

土层	深度/cm	砾石（>2 mm，体积分数）/%	细土颗粒组成(粒径：mm)/(g/kg)			质地	容重/(g/cm³)
			砂粒 2～0.05	粉粒 0.05～0.002	黏粒 <0.002		
A	0～10	20	622	233	145	砂质壤土	1.36
Bw	10～23	40	889	67	44	砂土	1.34
Bk	23～62	50	948	34	18	砂土	1.45
Ck	62～140	50	922	54	24	砂土	1.50

甲岗系代表性单个土体化学性质

深度/cm	pH (H_2O)	有机碳/(g/kg)	全氮(N)/(g/kg)	全磷(P)/(g/kg)	全钾(K)/(g/kg)	CEC/[cmol(+)/kg]	$CaCO_3$/(g/kg)
0～10	9.1	8.6	0.79	0.52	10.4	2.6	46
10～23	9.2	9.6	0.86	0.58	9.9	2.5	81
23～62	9.6	3.9	0.37	0.54	9.0	1.2	168
62～140	9.5	1.2	0.12	0.61	9.5	1.0	103

7.4.3 直隆系（Zhilong Series）

土　　族：粗骨砂质硅质混合型-普通钙积寒性干旱土
拟定者：赵玉国，吴华勇，支俊俊

分布与环境条件　主要分布于西藏阿里地区革吉县革吉镇一带，高原洪积扇，坡度3°～5°，海拔4600～5100 m，母质为冲-洪积物，荒草地，高原亚寒干旱气候，年均气温约−0.6℃，年均降水量约114 mm，年均日照时数约3313 h，无霜期不到60 d。

直隆系典型景观

土壤性状与特征变幅　诊断层包括干旱表层、雏形层和钙积层；诊断特性包括寒性土壤温度状况、干旱土壤水分状况和石灰性；地表遍布粗碎块，有效土体厚度30～60 cm，之下为多砾石母质；干旱结皮厚度1～2 cm，干旱表层厚度5～10 cm，碳酸钙含量约30～60 g/kg；钙积层出现上界22 cm，厚度大于100 cm，碳酸钙含量160～220 g/kg，可见碳酸钙白色粉末；通体有石灰反应，pH 8.5～9.3，层次质地构型为壤土-砂质壤土-砂质黏壤土，砂粒含量340～660 g/kg，砾石含量20%～90%。

对比土系　根打塘系和甲岗系，同一土族，层次质地构型分别为砂质壤土-壤质砂土和砂质壤土-砂土。甲岗系，海拔更低，水分条件更弱，植被盖度更低，有机碳含量通体低于10 g/kg。

利用性能综述　地形较为平缓，有效土体薄，通体大量砾石，地表多砾石，草原，植被盖度较低，牧草生长稀疏，牲畜负载量低，存在风蚀风险，应保护自然植被，防止过度放牧。

参比土种　砾体砾砂壤性洪积高山草原土。

代表性单个土体　位于西藏阿里地区革吉县革吉镇直隆村西北，32°12′55.054″N，

81°33′00.037″E，海拔 4852 m，高原洪积扇，坡度 3°～5°，母质为冲-洪积物，荒漠戈壁，稀疏草被。50 cm 深处土温为 3.3℃，野外调查采样日期为 2015 年 7 月 4 日，编号 54-123。

直隆系代表性单个土体剖面

K： +2～0 cm，干旱结皮。

A： 0～8 cm，浊橙色（7.5YR 7/4，干），浊棕色（7.5YR 6/3，润），壤土，中等发育屑粒状结构，松散，多量根系，30%角状砾石，石面可见钙膜，中度石灰反应，向下层平滑清晰过渡。

Bw： 8～22 cm，橙色（7.5YR 6/6，干），浊棕色（7.5YR 5/4，润），壤土，中等发育粒状—小块状结构，松散—稍硬，20%角状砾石，石面多量钙膜，中度石灰反应，向下层平滑清晰过渡。

Bk： 22～54 cm，橙白色（10YR 8/2，干），淡灰色（10YR 7/1，润），砂质壤土，弱发育小块状结构，坚实，50%角状砾石，石面大量钙膜，大量碳酸钙粉末，强度石灰反应，向下层平滑清晰过渡。

Ck1：54～83 cm，浊黄橙色（10YR 7/3，干），灰黄棕色（10YR 6/2，润），砂质黏壤土，坚实，90%角状砾石，石面大量钙膜，大量碳酸钙粉末，强度石灰反应，向下层波状渐变过渡。

Ck2：83～125 cm，浊黄橙色（10YR 7/2，干），棕灰色（10YR 6/1，润），砂质黏壤土，坚实，80%角状砾石，石面大量钙膜，强度石灰反应。

直隆系代表性单个土体物理性质

土层	深度 /cm	砾石 (>2 mm，体积分数)/%	细土颗粒组成(粒径：mm)/(g/kg)			质地	容重 /(g/cm³)
			砂粒 2～0.05	粉粒 0.05～0.002	黏粒 <0.002		
A	0～8	30	480	292	228	壤土	1.30
Bw	8～22	20	344	435	221	壤土	1.34
Bk	22～54	50	655	184	161	砂质壤土	1.37
Ck1	54～83	90	471	254	275	砂质黏壤土	1.49
Ck2	83～125	80	572	206	222	砂质黏壤土	1.50

直隆系代表性单个土体化学性质

深度 /cm	pH (H_2O)	有机碳 /(g/kg)	全氮(N) /(g/kg)	全磷(P) /(g/kg)	全钾(K) /(g/kg)	CEC /[cmol(+)/kg]	$CaCO_3$ /(g/kg)
0～8	8.8	12.3	1.18	0.55	10.7	8.6	33
8～22	8.5	23.8	2.43	0.75	10.0	12.3	51
22～54	9.0	8.0	0.81	0.62	8.3	6.2	218
54～83	9.3	1.9	0.23	0.55	9.0	4.8	189
83～125	9.3	1.3	0.16	0.56	9.6	4.7	169

7.4.4 申扎系(Shenzha Series)

土　族：砂质盖粗骨砂质硅质混合型-普通钙积寒性干旱土
拟定者：赵玉国，宋效东，吴华勇

分布与环境条件　　主要分布于阿里地区改则县改则镇一带，高原冲-洪积平原，海拔4100~4600 m，母质为冲-洪积物，荒草地，高原亚寒带半干旱季风气候，年均气温约 -1.6℃，年均降水量约170 mm，年均日照时数约3199 h，无霜期约95 d。

申扎系典型景观

土壤性状与特征变幅　　诊断层包括干旱表层和钙积层；诊断特性包括寒性土壤温度状况、干旱土壤水分状况、钙积现象和石灰性；地表遍布粗碎块，有效土体厚度60~90 cm，之下为多砾石母质；干旱结皮厚度1~2 cm，干旱表层厚度8~15 cm，碳酸钙含量约110 g/kg；钙积层出现上界10 cm，厚度约20 cm，碳酸钙含量约160 g/kg，可见碳酸钙假菌丝体；钙积现象出现在从土表至62 cm深度，碳酸钙含量约110 g/kg；通体有石灰反应，pH 9.4~9.9，层次质地构型为砂质壤土-壤质砂土，砂粒含量690~850 g/kg，砾石含量10%~70%。

对比土系　　本亚类中的其他土系，不同土族，颗粒大小级别为粗骨砂质硅质混合型、粗骨质盖砂质硅质混合型。

利用性能综述　　地形平缓，土体厚，砾石较多，草地，牧草生长稀疏，牲畜负载量低，存在风蚀风险，应保护自然植被，防止过度放牧。

参比土种　　砂砾性洪积亚高山荒漠草原土。

代表性单个土体　　位于西藏阿里地区改则县改则镇申扎村西南，32°17′25.759″N，

84°7′49.165″E，海拔 4385 m，冲-洪积平原，母质为冲-洪积物，荒草地，草被盖度约 20%，50 cm 深处土温 2.3℃，野外调查采样日期为 2015 年 7 月 5 日，编号 54-033。

申扎系代表性单个土体剖面

K：　+2～0 cm，干旱结皮。

Ahk：0～10 cm，浊橙色（7.5YR 7/3，干），灰棕色（7.5YR 6/2，润），砂质壤土，强发育中块状结构，极坚实，10%角状小砾石，石面中量钙膜，中量碳酸钙白色粉末，强度石灰反应，向下层波状模糊过渡。

Bk1：10～23 cm，橙白色（7.5YR 8/2，干），淡棕灰色（7.5YR 7/1，润），壤质砂土，强发育中块状结构，极坚实，10%角状小砾石，石面多量钙膜，大量碳酸钙白色粉末，强度石灰反应，向下层波状清晰过渡。

Bk2：23～62 cm，橙白色（7.5YR 8/2，干），淡棕灰色（7.5YR 7/1，润），壤质砂土，强发育核块状结构，极坚实，70%角状小砾石，石面大量钙膜，大量碳酸钙白色粉末，强度石灰反应，向下层波状清晰过渡。

Bkr：62～140 cm，淡黄橙色（10YR 8/3，干），浊黄橙色（10YR 7/2，润），砂质壤土，强发育核块状结构，极坚实，大量 Fe、Mn 斑纹，60%角状小砾石，多量碳酸钙白色粉末，中度石灰反应。

申扎系代表性单个土体物理性质

土层	深度/cm	砾石（>2 mm，体积分数）/%	细土颗粒组成(粒径：mm)/(g/kg)			质地	容重/(g/cm³)
			砂粒 2～0.05	粉粒 0.05～0.002	黏粒 <0.002		
Ahk	0～10	10	724	143	133	砂质壤土	1.36
Bk1	10～23	10	819	95	86	壤质砂土	1.40
Bk2	23～62	70	848	86	66	壤质砂土	1.49
Bkr	62～110	60	699	173	128	砂质壤土	1.50

申扎系代表性单个土体化学性质

深度/cm	pH(H_2O)	有机碳/(g/kg)	全氮(N)/(g/kg)	全磷(P)/(g/kg)	全钾(K)/(g/kg)	CEC/[cmol(+)/kg]	$CaCO_3$/(g/kg)
0～10	9.4	8.9	0.91	0.36	10.4	2.2	111
10～23	9.7	6.4	0.72	0.31	9.7	2.2	165
23～62	9.9	1.5	0.22	0.24	9.0	1.1	111
62～110	9.9	1.2	0.23	0.29	10.5	2.1	83

7.4.5 拉欣系（Laxin Series）

土　　族：粗骨质盖砂质硅质混合型-普通钙积寒性干旱土

拟定者：赵玉国，宋效东，鞠　兵

分布与环境条件　　主要分布于阿里地区日土县日松乡一带，高原山前洪积扇，海拔 4000～4400 m，母质为冲-洪积物，荒漠戈壁，高原亚寒带半干旱季风气候，年均气温约-0.1℃，年均降水量约 80 mm，年均日照时数约 3319 h，无霜期约 95 d。

拉欣系典型景观

土壤性状与特征变幅　　诊断层包括干旱表层和钙积层；诊断特性包括寒性土壤温度状况、干旱土壤水分状况和石灰性；地表遍布粗碎块，有效土体厚度 30～60 cm，干旱结皮厚度 1～3 cm；干旱表层厚度 10～15 cm；通体钙积，碳酸钙含量 250～430 g/kg，可见碳酸钙白色粉末；通体强－极强石灰反应，pH 9.3～9.7，层次质地构型为壤土-壤质砂土-砂质壤土-砂土，砂粒含量 740～880 g/kg，砾石含量 50%～80%。

对比土系　　本亚类中的其他土系，不同土族，颗粒大小级别为粗骨砂质硅质混合型、砂质盖粗骨砂质硅质混合型。

利用性能综述　　地形平缓，地表和土体有大量砾石，草地，牧草生长稀疏，牲畜负载量低，牧业利用价值很低，应保护自然植被，防止过度放牧。

参比土种　　砂砾性洪积亚高山荒漠草原土。

代表性单个土体　　位于西藏阿里地区日土县日松乡过巴村南，33°03′30.95″N，80°03′38.099″E，海拔 4218 m，高原山前洪积扇，母质为冲-洪积物，荒漠戈壁，50 cm 深处土温 3.8℃，野外调查采样日期为 2015 年 7 月 4 日，编号 54-029。

拉欣系代表性单个土体剖面

K: +3～0 cm，干旱结皮。

Ahk: 0～10 cm，浊黄橙色（10YR 7/2，干），棕灰色（10YR 6/1，润），壤土，弱发育小块状结构，稍硬，50%砾石，石面可见钙膜，极强度石灰反应，向下层平滑清晰过渡。

Bk: 10～53 cm，浊黄橙色（10YR 7/2，干），棕灰色（10YR 6/1，润），壤质砂土，弱发育鳞片状结构，稍硬，可见碳酸钙白色粉末，50%砾石，石面可见钙膜，极强度石灰反应，向下层平滑突变过渡。

Ck1: 53～68 cm，浊黄橙色（10YR 7/2，干），棕灰色（10YR 6/1，润），砂质壤土，无结构，可见碳酸钙白色粉末，80%细砾石，石面可见钙膜，极强度石灰反应，向下层平滑清晰过渡。

Ck2: 68～120 cm，橙白色（10YR 8/2，干），淡灰色（10YR 7/1，润），砂土，无结构，80%砾石，石面可见钙膜，可见碳酸钙白色粉末，极强度石灰反应。

拉欣系代表性单个土体物理性质

土层	深度/cm	砾石(>2 mm，体积分数)/%	细土颗粒组成(粒径：mm)/(g/kg)			质地	容重/(g/cm³)
			砂粒 2～0.05	粉粒 0.05～0.002	黏粒 <0.002		
Ahk	0～10	50	352	417	231	壤土	1.49
Bk	10～53	50	856	94	50	壤质砂土	1.49
Ck1	53～68	80	745	174	81	砂质壤土	1.50
Ck2	68～120	80	876	78	46	砂土	1.50

拉欣系代表性单个土体化学性质

深度/cm	pH(H_2O)	有机碳/(g/kg)	全氮(N)/(g/kg)	全磷(P)/(g/kg)	全钾(K)/(g/kg)	CEC/[cmol(+)/kg]	$CaCO_3$/(g/kg)
0～10	9.3	1.7	0.30	0.62	8.0	1.5	420
10～53	9.7	1.9	0.14	0.26	8.2	0.8	421
53～68	9.4	1.3	0.10	0.28	8.3	1.0	252
68～120	9.7	1.1	0.11	0.43	8.0	0.8	264

7.5 弱钙简育寒性干旱土

7.5.1 克布林典系（Kebulindian Series）

土　族：粗骨壤质硅质混合型-弱钙简育寒性干旱土
拟定者：赵玉国，吴华勇，杨　飞

分布与环境条件　　主要分布于西藏阿里地区普兰县霍尔乡一带，山前洪积扇，海拔 4700～5100 m，坡度 2°～5°，母质为洪积物，荒草地，高原亚寒带干旱气候，年均气温约 1.4℃，年均降水量约 183 mm，年均日照时数约 3184 h，无霜期约 119 d。

克布林典系典型景观

土壤性状与特征变幅　　诊断层包括干旱表层和雏形层；诊断特性包括寒性土壤温度状况、干旱土壤水分状况、冻融特征、钙积现象和石灰性；地表遍布粗碎块，有效土体厚度 30～60 cm；干旱结皮厚度 1～3 cm，干旱表层厚度 5～10 cm；钙积现象出现在表层，厚度 8 cm，碳酸钙含量 70 g/kg；通体有石灰反应，pH 8.7～9.1；层次质地构型为粉壤土-壤土-砂质壤土-粉壤土，砾石含量 10%～40%，粉粒含量 350～730 g/kg，砂粒含量 180～560 g/kg。

对比土系　　亮扎隆系，同一亚类不同土族，钙积现象出现在 32 cm 以下，32 cm 以上无碳酸钙，其下碳酸钙含量 60～90 g/kg，可见碳酸钙假菌丝体，颗粒大小为粗骨壤质盖粗骨质，层次质地构型为砂质壤土-壤土。马攸木拉系，同一县域不同土纲，具有永冻土壤温度状况，不具有干旱表层，为永冻寒冻雏形土。

利用性能综述　　地势较平缓，高寒缺氧，干旱少雨，风沙频繁，稀疏草地，植被盖度很低，土体较厚，砾石多，养分含量偏低，牧业利用价值低。

参比土种　砾砂壤性洪积高山荒漠草原土。

代表性单个土体　位于西藏阿里地区普兰县霍尔乡克布林典村东，30°35′32.355″N，82°29′12.852″E，海拔4957 m，山前洪积扇下部，坡度2°，母质为洪积物，荒草地，植被覆盖度约10%，50 cm深处土温为2.5℃，野外调查采样日期为2015年7月1日，编号54-121。

克布林典系代表性单个土体剖面

K：　+1～0 cm，干旱结皮。

Ah：　0～8 cm，浊黄橙色（10YR 6/3，干），灰黄棕色（10YR 5/2，润），粉壤土，中等发育屑粒状—鳞片状结构，松散—稍硬，少量草根，30%次圆砾石，石面可见钙膜，强度石灰反应，向下层平滑清晰过渡。

Bw1：　8～25 cm，浊黄橙色（10YR 7/3，干），灰黄棕色（10YR 6/2，润），壤土，中等发育粒状—鳞片状结构，坚硬，40%次圆砾石，石面可见钙膜，强度石灰反应，向下层平滑清晰过渡。

Bw2：　25～50 cm，浊黄橙色（10YR 7/3，干），灰黄棕色（10YR 6/2，润），砂质壤土，中等发育小块状结构，坚硬，40%次圆砾石，石面可见钙膜，强度石灰反应，向下层不规则突变过渡。

2Ckr：　50～90 cm，淡灰色（10Y 7/2，干），橄榄灰色（10Y 6/2，润），粉壤土，弱发育中块状结构，稍硬，15%半风化砾石，约10% Fe、Mn斑纹，石面可见钙膜，强度石灰反应。

克布林典系代表性单个土体物理性质

土层	深度 /cm	砾石 (>2 mm，体积分数)/%	细土颗粒组成(粒径：mm)/(g/kg)			质地	容重 /(g/cm³)
			砂粒 2～0.05	粉粒 0.05～0.002	黏粒 <0.002		
Ah	0～8	30	394	501	105	粉壤土	1.32
Bw1	8～25	40	441	452	107	壤土	1.44
Bw2	25～50	40	550	350	100	砂质壤土	1.48
2Ckr	50～90	15	184	728	88	粉壤土	1.49

克布林典系代表性单个土体化学性质

深度 /cm	pH (H_2O)	有机碳 /(g/kg)	全氮(N) /(g/kg)	全磷(P) /(g/kg)	全钾(K) /(g/kg)	CEC /[cmol(+)/kg]	$CaCO_3$ /(g/kg)
0～8	8.7	11.0	1.19	0.83	10.4	6.6	70
8～25	9.0	4.2	0.51	0.75	11.2	5.2	44
25～50	9.0	2.3	0.26	0.71	9.8	4.0	45
50～90	9.1	1.6	1.20	0.81	6.9	3.0	64

7.5.2 亮扎隆系（Liangzhalong Series）

土　　族：粗骨壤质盖粗骨质硅质混合型-弱钙简育寒性干旱土
拟定者：赵玉国，鞠　兵，宋效东

分布与环境条件　主要分布于西藏阿里地区革吉县盐湖乡一带，山前洪积扇，海拔 4600～5000 m，坡度 3°～5°，母质为洪积物，荒漠，高原亚寒干旱气候，年均气温约-1.0℃，年均降水量约 140 mm，年均日照时数约 3240 h，无霜期不到 60 d。

亮扎隆系典型景观

土壤性状与特征变幅　诊断层包括干旱表层和雏形层；诊断特性包括寒性土壤温度状况、干旱土壤水分状况、石灰性和钙积现象；地表遍布粗碎块，有效土体厚度 60～90 cm，下为多砾石母质；干旱结皮厚度 1～2 cm，干旱表层厚度 8～15 cm；钙积现象出现上界 32 cm，碳酸钙含量 60～90 g/kg，可见碳酸钙假菌丝体，32 cm 以上无碳酸钙；通体 pH 8.1～9.0，层次质地构型为砂质壤土-壤土，砂粒含量 350～600 g/kg，黏粒含量 140～200 g/kg，砾石含量约 40%。

对比土系　克布林典系，同一亚类不同土族，通体有石灰反应，可见碳酸钙假菌丝体，碳酸钙含量 40～70 g/kg，表层有钙积现象，颗粒大小为粗骨壤质，层次质地构型为粉壤土-壤土-砂质壤土-粉壤土。

利用性能综述　地势起伏，高寒缺氧，干旱少雨，风沙频繁，稀疏草地，植被盖度很低，土体较厚，砾石多，养分含量偏低，牧业利用价值低。

参比土种　砾体砾砂壤性洪积高山草原土。

代表性单个土体　位于西藏阿里地区革吉县盐湖乡亮扎隆村南，32°23′35.079″N，82°26′16.662″E，海拔 4800 m，山前洪积扇河谷，坡度 4°，母质为洪积物，荒漠戈壁，地表大量粗砾，50 cm 深处土温为 2.9℃，野外调查采样日期为 2015 年 7 月 4 日，编号 54-124。

亮扎隆系代表性单个土体剖面

K： +2～0 cm，干旱结皮。

A： 0～11 cm，浊黄橙色（10YR 6/4，干），浊黄棕色（10YR 5/3，润），40%角状砾石，砂质壤土，中等发育鳞片状—小块状结构，硬，无石灰反应，向下层平滑清晰过渡。

Bw： 11～32 cm，浊黄橙色（10YR 7/4，干），浊黄橙色（10YR 6/3，润），40%角状砾石，壤土，中等发育角块状结构，坚实，无石灰反应，向下层平滑清晰过渡。

Bk： 32～70 cm，淡黄橙色（10YR 8/3，干），浊黄橙色（10YR 7/2，润），强发育棱块状结构，兼具鳞片状结构，多蠕虫孔，极坚实，40%角状砾石，石面可见钙膜，壤土，多量碳酸钙假菌丝体，强度石灰反应，向下层平滑清晰过渡。

Ck： 70～120 cm，淡黄橙色（10YR 8/3，干），浊黄橙色（10YR 7/2，润），壤土，坚实，80%角状砾石，石面可见钙膜，多量碳酸钙假菌丝体，强度石灰反应。

亮扎隆系代表性单个土体物理性质

土层	深度 /cm	砾石 (>2 mm，体积分数)/%	细土颗粒组成(粒径：mm)/(g/kg)			质地	容重 /(g/cm³)
			砂粒 2～0.05	粉粒 0.05～0.002	黏粒 <0.002		
A	0～11	40	595	263	142	砂质壤土	1.30
Bw	11～32	40	455	384	161	壤土	1.31
Bk	32～70	40	396	416	188	壤土	1.46
Ck	70～120	80	354	455	191	壤土	1.48

亮扎隆系代表性单个土体化学性质

深度 /cm	pH (H_2O)	有机碳 /(g/kg)	全氮(N) /(g/kg)	全磷(P) /(g/kg)	全钾(K) /(g/kg)	CEC /[cmol(+)/kg]	$CaCO_3$ /(g/kg)
0～11	8.1	12.1	1.14	0.64	10.9	9.0	0
11～32	8.6	11.8	1.12	0.71	10.8	12.9	0
32～70	9.0	3.0	0.32	0.55	9.6	7.7	78
70～120	9.0	2.2	0.26	0.59	9.7	7.3	60

7.5.3 亚沙系（Yasha Series）

土　族：粗骨砂质硅质混合型-弱钙简育寒性干旱土
拟定者：赵玉国，李德成，宋效东

分布与环境条件　主要分布于阿里地区噶尔县昆莎乡一带，冲积平原，海拔 4200～4600 m，母质为冲积物，荒漠，高原亚寒带干旱气候，年均气温约 0℃，年均降水量约 100 mm，年均日照时数约 3362 h，无霜期 90～100 d。

亚沙系典型景观

土壤性状与特征变幅　诊断层包括干旱表层和雏形层；诊断特性包括寒性土壤温度状况、干旱土壤水分状况、钙积现象和石灰性；地表遍布细砾，有效土体厚度 30～60 cm，之下为多砾石冲积母质，可见残留冲积层理；干旱结皮厚度 1～3 cm，干旱表层厚度 18～25 cm，碳酸钙含量 10～20 g/kg；钙积现象出现上界 20 cm，厚度大于 100 cm，碳酸钙含量 70～140 g/kg；通体有石灰反应，pH 9.0～10.1，层次质地构型为壤质砂土-砂质壤土-砂土，砂粒含量 540～950 g/kg，砾石含量 10%～70%。

对比土系　加热克系，同一土族，钙积现象出现上界 67 cm，碳酸钙含量 100～120 g/kg，层次质地构型为壤质砂土-砂土-壤质砂土。门次系，同一土族，钙积现象出现上界 47 cm，厚度大于 60 cm，碳酸钙含量 40～70 g/kg，层次质地构型为壤土-壤质砂土-砂土-壤质砂土。

利用性能综述　地势较平缓，干旱少雨，风沙频繁，稀疏草地，植被盖度很低，土体较厚，砾石多，养分含量偏低，牧业利用价值低。

参比土种　砾砂壤性洪积亚高山草原土。

代表性单个土体　位于西藏阿里地区噶尔县昆莎乡亚沙仲措村，31°38′52.3″N，

80°19′49.1″E，海拔 4436 m，山间冲积平原，母质为冲积物，荒漠戈壁，草被覆盖度约 15%，50 cm 深处土温为 3.9℃，野外调查采样日期为 2015 年 7 月 2 日，编号 54-035。

亚沙系代表性单个土体剖面

K：+2～0 cm，干旱结皮。

Ah：0～20 cm，浊黄棕色（10YR 5/4，干），浊黄棕色（10YR 4/3，润），壤质砂土，弱发育小块状结构，松散，中量草根，40%次圆砾石，轻度石灰反应，向下层平滑清晰过渡。

Bk：20～45 cm，灰黄色（2.5Y 7/2，干），黄灰色（2.5Y 6/1，润），砂质壤土，中等发育小块状结构，坚硬，20%次圆砾石，强度石灰反应，向下层平滑清晰过渡。

Ck1：45～80 cm，灰黄色（2.5Y 7/2，干），黄灰色（2.5Y 6/1，润），砂质壤土，中等发育小块状结构，坚硬，可见残留冲积层理，10%次圆砾石，可见碳酸钙粉末，强度石灰反应，向下层平滑清晰过渡。

Ck2：80～110 cm，灰黄色（2.5Y 6/2，干），黄灰色（2.5Y 5/1，润），砂土，无结构，稍硬，可见残留冲积层理，50%次圆砾石，强度石灰反应，向下层平滑清晰过渡。

2Ck：110～130 cm，淡灰色（2.5Y 7/1，干），淡灰色（2.5Y 7/1，润），砂土，无结构，稍硬，可见残留冲积层理，70%次圆砾石，强度石灰反应。

亚沙系代表性单个土体物理性质

土层	深度/cm	砾石（>2 mm，体积分数）/%	细土颗粒组成(粒径：mm)/(g/kg)			质地	容重/(g/cm³)
			砂粒 2～0.05	粉粒 0.05～0.002	黏粒 <0.002		
Ah	0～20	40	785	160	55	壤质砂土	1.36
Bk	20～45	20	648	272	80	砂质壤土	1.44
Ck1	45～80	10	545	350	105	砂质壤土	1.48
Ck2	80～110	50	905	73	22	砂土	1.49
2Ck	110～130	70	945	42	13	砂土	1.49

亚沙系代表性单个土体化学性质

深度/cm	pH(H_2O)	有机碳/(g/kg)	全氮(N)/(g/kg)	全磷(P)/(g/kg)	全钾(K)/(g/kg)	CEC/[cmol(+)/kg]	$CaCO_3$/(g/kg)
0～20	9.3	8.9	0.96	0.55	8.9	6.0	15
20～45	9.0	4.1	0.54	0.46	7.0	2.9	133
45～80	9.2	2.2	0.25	0.50	7.2	2.5	77
80～110	9.9	1.7	0.17	0.44	7.7	1.4	79
110～130	10.1	1.6	0.16	0.47	7.9	1.6	81

7.5.4 加热克系（Jiareke Series）

土　　族：粗骨砂质硅质混合型-弱钙简育寒性干旱土
拟定者：赵玉国，吴华勇，杨　飞

分布与环境条件　　主要分布于西藏阿里地区札达县托林镇一带，高原丘陵坡地，海拔 4300~4700 m，坡度 5°~10°，母质为古海相沉积物的坡积物，荒草地，高原亚寒带干旱气候，年均气温约 0℃，年均降水量约 101 mm，年均日照时数约 3358 h，无霜期约 130 d。

加热克系典型景观

土壤性状与特征变幅　　诊断层包括干旱表层和雏形层；诊断特性包括寒性土壤温度状况、干旱土壤水分状况、钙积现象和石灰性；地表遍布粗碎块，有效土体厚度 1 m 以上；干旱结皮厚度 1~3 cm，干旱表层厚度 10~20 cm，碳酸钙含量 60~70 g/kg；钙积现象出现上界 67 cm，碳酸钙含量 100~120 g/kg；通体有石灰反应，pH 8.0~9.2，层次质地构型为壤质砂土-砂土-壤质砂土，砂粒含量 790~860 g/kg，砾石含量 20%~40%。

对比土系　　亚沙系，同一土族，钙积现象出现上界 20 cm，厚度大于 100 cm，碳酸钙含量 70~140 g/kg，层次质地构型为壤质砂土-砂质壤土-砂土。门次系，同一土族，钙积现象出现上界 47 cm，厚度大于 60 cm，碳酸钙含量 40~70 g/kg，层次质地构型为壤土-壤质砂土-砂土-壤质砂土。骑普系，同一县域同一亚类，不同土族，颗粒大小更粗，为粗骨质，钙积现象出现在表土，碳酸钙含量小于 70 g/kg，层次质地构型为壤质砂土-砂土-壤质砂土。

利用性能综述　　荒漠，地形起伏破碎，干旱少雨，风沙频繁，植被盖度低，土体厚，砾石多，养分含量低，应封境育草，防止风蚀水蚀。

参比土种　　砂性湖积亚高山漠土。

代表性单个土体　　位于西藏札达县托林镇加热克村南，苏尔朗村北，31°32′47.484″N,

79°58′39.057″E,海拔 4517 m,高原丘陵中坡中下部,坡度 8°,母质为古海相沉积物的坡积物,荒草地,覆盖度约 10%,50 cm 深处土温为 3.9℃,野外调查采样日期为 2015年 7 月 3 日,编号 54-097-1。

加热克系代表性单个土体剖面

K: +2～0 cm,干旱结皮。

Ah: 0～16 cm,浊黄橙色(10YR 7/3,干),灰黄棕色(10YR 6/2,润),壤质砂土,弱发育屑粒状结构,松散,20%磨圆砾石,石面多量钙膜,强度石灰反应,向下层波状清晰过渡。

Bk1: 16～38 cm,浊黄橙色(10YR 6/3,干),灰黄棕色(10YR 5/2,润),壤质砂土,弱发育小块状,松散,30%磨圆砾石,石面多量钙膜,可见碳酸钙粉末,强度石灰反应,向下层平滑渐变过渡。

Bk2: 38～67 cm,浊黄橙色(10YR 6/3,干),灰黄棕色(10YR 5/2,润),砂土,弱发育小块状,松散,20%磨圆砾石,石面少量钙膜,强度石灰反应,向下层波状清晰过渡。

Bk3: 67～95 cm,浊黄橙色(10YR 7/3,干),灰黄棕色(10YR 6/2,润),壤质砂土,弱发育小块状,松散,40%磨圆砾石,石面少量钙膜,强度石灰反应,向下层波状清晰过渡。

Bk4: 95～130 cm,浊黄橙色(10YR 7/3,干),灰黄棕色(10YR 6/2,润),壤质砂土,无结构,松散,20%磨圆砾石,强度石灰反应。

加热克系代表性单个土体物理性质

土层	深度/cm	砾石(>2 mm,体积分数)/%	细土颗粒组成(粒径:mm)/(g/kg)			质地	容重/(g/cm³)
			砂粒 2～0.05	粉粒 0.05～0.002	黏粒 <0.002		
Ah	0～16	20	828	127	45	壤质砂土	1.44
Bk1	16～38	30	853	109	38	壤质砂土	1.41
Bk2	38～67	20	879	92	29	砂土	1.43
Bk3	67～95	40	790	151	59	壤质砂土	1.49
Bk4	95～130	20	805	143	52	壤质砂土	1.51

加热克系代表性单个土体化学性质

深度/cm	pH(H_2O)	有机碳/(g/kg)	全氮(N)/(g/kg)	全磷(P)/(g/kg)	全钾(K)/(g/kg)	CEC/[cmol(+)/kg]	$CaCO_3$/(g/kg)
0～16	8.6	4.0	0.40	0.49	8.5	2.5	62
16～38	8.3	5.9	0.58	0.48	8.5	3.3	66
38～67	8.0	4.7	0.44	0.50	8.4	3.7	71
67～95	9.2	1.8	0.23	0.45	8.4	2.2	106
95～130	9.0	0.8	0.13	0.43	8.8	1.9	116

7.5.5 门次系（Menci Series）

土　　族：粗骨砂质硅质混合型-弱钙简育寒性干旱土
拟定者：赵玉国，宋效东，鞠　兵

分布与环境条件　主要分布于西藏噶尔县门次乡一带，高原冲洪积微起伏平原，海拔 4500~4700 m，坡度 2°~5°，母质为冲洪积物，草原植被，覆盖度 30%。年均气温 0.6℃，年均降水量 123 mm，年均日照时数 3296 h，无霜期约 140 d。

门次系典型景观

土壤性状与特征变幅　诊断层包括干旱表层和雏形层；诊断特性包括寒性土壤温度状况、干旱土壤水分状况和钙积现象；有效土体厚度 90 cm，干旱结皮厚度 1~3 cm；干旱表层厚度 10~15 cm，无碳酸钙；钙积现象上界 47 cm，厚度大于 60 cm，碳酸钙含量 40~70 g/kg，有石灰反应；通体 pH 8.3~9.2，层次质地构型为壤土-壤质砂土-砂土-壤质砂土，砾石含量 10%~50%，砂粒含量 440~890 g/kg。

对比土系　亚沙系，同一土族，钙积现象出现上界 20 cm，厚度大于 100 cm，碳酸钙含量 70~140 g/kg，层次质地构型为壤质砂土-砂质壤土-砂土；加热克系，同一土族，钙积现象出现上界 67 cm，碳酸钙含量 100~120 g/kg，层次质地构型为壤质砂土-砂土-壤质砂土。

利用性能综述　高原谷地，地势较平缓，水分条件较好，植被盖度较好，土体较厚，砾石多，养分含量偏低，有一定牧业利用价值，但应注意防止过度放牧，保护地表植被，防止风蚀。

参比土种　高山草原土。

代表性单个土体 位于西藏噶尔县门次乡，31°22′02.667″N，80°33′26.632″E，海拔4634 m，高原冲洪积微起伏平原，坡度2°，母质为冲洪积物，草原植被，覆盖度30%。50 cm深处土温2.4℃，野外调查采样日期为2015年7月6日，编号54-116-1。

门次系代表性单个土体剖面

K：+2～0 cm，干旱结皮。

Ah：0～10 cm，黄棕色（2.5Y 5/3，干），暗灰黄色（2.5Y 4/2，润），壤土，中等发育碎块状结构，松散，10%砾石，无石灰反应，向下层波状渐变过渡。

AB：10～19 cm，橄榄棕色（2.5Y 4/6，干），暗橄榄棕色（2.5Y 3/3，润），壤质砂土，弱发育小块状结构，稍硬，20%砾石，石面可见钙膜，无石灰反应，向下层波状清晰过渡。

Bw：19～47 cm，浊黄色（2.5Y 6/3，干），暗灰黄色（2.5Y 5/2，润），壤质砂土，弱发育小块状结构，稍硬，50%砾石，石面少量钙膜，无石灰反应，向下层波状清晰过渡。

Bk：47～90 cm，淡黄色（2.5Y 7/3，干），灰黄色（2.5Y 6/2，润），砂土，弱发育小块状结构，稍硬，40%砾石，轻度石灰反应，向下层波状渐变过渡。

Ck：90～110 cm，淡黄色（2.5Y 7/3，干），灰黄色（2.5Y 6/2，润），壤质砂土，无结构，稍硬，40%砾石，轻度石灰反应。

门次系代表性单个土体物理性质

土层	深度/cm	砾石(>2 mm，体积分数)/%	细土颗粒组成(粒径：mm)/(g/kg)			质地	容重/(g/cm³)
			砂粒 2～0.05	粉粒 0.05～0.002	黏粒 <0.002		
Ah	0～10	10	442	348	210	壤土	1.34
AB	10～19	20	802	123	75	壤质砂土	1.36
Bw	19～47	50	856	86	58	壤质砂土	1.35
Bk	47～90	40	887	71	42	砂土	1.48
Ck	90～110	40	863	82	55	壤质砂土	1.48

门次系代表性单个土体化学性质

深度/cm	pH(H₂O)	有机碳/(g/kg)	全氮(N)/(g/kg)	全磷(P)/(g/kg)	全钾(K)/(g/kg)	CEC/[cmol(+)/kg]	CaCO₃/(g/kg)
0～10	8.3	10.1	0.87	0.75	10.2	9.6	0
10～19	8.3	14.8	1.35	0.64	7.5	14.0	0
19～47	8.5	9.1	0.78	0.86	10.2	9.6	0
47～90	9.2	2.3	0.22	0.52	6.4	4.6	63
90～110	9.2	2.1	0.20	0.54	6.5	5.6	47

7.5.6 骑普系（Qipu Series）

土　族：粗骨质硅质混合型-弱钙简育寒性干旱土
拟定者：赵玉国，吴华勇，杨　飞

分布与环境条件　分布于西藏阿里地区札达县托林镇一带，高山坡地，海拔 4200～4600 m，坡度 8°～15°，母质为冰碛物，荒漠，高原亚寒带干旱气候，年均气温约 0℃，年均降水量约 102 mm，年均日照时数约 3355 h，无霜期约 130 d。

骑普系典型景观

土壤性状与特征变幅　诊断层包括干旱表层和雏形层；诊断特性包括寒性土壤温度状况、干旱土壤水分状况、钙积现象和石灰性；地表遍布粗碎块，有效土体厚度 30～60 cm，之下为多砾石母质；干旱结皮厚度 1～3 cm；干旱表层厚度 10～20 cm，之下雏形层厚约 25 cm；碳酸钙有表聚特征，钙积现象从土表至 67 cm 深度，含量 20～70 g/kg；通体 pH 8.7～9.1，层次质地构型为砂质壤土-壤质砂土，砾石含量 50%～90%，砂粒含量 660～790 g/kg。

对比土系　加热克系，同一县域，同一亚类，不同土族，颗粒大小更细，为粗骨砂质，钙积现象出现上界 67 cm，碳酸钙含量 100～120 g/kg，层次质地构型为壤质砂土-砂土-壤质砂土。

利用性能综述　荒漠，地势起伏，植被盖度极低，土体厚，大量砾石，地表遍布粗砾，养分含量低，牧业利用价值极低，应封境育草，保护原生植被，防止侵蚀。

参比土种　砂砾性洪积亚高山荒漠草原土。

代表性单个土体　位于西藏阿里地区札达县托林镇骑普村，31°31′57.888″N，

79°58′50.328″E,海拔 4451 m,高原丘陵坡中下部,坡度 10°,母质为冰碛物,荒漠戈壁,地表遍布粗砾,植被覆盖度 5%。50 cm 深处土温为 3.9℃,野外调查采样日期为 2015 年 07 月 03 日,编号 54-122。

骑普系代表性单个土体剖面

K: +2～0 cm,干旱结皮。

Ahk: 0～16 cm,浊黄橙色(10YR 6/3,干),灰黄棕色(10YR 5/2,润),砂质壤土,弱发育屑小块状结构,松散,50%砾石,石面多量钙膜,中度石灰反应,向下层平滑清晰过渡。

Bk: 16～43 cm,浊橙色(2.5YR 6/4,干),浊红棕色(2.5YR 5/3,润),砂质壤土,弱发育小块状,松散,80%砾石,石面多量钙膜,中度石灰反应,向下层波状清晰过渡。

Ck: 43～67 cm,浊橙色(2.5YR 6/3,干),灰红色(2.5YR 5/2,润),砂质壤土,无结构,松散,90%砾石,石面多量钙膜,轻度石灰反应,向下层波状清晰过渡。

C: 67～110 cm,浅淡红橙色(2.5YR 7/4,干),浊橙色(2.5YR 6/3,润),壤质砂土,无结构,松散,90%砾石,石面多量钙膜,细土无石灰反应。

骑普系代表性单个土体物理性质

土层	深度/cm	砾石(>2 mm,体积分数)/%	细土颗粒组成(粒径:mm)/(g/kg)			质地	容重/(g/cm³)
			砂粒 2～0.05	粉粒 0.05～0.002	黏粒 <0.002		
Ahk	0～16	50	667	236	97	砂质壤土	1.41
Bk	16～43	80	673	241	86	砂质壤土	1.44
Ck	43～67	90	722	207	71	砂质壤土	1.44
C	67～110	90	786	159	55	壤质砂土	1.49

骑普系代表性单个土体化学性质

深度/cm	pH(H_2O)	有机碳/(g/kg)	全氮(N)/(g/kg)	全磷(P)/(g/kg)	全钾(K)/(g/kg)	CEC/[cmol(+)/kg]	$CaCO_3$/(g/kg)
0～16	9.1	5.9	0.65	0.53	8.1	5.1	64
16～43	8.8	4.5	0.58	0.44	8.2	4.8	54
43～67	9.0	4.4	0.46	0.37	7.1	4.0	21
67～110	8.7	1.7	0.16	0.40	7.6	2.7	0

7.6 普通简育寒性干旱土

7.6.1 革吉系（Geji Series）

土　族：粗骨砂质硅质混合型非酸性-普通简育寒性干旱土
拟定者：赵玉国，吴华勇，支俊俊

分布与环境条件　主要分布于西藏阿里地区革吉县革吉镇一带，高原河谷，海拔4300～4700 m，坡度2°～3°，母质为冲-洪积物，牧草地，高原亚寒干旱气候，年均气温约−2.0℃，年均降水量约105 mm，年均日照时数约3342 h，无霜期不到60 d。

革吉系典型景观

土壤性状与特征变幅　诊断层包括干旱表层和雏形层；诊断特性包括寒性土壤温度状况、干旱土壤水分状况。地表遍布粗碎块，有效土体厚度60～90 cm，之下为残留冲积层理的母质；干旱结皮厚度1～3 cm，干旱表层厚度10～20 cm，之下雏形层厚约50 cm；母质层有石灰反应，碳酸钙含量12 g/kg，通体pH 8.8～9.2；层次质地构型为壤质砂土-砂土，砾石含量30%～50%，砂粒含量850～970 g/kg。

对比土系　色岗系，同一土族，72 cm之下土体有钙积现象，碳酸钙含量21 g/kg，层次质地构型相同，下部无冲积层理。加布系，同一亚类不同土族，通体无石灰反应，颗粒大小级别为粗骨砂质盖粗骨质。乃木嘎雅系，同一亚类不同土族，颗粒大小级别为粗骨质，通体有石灰反应。

利用性能综述　高原谷地，地势较平坦，土体较厚，养分含量偏低，干旱少雨，稀疏草地，植被盖度很低，牧草生长不良，牧业利用价值低。

参比土种 高山草原土。

代表性单个土体 位于西藏阿里地区革吉县革吉镇散波村，32°10′56.6″N，81°17′41.664″E，海拔 4568 m，冲-洪积宽河谷，坡度 2°，母质为冲-洪积物，退化牧草地，植被覆盖率约 15%，50 cm 深处土温为 1.9℃，野外调查采样日期为 2015 年 7 月 4 日，编号 54-001。

革吉系代表性单个土体剖面

K: +2～0 cm，干旱结皮。

Ah: 0～16 cm，浊黄橙色（10YR 7/3，干），灰黄棕色（10YR 6/2，润），壤质砂土，弱发育屑粒结构，松散，中量草根，50%角状、次圆砾石，无石灰反应，向下层波状清晰过渡。

Bw1: 16～31 cm，浊黄橙色（10YR 7/3，干），灰黄棕色（10YR 6/2，润），壤质砂土，弱发育小块状结构，松散，30%角状、次圆砾石，无石灰反应，向下层波状清晰过渡。

Bw2: 31～82 cm，浊黄橙色（10YR 7/3，干），灰黄棕色（10YR 6/2，润），砂土，弱发育小块状结构，松散，40%角状、次圆砾石，石面可见钙膜，无石灰反应，向下层波状渐变过渡。

C: 82～140 cm，浊黄橙色（10YR 7/3，干），灰黄棕色（10YR 6/2，润），砂土，无结构，可见残留冲积层理，松散，30%角状、次圆砾石，石面可见钙膜，轻度石灰反应。

革吉系代表性单个土体物理性质

土层	深度 /cm	砾石 (>2 mm，体积分数)/%	细土颗粒组成（粒径: mm)/(g/kg)			质地	容重 /(g/cm³)
			砂粒 2～0.05	粉粒 0.05～0.002	黏粒 <0.002		
Ah	0～16	50	858	102	40	壤质砂土	1.43
Bw1	16～31	30	856	100	44	壤质砂土	1.45
Bw2	31～82	40	958	27	15	砂土	1.48
C	82～140	30	970	19	11	砂土	1.50

革吉系代表性单个土体化学性质

深度 /cm	pH (H_2O)	有机碳 /(g/kg)	全氮(N) /(g/kg)	全磷(P) /(g/kg)	全钾(K) /(g/kg)	CEC /[cmol(+)/kg]	$CaCO_3$ /(g/kg)
0～16	8.8	6.1	0.46	0.66	13.6	3.3	0
16～31	8.8	3.5	0.26	0.61	13.3	2.3	0
31～82	8.9	2.0	0.15	0.59	13.9	2.1	0
82～140	9.2	1.4	0.11	0.94	12.3	2.7	12

7.6.2 色岗系（Segang Series）

土　　族：粗骨砂质硅质混合型非酸性-普通简育寒性干旱土
拟定者：赵玉国，宋效东，鞠　兵

分布与环境条件　主要分布于西藏阿里地区札达县托林镇一带，高原山前洪积扇，海拔 4400~4700 m，坡度 3°~5°，母质为冲洪积物，稀疏草原，高原亚寒带干旱气候，年均气温 3.1℃，年均降水量 168 mm，年均日照时数 3179 h，无霜期约 130 d。

色岗系典型景观

土壤性状与特征变幅　诊断层包括干旱表层和雏形层；诊断特性包括寒性土壤温度状况、干旱土壤水分状况；地表遍布粗碎块，有效土体厚度 60~90 cm；干旱结皮厚度 1~3 cm，干旱表层厚度 10~20 cm；72 cm 之下土体有钙积现象，碳酸钙含量 21 g/kg，通体 pH 9.2~9.3；层次质地构型为壤质砂土-砂土，通体砾石含量 10%~50%，砂粒含量 830~900 g/kg。

对比土系　革吉系，同一土族，82 cm 之下土体有石灰反应，碳酸钙含量 12 g/kg，层次质地构型相同，土体下部母质层有冲积层理。加布系，同一亚类不同土族，通体无石灰反应，颗粒大小级别为粗骨砂质盖粗骨质。乃木嘎雅系，同一亚类不同土族，颗粒大小级别为粗骨质，通体有石灰反应。马攸木拉系，同一县域不同土纲，具有永冻土壤温度状况，不具有干旱表层，为永冻寒冻雏形土。

利用性能综述　高原洪积扇，土体较厚，砾石多，养分含量偏低，高寒缺氧，干旱少雨，稀疏草地，植被盖度很低，牧业利用价值低。

参比土种　砾砂壤性洪积亚高山草原土。

代表性单个土体 位于西藏普兰县色岗村，31.51558°N，81.19560°E，海拔 4532 m，高原山前洪积扇下部，坡度 3°～5°，母质为冲洪积物，稀疏草原，覆盖度约 10%，地表遍布粗砾。50 cm 深处土温为 3.9℃，野外调查采样日期为 2015 年 7 月 2 日，编号 54-097-2。

K： +2～0 cm，干旱结皮。

Ah： 0～12 cm，浊黄橙色（10YR 7/3，干），灰黄棕色（10YR 6/2，润），壤质砂土，弱发育屑粒状结构，稍紧，30% 次圆砾石，无石灰反应，向下层波状清晰过渡。

Bw1： 12～30 cm，浊黄橙色（10YR 6/3，干），灰黄棕色（10YR 5/2，润），壤质砂土，弱发育小块状结构，坚硬，10% 次圆砾石，无石灰反应，向下层平滑清晰过渡。

Bw2： 30～57 cm，浊黄橙色（10YR 6/3，干），灰黄棕色（10YR 5/2，润），壤质砂土，弱发育小块状结构，坚硬，50% 次圆砾石，无石灰反应，向下层波状清晰过渡。

Bw3： 57～72 cm，浊黄橙色（10YR 7/3，干），灰黄棕色（10YR 6/2，润），壤质砂土，弱发育小块状结构，坚硬，30% 次圆砾石，无石灰反应，向下层波状清晰过渡。

Ck： 72～120 cm，浊黄橙色（10YR 7/3，干），灰黄棕色（10YR 6/2，润），砂土，坚硬，30% 次圆砾石，轻度石灰反应。

色岗系代表性单个土体剖面

色岗系代表性单个土体物理性质

土层	深度/cm	砾石（>2 mm，体积分数）/%	细土颗粒组成（粒径：mm）/(g/kg)			质地	容重/(g/cm³)
			砂粒 2～0.05	粉粒 0.05～0.002	黏粒 <0.002		
Ah	0～12	30	838	116	46	壤质砂土	1.35
Bw1	12～30	10	836	114	50	壤质砂土	1.39
Bw2	30～57	50	837	112	51	壤质砂土	1.45
Bw3	57～72	30	847	111	42	壤质砂土	1.46
Ck	72～120	30	891	72	37	砂土	1.48

色岗系代表性单个土体化学性质

深度/cm	pH(H_2O)	有机碳/(g/kg)	全氮(N)/(g/kg)	全磷(P)/(g/kg)	全钾(K)/(g/kg)	CEC/[cmol(+)/kg]	$CaCO_3$/(g/kg)
0～12	9.2	16.0	1.59	0.89	12.0	7.3	0
12～30	9.2	13.1	1.20	0.57	12.0	9.6	0
30～57	9.2	3.8	0.58	0.46	12.2	3.8	0
57～72	9.3	3.5	0.41	0.51	11.8	6.0	0
72～120	9.2	2.1	0.30	0.58	12.1	4.1	19

7.6.3 加布系（Jiabu Series）

土　族：粗骨砂质盖粗骨质硅质混合型非酸性-普通简育寒性干旱土
拟定者：赵玉国，吴华勇，杨 飞

分布与环境条件　主要分布于日喀则市萨嘎县加加镇一带，高原山前洪积扇，海拔 4300～4700 m，坡度 2°～5°，母质为冰碛物，荒漠，高原严寒带半干旱气候，年均气温约 -1.7℃，年均降水量约 250～300 mm，年均日照时数约 2995 h，无霜期约 105 d。

加布系典型景观

土壤性状与特征变幅　诊断层包括干旱表层和雏形层；诊断特性包括寒性土壤温度状况和干旱土壤水分状况；地表遍布粗碎块，有效土体厚度 30～60 cm，之下为多砾石母质层；干旱结皮厚度 1～3 cm，干旱表层厚度 10～15 cm，之下雏形层厚约 40 cm；通体无石灰反应，pH 7.3～7.5；层次质地构型为壤质砂土-砂质壤土，砾石含量 20%～90%，砂粒含量 590～810 g/kg。

对比土系　本亚类中其他土系，属于不同土族，1 m 土体内均存在不同深度的石灰反应或钙积现象；其中，革吉系和色岗系，颗粒大小级别为粗骨砂质，乃木嘎雅系，颗粒大小级别为粗骨质。

利用性能综述　高原山前洪积扇，地势略起伏，土体厚，砾石多，风蚀影响明显，植被盖度极低，养分含量偏低，牧业利用价值低，应封境育草。

参比土种　砾砂壤性洪积亚高山草原土。

代表性单个土体　位于西藏日喀则市萨嘎县加加镇查合拉村南，29°22′29.031″N，

85°14′24.987″E,海拔 4530 m,高原山前洪积扇,坡度 3°,母质为冰碛物,荒漠戈壁,50 cm 深处土温 2.2℃,野外调查采样日期为 2015 年 6 月 30 日,编号 54-002。

加布系代表性单个土体剖面

K: +2~0 cm,干旱结皮。

Ah: 0~12 cm,橄榄棕色(2.5Y 4/6,干),暗橄榄棕色(2.5Y 3/3,润),壤质砂土,中等发育中屑粒结构,松散,少量草根,20%次圆砾石,无石灰反应,向下层平滑清晰过渡。

Bw1: 12~23 cm,黄棕色(2.5Y 5/4,干),橄榄棕色(2.5Y 4/3,润),砂质壤土,强发育中块状结构,坚硬,少量草根,1 个鼠洞,20%次圆砾石,无石灰反应,向下层平滑清晰过渡。

Bw2: 23~55 cm,浊黄色(2.5Y 6/4,干),黄棕色(2.5Y 5/3,润),砂质壤土,弱发育中块状结构,稍硬,40%次圆砾石,无石灰反应,向下层波状渐变过渡。

C: 55~100 cm,淡黄色(2.5Y 7/3,干),灰黄色(2.5Y 6/2,润),砂质壤土,稍硬,90%次圆砾石,无石灰反应。

加布系代表性单个土体物理性质

土层	深度/cm	砾石(>2 mm,体积分数)/%	细土颗粒组成(粒径: mm)/(g/kg)			质地	容重/(g/cm³)
			砂粒 2~0.05	粉粒 0.05~0.002	黏粒 <0.002		
Ah	0~12	20	806	125	69	壤质砂土	1.30
Bw1	12~23	20	637	229	134	砂质壤土	1.39
Bw2	23~55	40	591	266	143	砂质壤土	1.47
C	55~100	90	669	211	120	砂质壤土	1.49

加布系代表性单个土体化学性质

深度/cm	pH(H_2O)	有机碳/(g/kg)	全氮(N)/(g/kg)	全磷(P)/(g/kg)	全钾(K)/(g/kg)	CEC/[cmol(+)/kg]	$CaCO_3$/(g/kg)
0~12	7.3	12.6	0.98	0.51	10.6	4.2	0
12~23	7.4	7.2	0.54	0.52	10.5	4.4	0
23~55	7.4	2.9	0.25	0.32	10.3	3.3	0
55~100	7.5	1.8	0.20	0.52	10.6	2.6	0

7.6.4 乃木嘎雅系（Naimugaya Series）

土　族：粗骨质硅质混合型石灰性-普通简育寒性干旱土
拟定者：赵玉国，宋效东，鞠　兵

分布与环境条件　主要分布于阿里地区日土县多玛乡，高原洪积-冲积平原，海拔 4200～4600 m，母质为冲-洪积物，坡度 2°～5°，荒漠戈壁，高原亚寒带半干旱季风气候，年均气温约 0℃，年均降水量约 82 mm，年均日照时数约 3258 h，无霜期约 95 d。

乃木嘎雅系典型景观

土壤性状与特征变幅　诊断层包括干旱表层和雏形层；诊断特性包括寒性土壤温度状况、干旱土壤水分状况和石灰性；地表遍布粗碎块，有效土体厚度 30～60 cm，之下为多砾石母质，可见残留冲积层理；干旱结皮厚度 1～3 cm，干旱表层厚度 15～25 cm，之下雏形层厚约 30 cm；通体有石灰反应，碳酸钙含量 20～40 g/kg，pH 8.6～9.6；通体砂土，砾石含量 50%～90%，砂粒含量 900 g/kg 以上。

对比土系　革吉系和色岗系，同一亚类不同土族，颗粒大小级别为粗骨砂质，土体上部无石灰反应；加布系，同一亚类不同土族，通体无石灰反应，颗粒大小级别为粗骨砂质盖粗骨质。

利用性能综述　荒漠，地势平缓，土体厚，砾石多，养分含量很低，干旱少雨，风蚀影响明显，植被盖度极低，牧业利用价值极低，应封境育草。

参比土种　砂砾性洪积亚高山荒漠草原土。

代表性单个土体　位于西藏阿里地区日土县多玛乡乃木嘎雅村南，33°46′22.426″N，80°28′15.787″E，海拔 4439 m，坡度 3°，高原洪积-冲积平原，母质为冲-洪积物，荒漠戈壁，地表遍布砾幂。50 cm 深处土温为 3.9℃，野外调查采样日期为 2015 年 7 月 3 日，编号 54-095。

乃木嘎雅系代表性单个土体剖面

K：+2～0 cm，干旱结皮。

Ah：0～20 cm，灰黄色（2.5Y 6/2，干），黄灰色（2.5Y 5/1，润），砂土，弱发育屑粒—鳞片状结构，松散，50%砾石，石面可见钙膜，中度石灰反应，向下层波状渐变过渡。

Bw：20～53 cm，淡灰色（10YR 7/1，干），棕灰色（10YR 6/1，润），砂土，中等发育小块状—鳞片状结构，稍硬，90%砾石，石面可见钙膜，中度石灰反应，向下层波状渐变过渡。

C1：53～86 cm，淡灰色（2.5Y 7/1，干），黄灰色（2.5Y 6/1，润），砂土，无结构，稍硬，可见残留冲积层理，90%砾石，石面可见钙膜，中度石灰反应，向下层平滑清晰过渡。

C2：86～120 cm，淡灰色（2.5Y 7/1，干），黄灰色（2.5Y 6/1，润），砂土，无结构，可见残留冲积层理，90%砾石，石面可见钙膜，中度石灰反应。

乃木嘎雅系代表性单个土体物理性质

土层	深度 /cm	砾石 (>2 mm，体积分数)/%	细土颗粒组成(粒径：mm)/(g/kg)			质地	容重 /(g/cm³)
			砂粒 2～0.05	粉粒 0.05～0.002	黏粒 <0.002		
Ah	0～20	50	936	38	26	砂土	1.50
Bw	20～53	90	933	35	32	砂土	1.49
C1	53～86	90	984	4	12	砂土	1.49
C2	86～120	90	938	21	41	砂土	1.47

乃木嘎雅系代表性单个土体化学性质

深度 /cm	pH (H₂O)	有机碳 /(g/kg)	全氮(N) /(g/kg)	全磷(P) /(g/kg)	全钾(K) /(g/kg)	CEC /[cmol(+)/kg]	CaCO₃ /(g/kg)
0～20	9.5	1.3	0.21	0.74	8.7	2.3	39
20～53	9.6	1.8	0.23	0.68	9.3	2.5	39
53～86	9.5	1.8	0.17	0.53	10.7	2.2	24
86～120	9.5	2.5	0.27	0.58	10.8	3.2	32

第 8 章 盐 成 土

8.1 结壳潮湿正常盐成土

8.1.1 拉热系（Lare Series）

土　族：砂质硅质混合型石灰性寒性-结壳潮湿正常盐成土
拟定者：赵玉国，宋效东，杨　飞

分布与环境条件　主要分布于阿里地区日土县多玛乡卡易措周围，湖积平原，海拔4000～4400 m，母质为湖积物，盐碱地，高原亚寒带半干旱季风气候，年均气温约-0.1℃，年均降水量约 80 mm，年均日照时数约 3322 h，无霜期约 95 d。

拉热系典型景观

土壤性状与特征变幅　诊断层包括盐结壳、盐积层和雏形层；诊断特性包括寒性土壤温度状况、潮湿土壤水分状况、氧化还原特征和石灰性。地表盐结壳厚度 0～3 cm，有效土体厚度 1 m 以上，盐积层厚度 10～20 cm，电导率约 80～100 dS/m，之下为雏形层，电导率 5～12 dS/m。通体碳酸钙含量 330～390 g/kg，强度石灰反应，pH 8.7～9.1，可见碳酸钙白色粉末，砂粒含量 340～620 g/kg，粉粒含量 270～490 g/kg，层次质地构型为壤土-砂质壤土。

对比土系　玉来系，同一土族，盐积层厚度约 20 cm，电导率 25～45 dS/m，碳酸钙含量 35～230 g/kg，pH 9.1～9.4，层次质地构型为砂质壤土-砂土，60 cm 以下出现潜育特征；徐果措系，同一亚类不同土族，颗粒大小级别为壤质，盐积层厚约 10～20 cm，电导率约 35 dS/m，通体碳酸钙含量 120～210 g/kg，pH 10.2～10.5，层次质地构型为粉壤土-壤土。

利用性能综述　地势平缓，盐碱地，植被盖度很低，土体厚，养分含量很低，盐分含量高，不宜农用和牧用，应封境育草，提升植被盖度。

参比土种　寒原盐土。

代表性单个土体　位于西藏阿里地区日土县多玛乡卡易措东北，33°32′55.145″N，80°10′17.884″E，海拔4211 m，湖积平原，母质为湖积物，盐碱地，盐生植被盖度约5%，50 cm深处土温为3.8℃，野外调查采样日期为2015年7月5日，编号54-014。

Kz：　+2～0 cm，盐结壳。

Az：　0～15 cm，灰白色（5Y 8/1，干），淡灰色（5Y 7/1，润），5%砾石，壤土，中等发育屑粒状结构，松散，多量草根，强度石灰反应，向下层平滑清晰过渡。

Bw1：15～28 cm，灰白色（5Y 8/1，干），淡灰色（5Y 7/1，润），5%砾石，壤土，中等发育小块状结构，稍硬，少量草根，可见碳酸钙白色粉末，强度石灰反应，向下层波状渐变过渡。

Bw2：28～43 cm，灰白色（2.5Y 8/1，干），淡灰色（2.5Y 7/1，润），5%砾石，砂质壤土，弱发育小块状结构，稍硬，少量草根，可见碳酸钙白色粉末，强度石灰反应，向下层平滑清晰过渡。

Cr：　43～80 cm，灰白色（2.5Y 8/1，干），淡灰色（2.5Y 7/1，润），5%砾石，砂质壤土，糊泥状，松软，少量草根，多量铁锰斑纹，可见碳酸钙白色粉末，强度石灰反应。

拉热系代表性单个土体剖面

拉热系代表性单个土体物理性质

土层	深度/cm	砾石(>2 mm，体积分数)/%	细土颗粒组成(粒径：mm)/(g/kg)			质地	容重/(g/cm³)
			砂粒 2～0.05	粉粒 0.05～0.002	黏粒 <0.002		
Az	0～15	5	348	485	167	壤土	1.42
Bw1	15～28	5	451	403	146	壤土	1.44
Bw2	28～43	5	534	337	129	砂质壤土	1.45
Cr	43～80	5	616	279	105	砂质壤土	1.46

拉热系代表性单个土体化学性质

深度/cm	pH(H₂O)	EC/(dS/m)	有机碳/(g/kg)	全氮(N)/(g/kg)	全磷(P)/(g/kg)	全钾(K)/(g/kg)	CEC/[cmol(+)/kg]	CaCO₃/(g/kg)
0～15	9.1	86	5.3	0.53	0.42	5.6	1.4	382
15～28	8.8	12	4.2	0.42	0.39	5.7	2.2	365
28～43	8.8	10	3.6	0.36	0.33	5.9	1.9	337
43～80	8.7	5	3.4	0.37	0.40	6.3	1.6	357

8.1.2 玉来系（Yulai Series）

土　族：砂质硅质混合型石灰性寒性-结壳潮湿正常盐成土
拟定者：赵玉国，吴华勇，杨　飞

分布与环境条件　主要分布于日喀则地区仲巴县霍尔巴乡一带，冲积平原中的河道，海拔 4300～4700 m，母质为冲积物，盐碱地，高原亚寒带半干旱气候，年均气温约-0.3℃，年均降水量约 217 mm，年均日照时数约 3148 h，无霜期约 110 d。

玉来系典型景观

土壤性状与特征变幅　诊断层包括盐结壳、盐积层和雏形层；诊断特性包括寒性土壤温度状况、潮湿土壤水分状况、氧化还原特征、潜育特征和石灰性。地表盐结壳厚度 0～3 cm，有效土体厚度 1 m 以上，盐积层厚度约 20 cm，电导率 25～45 dS/m，碳酸钙含量 35～230 g/kg，强度石灰反应，pH 9.1～9.4，砂粒含量 840～910 g/kg，层次质地构型为砂质壤土-砂土，潜育特征出现在 60 cm 以下。

对比土系　拉热系，同一土族，盐积层厚度 10～20 cm，电导率约 80～100 dS/m，通体碳酸钙含量 330～390 g/kg，pH 8.7～9.1，层次质地构型为壤土-砂质壤土；徐果措系，同一亚类不同土族，颗粒大小级别为壤质，盐积层厚约 10～20 cm，电导率约 35 dS/m，通体碳酸钙含量 120～210 g/kg，pH 10.2～10.5，层次质地构型为粉壤土-壤土。

利用性能综述　地势平缓，盐碱地，草被盖度偏低，土体厚，养分含量中等，盐分含量高，不宜农用，牧用价值很低，应保护植被，防止过度放牧。

参比土种　寒原草甸盐土。

代表性单个土体　位于西藏日喀则市仲巴县霍尔巴乡玉来村东南，30°09′04″N，

83°13′43″E，海拔 4524 m，高原冲积平原中的河道，母质为冲积物，盐碱地，盐生草被，盖度约 30%，50 cm 深处土温为 3.6℃，野外调查采样日期为 2015 年 7 月 1 日，编号 54-008。

玉来系代表性单个土体剖面

Kz：+2～0 cm，盐结壳。

Ahz：0～5 cm，灰白色（2.5Y 8/2，干），淡灰色（2.5Y 7/1，润），3%砾石，砂质壤土，中等发育屑粒状结构，松散，多量草根，多量盐粉末，强度石灰反应，向下层平滑清晰过渡。

Bz：5～20 cm，灰白色（2.5Y 8/2，干），淡灰色（2.5Y 7/1，润），5%砾石，砂质壤土，中等发育屑粒状结构，松散，多量草根，少量盐粉末，强度石灰反应，向下层平滑清晰过渡。

Bzr：20～60 cm，灰黄色（2.5Y 7/2，干），黄灰色（2.5Y 6/1，润），5%砾石，砂土，中等发育小块状结构，稍硬，中量草根，少量铁锰斑纹，中度石灰反应，向下层平滑清晰过渡。

Czg：60～80 cm，灰白色（2.5Y 8/2，干），淡灰色（2.5Y 7/1，润），3%砾石，砂土，无结构，可见冲积层理，少量贝壳，多量铁锰斑纹，强度石灰反应。

玉来系代表性单个土体物理性质

土层	深度/cm	砾石(>2 mm，体积分数)/%	细土颗粒组成(粒径：mm)/(g/kg)			质地	容重/(g/cm³)
			砂粒 2～0.05	粉粒 0.05～0.002	黏粒 <0.002		
Ahz	0～5	3	712	227	61	砂质壤土	1.29
Bz	5～20	5	847	111	42	砂质壤土	1.34
Bzr	20～60	5	908	62	30	砂土	1.46
Czg	60～80	3	896	73	31	砂土	1.25

玉来系代表性单个土体化学性质

深度/cm	pH(H_2O)	EC/(dS/m)	有机碳/(g/kg)	全氮(N)/(g/kg)	全磷(P)/(g/kg)	全钾(K)/(g/kg)	CEC/[cmol(+)/kg]	$CaCO_3$/(g/kg)
0～5	9.7	42	13.2	1.24	0.70	8.9	1.6	209
5～20	9.1	28	9.7	0.93	0.66	9.0	2.7	149
20～60	9.4	8	3.1	0.24	0.68	10.5	3.3	38
60～80	9.2	8	15.5	1.43	0.68	8.2	5.1	220

8.1.3 徐果措系（Xuguocuo Series）

土　族：壤质混合型石灰性寒性-结壳潮湿正常盐成土
拟定者：赵玉国，刘　峰，杨　帆

分布与环境条件　主要分布于那曲市班戈县马前乡徐果措周围，海拔 4400~4700 m，湖积平原，母质为湖积物，草地，盐生植被盖度约 20%，高原亚寒带半干旱季风气候，年均气温约–1.3℃，年均降水量约 381 mm，年均日照时数约 2906 h，无绝对无霜期。

徐果措系典型景观

土壤性状与特征变幅　诊断层包括盐结壳、盐积层和雏形层；诊断特性包括寒性土壤温度状况、潮湿土壤水分状况、氧化还原特征和石灰性。地表盐结壳厚度 0~3 cm，有效土体厚度 1 m 以上，盐积层厚约 10~20 cm，电导率约 35 dS/m，通体碳酸钙含量 120~210 g/kg，强度石灰反应，pH 10.2~10.5，粉粒含量 510~610 g/kg，层次质地构型为粉壤土-壤土，氧化还原特征出现在 28 cm 以下。

对比土系　拉热系，同一亚类不同土族，颗粒大小级别为砂质，盐积层厚度 10~20 cm，电导率约 80~100 dS/m，通体碳酸钙含量 330~390 g/kg，pH 8.7~9.1，层次质地构型为壤土-砂质壤土；玉来系，同一亚类不同土族，颗粒大小级别为砂质，盐积层厚度约 20 cm，电导率 25~45 dS/m，碳酸钙含量 50~230 g/kg，pH 9.1~9.4，层次质地构型为砂质壤土-砂土，60 cm 以下出现潜育特征。

利用性能综述　地势平缓，盐碱地，草被盖度偏低，土体厚，养分含量很低，盐分含量高，不宜农用，牧用价值低，注意防止过度放牧，提升植被盖度。

参比土种　寒原草甸盐土。

代表性单个土体　位于西藏那曲市班戈县马前乡徐果措东北，31°59′07.135″N，90°22′47.064″E，海拔 4581 m，湖积平原，母质为湖积物，草原，植被盖度约 20%，50 cm 深处土温为 2.6℃，野外调查采样日期为 2015 年 7 月 8 日，编号 54-013。

徐果措系代表性单个土体剖面

Kz：+2～0 cm，盐结壳。

Ahz：0～15 cm，淡黄色（2.5Y 7/3，干），灰黄色（2.5Y 6/2，润），粉壤土，中等发育小块状结构，稍硬，少量草根，强度石灰反应，向下层平滑清晰过渡。

Bk：15～28 cm，淡黄色（2.5Y 7/3，干），灰黄色（2.5Y 6/2，润），粉壤土，中等发育小块状结构，坚硬，少量草根，强度石灰反应，向下层平滑渐变过渡。

Br：28～55 cm，淡黄色（2.5Y 7/4，干），浊黄色（2.5Y 6/3，润），粉壤土，弱发育小块状结构，稍硬，少量铁锰斑纹，强度石灰反应，向下层平滑突变过渡。

Cr1：55～81 cm，淡黄色（2.5Y 7/3，干），灰黄色（2.5Y 6/2，润），壤土，无结构，中量铁锰斑纹，强度石灰反应，向下层平滑清晰过渡。

Cr2：81～120 cm，浅淡黄色（5Y 8/3，干），淡灰色（5Y 7/2，润），粉壤土，无结构，多量铁锰斑纹，强度石灰反应。

徐果措系代表性单个土体物理性质

土层	深度/cm	砾石（>2 mm，体积分数)/%	细土颗粒组成(粒径：mm)/(g/kg)			质地	容重/(g/cm³)
			砂粒 2～0.05	粉粒 0.05～0.002	黏粒 <0.002		
Ahz	0～15	0	332	535	133	粉壤土	1.48
Bk	15～28	0	331	582	87	粉壤土	1.48
Br	28～55	0	312	600	88	粉壤土	1.49
Cr1	55～81	0	457	451	92	壤土	1.50
Cr2	81～120	0	348	516	136	粉壤土	1.51

徐果措系代表性单个土体化学性质

深度/cm	pH (H₂O)	EC/(dS/m)	有机碳/(g/kg)	全氮(N)/(g/kg)	全磷(P)/(g/kg)	全钾(K)/(g/kg)	CEC/[cmol(+)/kg]	CaCO₃/(g/kg)
0～15	10.5	35	2.4	0.25	0.42	8.2	8.2	209
15～28	10.5	9	2.0	0.18	0.49	9.1	11.2	185
28～55	10.5	9	1.5	0.18	0.52	9.0	9.9	138
55～81	10.5	6	0.9	0.13	0.47	8.6	6.3	132
81～120	10.2	5	1.2	0.21	0.50	9.5	11.5	123

第9章 潜 育 土

9.1 暗沃简育永冻潜育土

9.1.1 林堤系（Lindi Series）

土　族：壤质盖粗骨砂质混合型非酸性-暗沃简育永冻潜育土
拟定者：赵玉国，刘　峰，杨　帆

分布与环境条件　主要分布于那曲市嘉黎县林堤乡一带，海拔 4500～4900 m，高原谷地，母质为冲-洪积物，牧草地，高原亚寒带半干旱气候，年均气温约-0.1℃，年均降水量约 556 mm，年均日照时数约 2669 h，无绝对无霜期。

林堤系典型景观

土壤性状与特征变幅　诊断层包括草毡表层和暗沃表层；诊断特性包括永冻土壤温度状况、滞水土壤水分状况、潜育特征、永冻层和冻融特征；地表有冻胀丘，有效土体厚度 30～60 cm，之下为冲洪积砾石；暗沃表层厚度约 32 cm，有机碳含量 20～110 g/kg，干态明度为 3，润态明度为 2，彩度为 1；之下为雏形层，具有潜育特征，可见中量铁锰斑纹；通体无石灰反应，pH 6.9～7.5；层次质地构型为壤土-砂质壤土，砂粒含量 350～650 g/kg，粉粒含量 280～480 g/kg，砾石含量 2%～80%。

对比土系　塘嘎布系，同一土类不同亚类，分布海拔在 4500 m 以下，无暗沃表层，颗粒大小级别为砂质。克色系，同一土纲不同亚纲，地形部位相似，海拔更低，纬度更南，不具有永冻土壤温度状况，为石灰简育正常潜育土。

利用性能综述　地形平缓，养分含量高，草被盖度高，优质牧草地，既可以作为冬春牧场或割草地，也可以常年放牧。长期地面积水对牧草生长不太有利，也不利于放牧，可以采取开沟排水方式，适当降低地下水位。

参比土种 厚毡壤性洪积草甸沼泽土。

代表性单个土体 位于西藏那曲市嘉黎县林堤乡政府东南，30°57′40.053″N，92°34′56.350″E，海拔4724 m，高原谷地，母质为冲-洪积物，牧草地，地表有冻胀丘，植被覆盖度大于90%。50 cm深处土温为2.8℃，野外调查采样日期为2015年7月8日，编号54-103。

林堤系代表性单个土体剖面

Ao1：0~13 cm，黑棕色（10YR 3/2，干），黑色（10YR 2/1，润），壤土，中等发育屑粒状结构，稍紧，多量缠结草根，2%砾石，向下层波状渐变过渡。

Ao2：13~32 cm，黑棕色（10YR 3/2，干），黑色（10YR 2/1，润），砂质壤土，中等发育屑粒状结构，稍紧，多量缠结草根，15%次圆砾石，向下层平缓清晰过渡。

Bg：32~46 cm，淡棕灰色（5YR 7/1，干），棕灰色（5YR 6/1，润），砂质壤土，中等发育小块状结构，松软，少量草根，中量铁锰斑纹，15%次圆砾石，向下层波状渐变过渡。

Cg1：46~60 cm，淡棕灰色（5YR 7/1，干），棕灰色（5YR 6/1，润），砂质壤土，无结构，松散，40%次圆砾石，少量铁锰斑纹，向下层不规则清晰过渡。

Cg2：60~110 cm，淡棕灰色（5YR 7/1，干），棕灰色（5YR 6/1，润），砂质壤土，无结构，松散，少量铁锰斑纹，80%次圆砾石。

林堤系代表性单个土体物理性质

土层	深度/cm	砾石(>2 mm，体积分数)/%	细土颗粒组成（粒径：mm)/(g/kg)			质地	容重/(g/cm³)
			砂粒 2~0.05	粉粒 0.05~0.002	黏粒 <0.002		
Ao1	0~13	2	351	478	171	壤土	1.12
Ao2	13~32	15	551	333	116	砂质壤土	1.31
Bg	32~46	15	600	302	98	砂质壤土	1.44
Cg1	46~60	40	551	343	106	砂质壤土	1.46
Cg2	60~110	80	617	287	96	砂质壤土	1.45

林堤系代表性单个土体化学性质

深度/cm	pH(H_2O)	有机碳/(g/kg)	全氮(N)/(g/kg)	全磷(P)/(g/kg)	全钾(K)/(g/kg)	CEC/[cmol(+)/kg]	$CaCO_3$/(g/kg)
0~13	6.9	61.0	4.17	0.84	10.7	27.4	0
13~32	7.2	31.5	2.93	0.47	10.9	7.0	0
32~46	7.1	9.1	0.90	0.43	11.6	3.0	0
46~60	7.2	3.3	0.34	0.41	11.1	3.0	0
60~110	7.5	3.5	0.39	0.39	11.1	3.3	0

9.2 普通简育永冻潜育土

9.2.1 塘嘎布系（Tanggabu Series）

土　族：砂质硅质混合型非酸性-普通简育永冻潜育土
拟定者：赵玉国，李德成，鞠　兵

分布与环境条件　主要分布于那曲市色尼区达萨乡一带，海拔 4200~4600 m，洪-冲积平原，母质为洪-冲积物，牧草地，高原亚寒带半干旱气候，年均气温约-1.2℃，年均降水量约 442 mm，年均日照时数约 2869 h，无绝对无霜期。

塘嘎布系典型景观

土壤性状与特征变幅　诊断层包括草毡表层；诊断特性包括永冻土壤温度状况、滞水土壤水分状况、潜育特征和冻融特征；地表有冻胀丘，有效土体厚度 30~60 m；草毡表层厚度 10~20 cm，有机碳含量 25~30 g/kg，C/N 约 14，干态明度为 5，润态明度为 3，彩度为 1~2；之下为雏形层，可见多量铁锰斑纹，下部具有潜育特征；通体无石灰反应，pH 6.9~7.5；层次质地构型为壤土-砂质壤土，砂粒含量 350~650 g/kg，粉粒含量 280~480 g/kg，砾石含量 2%~15%。

对比土系　林堤系，同一土类不同亚类，分布海拔在 4500 m 以上，有暗沃表层，颗粒大小级别为粗骨壤质。克色系，同一土纲不同亚纲，地形部位相似，海拔更低，纬度更南，不具有永冻土壤温度状况，为石灰简育正常潜育土。达郎列系，同一县域不同土纲，坡地地形，不具有潜育特征，具有永冻土壤温度状况，为永冻寒冻雏形土。

利用性能综述　地形平缓，养分含量高，草被盖度高，优质牧草地，既可以作为冬春牧场或割草地,也可以常年放牧。长期地面积水对牧草生长不太有利,也不利于放牧,可以采取开沟排水方式,适当降低地下水位。

参比土种　薄毡砾泥性灰洪积草甸沼泽土。

代表性单个土体　位于西藏那曲市色尼区达萨乡塘嘎布村东,31°13′39.912″N,92°09′34.353″E,海拔 4452 m,高原洪-冲积平原,母质为洪-冲积物,牧草地,覆盖度>90%,50 cm 深处土温为 2.7℃,野外调查采样日期为 2015 年 7 月 10 日,编号 54-088。

Ao：0~14 cm,灰黄棕色（10YR 5/2,干）,黑棕色（10YR 3/1,润）,壤土,中等发育小粒状结构,稍紧,多量缠结草根,2%砾石,向下层波状渐变过渡。

Br：14~37 cm,灰黄棕色（10YR 5/2,干）,棕灰色（10YR 4/1,润）,砂质壤土,弱发育小块状结构,松软,中量草根,多量铁锰斑纹,15%次圆砾石,向下层波状清晰过渡。

Bg：37~60 cm,灰色（5Y 5/1,干）,灰色（5Y 4/1,润）,砂质壤土,糊泥状,松软,少量草根,20%次圆砾石,少量铁锰斑纹。

塘嘎布系代表性单个土体剖面

塘嘎布系代表性单个土体物理性质

土层	深度/cm	砾石(>2 mm,体积分数)/%	细土颗粒组成(粒径：mm)/(g/kg)			质地	容重/(g/cm³)
			砂粒 2~0.05	粉粒 0.05~0.002	黏粒 <0.002		
Ao	0~14	2	488	364	148	壤土	1.25
Br	14~37	15	634	253	113	砂质壤土	1.32
Bg	37~60	20	720	185	95	砂质壤土	1.35

塘嘎布系代表性单个土体化学性质

深度/cm	pH(H₂O)	有机碳/(g/kg)	全氮(N)/(g/kg)	全磷(P)/(g/kg)	全钾(K)/(g/kg)	CEC/[cmol(+)/kg]	CaCO₃/(g/kg)
0~14	5.8	28.0	1.31	0.34	10.4	7.9	0
14~37	5.8	10.9	0.97	0.33	10.8	5.2	0
37~60	5.5	9.1	0.78	0.28	10.9	4.4	0

9.3 石灰简育正常潜育土

9.3.1 克色系（Kese Series）

土　　族：壤质盖粗骨质混合型-石灰简育正常潜育土
拟定者：赵玉国，刘 峰，杨 帆

分布与环境条件　主要分布于昌都市八宿县邦达镇一带，高原河谷，海拔 3900～4200 m，母质为冲积物，高覆盖度草地，高原温带半干旱季风气候，年均气温约 4.3℃，年均降水量约 340 mm，年均日照时数约 2694 h，无霜期约 150 d。

克色系典型景观

土壤性状与特征变幅　诊断层包括草毡表层和雏形层；诊断特性包括寒性土壤温度状况、潮湿土壤水分状况、冻融特征、潜育特征和氧化还原特征。有效土体厚度 30～60 cm，下伏洪冲积砾石；草毡表层厚度 5～10 cm，有机碳含量约 42 g/kg，C/N 约 15；雏形层上界 10 cm，厚约 20 cm，可见铁锰斑纹；25 cm 以下土体有冻融特征，35 cm 以下具有潜育特征；通体强石灰反应，碳酸钙含量 92～110 g/kg，pH 8.5～9.4；层次质地构型为壤土-壤质砂土，砂粒含量 470～840 g/kg。

对比土系　塘嘎布系，同一土纲不同亚纲，地形部位相似，海拔更高，纬度更北，具有永冻土壤温度状况，为普通简育永冻潜育土。林堤系，同一土纲不同亚纲，地形部位相似，海拔更高，纬度更北，具有永冻土壤温度状况，有暗沃表层，为暗沃简育永冻潜育土。

利用性能综述　地势平缓，土体较厚，养分含量较高，水分充足，草被盖度高，草毡层交织紧密，富有弹性，是良好的放牧草地，注意保护草被，防止过度放牧。

参比土种　厚毡砂性灰湖积草甸土。

代表性单个土体　位于西藏昌都市八宿县邦达镇克色村西北，30°12′18.62″N，97°17′12.07″E，海拔 4114 m，高原河谷，母质为冲积物，高覆盖度草地，覆盖度>90%，50 cm 深处土温为 6.2℃，野外调查采样日期为 2015 年 7 月 3 日，编号 54-055。

克色系代表性单个土体剖面

Ao：　0～10 cm，浊黄橙色（10YR 5/4，干），黑棕色（10YR 3/2，润），壤质砂土，强发育屑粒状结构，松散，多量草根，强度石灰反应，向下层平滑清晰过渡。

ABr：　10～25 cm，浊黄橙色（10YR 6/3，干），灰黄棕色（10YR 5/2，润），壤质砂土，中等发育小块状结构，松软，中量草根，中量铁锰斑纹，强度石灰反应，向下层平滑清晰过渡。

Cdg：　25～50 cm，浊黄橙色（10YR 7/3，干），棕灰色（10YR 6/1，润），80%砾石，壤质砂土，可见冻融片状结构，少量草根，多量铁锰斑纹，有青灰色潜育特征，强度石灰反应，向下层平滑清晰过渡。

Cbdg：　50～90 cm，橄榄灰色（10Y 4/2，干），橄榄黑色（10Y 3/1，润），砂壤土，烂糊状，松软，无结构，可见冲积层理，中量铁锰斑纹，强度石灰反应。

克色系代表性单个土体物理性质

土层	深度/cm	砾石(>2 mm，体积分数)/%	细土颗粒组成(粒径：mm)/(g/kg)			质地	容重/(g/cm³)
			砂粒 2～0.05	粉粒 0.05～0.002	黏粒 <0.002		
Ao	0～10	0	791	152	57	壤质砂土	1.07
ABr	10～25	0	862	100	38	壤质砂土	1.28
Cdg	25～50	80	823	128	49	壤质砂土	1.41
Cbdg	50～90	80	613	280	107	砂壤土	1.22

克色系代表性单个土体化学性质

深度/cm	pH(H_2O)	有机碳/(g/kg)	全氮(N)/(g/kg)	全磷(P)/(g/kg)	全钾(K)/(g/kg)	$CaCO_3$/(g/kg)
0～10	8.8	42.7	2.92	0.70	19.7	98
10～25	9.3	15.4	1.48	0.58	17.7	105
25～50	9.4	7.6	0.90	0.55	17.4	110
50～90	8.5	19.8	2.19	0.82	21.6	92

第 10 章 淋 溶 土

10.1 斑纹暗沃冷凉淋溶土

10.1.1 日噶系（Riga Series）

土　　族：粗骨砂质硅质混合型非酸性-斑纹暗沃冷凉淋溶土
拟定者：赵玉国，李德成，杨仁敏，王 帅

分布与环境条件　　主要分布于林芝市察隅县竹瓦根镇一带，海拔 3900～4300 m，高山坡地，坡度 5°～8°，母质为残-坡积物，灌草地，山地湿润季风气候，年均气温约 3.9℃，年均降水量约 793 mm，年均日照时数约 1606 h，无霜期约 280 d。

日噶系典型景观

土壤性状与特征变幅　　诊断层包括暗沃表层和黏化层；诊断特性包括冷凉土壤温度状况、湿润土壤水分状况和氧化还原特征；有效土体厚度 60～90 cm；暗沃表层厚度 10～15 cm，黏粒含量约 140 g/kg；黏化层上界 12 cm，厚度约 50 cm，黏粒含量约 180～210 g/kg，可见黏粒胶膜，有腐殖质胶膜和铁锰斑纹；通体无石灰反应，pH 6.5～8.0，砂粒含量 580～700 g/kg，砾石含量 10%～40%。

对比土系　　明期系、大达隆巴系、国雪隆巴系，同一县域不同土纲，没有黏化层，属于雏形土；仁钦崩系，同一土纲不同亚纲，具有常湿润土壤水分状况和腐殖质特性，为腐殖简育常湿淋溶土；益秀拉系，同一县域不同土纲，为新成土，具有永冻土壤温度状况，有效土体厚度约 10 cm，之下是风化碎屑。

利用性能综述 地势较陡,土体较厚,砾石多,养分含量高,草地,植被盖度高,应保护植被,控制放牧,防止水土流失。

参比土种 厚层泥砾性泥质暗棕壤。

代表性单个土体 位于西藏林芝市察隅县竹瓦根镇日噶村,28°45′57.82″N,97°38′37.61″E,高山中坡中下部,海拔4111 m,坡度5°,母质为残-坡积物,灌草地,覆盖度>90%,50 cm深处土温为5.8℃,野外调查采样日期为2015年7月2日,编号54-064。

日噶系代表性单个土体剖面

Ah: 0~12 cm,灰棕色(7.5YR 4/2,干),黑棕色(7.5YR 3/1,润),砂质壤土,中等发育屑粒状结构,松散,多量灌草根系,15%角状砾石,无石灰反应,向下层波状渐变过渡。

Bthr1:12~32 cm,浊黄棕色(10YR 5/3,干),灰黄棕色(10YR 4/2,润),砂质壤土,中等发育小块状结构,坚硬,中量灌草根系,少量黏粒胶膜、腐殖质胶膜和中量铁锰斑纹,30%角状砾石,无石灰反应,向下层波状渐变过渡。

Bthr2:32~65 cm,浊黄棕色(10YR 5/3,干),灰黄棕色(10YR 4/2,润),砂质壤土,中等发育小块状结构,坚硬,少量灌草根系,少量黏粒胶膜、腐殖质胶膜和中量铁锰斑纹,40%角状砾石,无石灰反应,向下层波状渐变过渡。

Cr: 65~90 cm,浊棕色(7.5YR 6/3,干),灰棕色(7.5YR 5/3,润),砂质壤土,坚实,10%~15%角状砾石,无石灰反应,向下层波状清晰过渡。

C: 90~110 cm,砾石。

日噶系代表性单个土体物理性质

土层	深度/cm	砾石(>2 mm,体积分数)/%	细土颗粒组成(粒径:mm)/(g/kg)			质地	容重/(g/cm³)
			砂粒 2~0.05	粉粒 0.05~0.002	黏粒 <0.002		
Ah	0~12	15	690	170	140	砂质壤土	0.97
Bthr1	12~32	30	581	214	205	砂质壤土	1.31
Bthr2	32~65	40	638	177	185	砂质壤土	1.30
Cr	65~90	15	582	229	189	砂质壤土	1.38

日噶系代表性单个土体化学性质

深度/cm	pH(H_2O)	有机碳/(g/kg)	全氮(N)/(g/kg)	全磷(P)/(g/kg)	全钾(K)/(g/kg)	CEC/[cmol(+)/kg]	$CaCO_3$/(g/kg)
0~12	6.5	70.3	5.84	1.14	12.8	26.8	0
12~32	7.2	18.5	1.76	0.69	13.9	12.5	0
32~65	7.5	19.5	1.92	0.85	13.3	14.4	0
65~90	7.8	13.6	1.49	0.83	12.0	12.6	0

10.2 腐殖简育常湿淋溶土

10.2.1 仁钦崩系（Renqinbeng Series）

土　族：壤质硅质混合型非酸性热性-腐殖简育常湿淋溶土
拟定者：赵玉国，刘　峰，杨　帆

分布与环境条件　主要分布于林芝市墨脱县墨脱镇一带，中山坡地，海拔 1400~1800 m，坡度 5°~8°，母质为砂页岩风化残-坡积物，亚热带湿润气候，年均气温约 15.5℃，年均降水量约 2078 mm，年均日照时数约 1861 h，无霜期约 340 d。

仁钦崩系典型景观

土壤性状与特征变幅　诊断层包括暗瘠表层和黏化层；诊断特性包括热性土壤温度状况、常湿土壤水分状况、腐殖质特性和氧化还原特征；有效土体厚度 1 m 以上，暗瘠表层厚度 30~60 cm；黏化层上界 23 cm，厚度约 60 cm，黏粒含量 150~170 g/kg，可见黏粒胶膜；55 cm 以上土体有腐殖质胶膜，之下土体可见铁锰斑纹；通体 pH 5.0~6.0，砂粒含量 390~570 g/kg。

对比土系　巴登系、巴日系和鲁古村系，同一县域不同土纲，空间相近，地形部位和土地利用类似，母岩为花岗岩，不具有黏化层，为雏形土；日噶系，同一土纲不同亚纲，具有冷性土壤温度状况，不具有常湿润土壤水分状况和腐殖质特性，为斑纹暗沃冷凉淋溶土。

利用性能综述　土体深厚，质地适宜，耕性良好，养分含量高。所在区域降水量高，且为山坡地，存在水蚀风险，目前为林地利用，植被盖度高，应保护植被，防止水土流失。

参比土种　厚层砂壤性麻砂质黄壤。

代表性单个土体　位于西藏林芝市墨脱县墨脱镇巴日村西部，靠近仁钦崩寺，29°20′07.890″N，95°21′23.072″E，海拔1653 m，中山陡坡中部，坡度5°，母质为砂页岩风化残-坡积物，阔叶林地，覆盖度>90%，50 cm深处土温为19.4℃，野外调查采样日期为2015年7月3日，编号54-016。

仁钦崩系代表性单个土体剖面

Ah：0~23 cm，棕色（7.5YR 4/3，干），黑棕色（7.5YR 3/2，润），壤土，强发育小块状结构，松散，多量灌草根系，1个蚁穴，向下层平滑清晰过渡。

Bth：23~40 cm，棕色（7.5YR 4/3，干），黑棕色（7.5YR 3/2，润），壤土，强发育小块状结构，坚硬，中量灌草根系，孔隙壁可见腐殖质胶膜，向下层波状清晰过渡。

Btrh：40~55 cm，浊黄橙色（10YR 6/4，干），浊黄棕色（10YR 5/3，润），砂质壤土，中等发育中块状结构，坚硬，孔隙壁可见腐殖质胶膜，少量铁锰斑纹，向下层不规则渐变过渡。

Br1：55~82 cm，浊黄橙色（10YR 6/4，干），浊黄棕色（10YR 5/3，润），砂质壤土，弱发育小块状结构，稍硬，少量铁锰斑纹，向下层平滑渐变过渡。

Br2：82~120 cm，浊黄橙色（10YR 6/4，干），浊黄棕色（10YR 5/3，润），壤土，弱发育小块状结构，坚硬，少量铁锰斑纹。

仁钦崩系代表性单个土体物理性质

土层	深度 /cm	砾石（>2 mm，体积分数）/%	细土颗粒组成（粒径：mm）/(g/kg)			质地	容重 /(g/cm³)
			砂粒 2~0.05	粉粒 0.05~0.002	黏粒 <0.002		
Ah	0~23	2	478	398	124	壤土	1.13
Bth	23~40	2	427	411	162	壤土	1.23
Btrh	40~55	2	438	406	156	壤土	1.25
Br1	55~82	2	564	334	102	砂质壤土	1.34
Br2	82~120	2	392	454	154	壤土	1.30

仁钦崩系代表性单个土体化学性质

深度 /cm	pH (H_2O)	有机碳 /(g/kg)	全氮(N) /(g/kg)	全磷(P) /(g/kg)	全钾(K) /(g/kg)	CEC /[cmol(+)/kg]	$CaCO_3$ /(g/kg)
0~23	5.0	45.5	3.09	1.42	2.8	22.2	0
23~40	6.0	45.7	2.92	1.57	2.8	25.3	0
40~55	5.8	43.0	2.55	1.35	3.1	25.9	0
55~82	5.9	24.0	1.64	1.21	3.7	18.4	0
82~120	6.0	19.2	1.47	1.34	4.4	15.9	0

10.3 斑纹简育干润淋溶土

10.3.1 巴果绕系（Baguorao Series）

土　族：壤质硅质混合型非酸性温性-斑纹简育干润淋溶土
拟定者：李德成，杨仁敏，王　帅

分布与环境条件　主要分布于林芝市巴宜区一带，高山坡地，坡度 10°～15°，海拔 2900～3300 m，母质为粉砂岩风化坡积物，杂木林地，温带湿润季风气候，年均气温约 8.5℃，年均降水量约 666 mm，年均日照时数约 2014 h，无霜期约 175 d。

巴果绕系典型景观

土壤性状与特征变幅　诊断层包括淡薄表层和黏化层；诊断特性包括温性土壤温度状况、半干润土壤水分状况和氧化还原特征；有效土体厚度 60～90 cm，淡薄表层厚度 10～15 cm，有机碳含量 20～25 g/kg；黏化层出现上界 35 cm，厚约 30 cm，黏粒含量 149 g/kg，可见少量黏粒胶膜；通体无石灰反应，pH 5.5～6.7；层次质地构型为粉壤土-壤土，12 cm 以下土体可见铁锰斑纹。

对比土系　显布隆巴系，同一土族，层次质地构型为粉壤土-壤土-粉壤土，通体有机碳含量更高，色调为 10YR，表土有机碳含量大于 30 g/kg。

利用性能综述　土体深厚，质地适宜，耕性良好。山坡地，存在水蚀风险，坡度较大，不宜农用，目前为林地利用，植被盖度高，应保护植被，防止水土流失。

参比土种　厚层砂壤性泥质棕壤。

代表性单个土体　位于西藏林芝市巴宜区巴果绕村西南，29°40′20.071″N，94°18′22.764″E，海拔3196 m，高山陡坡中下部，坡度10°，母质为粉砂岩风化坡积物，杂木林地，覆盖度>90%，50 cm深处土温为12.2℃，野外调查采样日期为2015年6月30日，编号54-018。

巴果绕系代表性单个土体剖面

Ah：　0～12 cm，橙色（7.5YR 6/6，干），浊棕色（7.5YR 5/3，润），黑棕（稍润），粉壤土，强发育屑粒状结构，松散，多量草灌根系，1个蚁窝，向下层波状渐变过渡。

ABr：12～35 cm，橙色（7.5YR 6/8，干），亮棕色（7.5YR 5/6，润），棕（稍润），粉壤土，强发育粒状—小块粒状结构，松散—稍硬，中量树灌根系，少量铁锰斑纹，向下层波状渐变过渡。

Btr：35～60 cm，橙色（7.5YR 6/8，干），亮棕色（7.5YR 5/6，润），粉壤土，中等发育中块状结构，稍硬，少量树灌根系，少量黏粒胶膜和铁锰斑纹，向下层波状清晰过渡。

Br：　60～88 cm，浊橙色（7.5YR 6/4，干），浊棕色（7.5YR 5/3，润），粉壤土，弱发育中块状结构，坚硬，多量铁锰斑纹，向下层不规则清晰过渡。

Cr：　88～120 cm，淡黄色（2.5Y 7/4，干），浊黄色（2.5Y 6/3，润），壤土，坚硬，多量铁锰斑纹。

巴果绕系代表性单个土体物理性质

土层	深度/cm	砾石（>2 mm，体积分数）/%	细土颗粒组成(粒径: mm)/(g/kg)			质地	容重/(g/cm³)
			砂粒 2～0.05	粉粒 0.05～0.002	黏粒 <0.002		
Ah	0～12	0	261	615	124	粉壤土	1.15
ABr	12～35	0	276	599	125	粉壤土	1.39
Btr	35～60	0	232	619	149	粉壤土	1.42
Br	60～88	0	279	600	121	粉壤土	1.43
Cr	88～120	0	485	433	82	壤土	1.43

巴果绕系代表性单个土体化学性质

深度/cm	pH(H_2O)	有机碳/(g/kg)	全氮(N)/(g/kg)	全磷(P)/(g/kg)	全钾(K)/(g/kg)	CEC/[cmol(+)/kg]	$CaCO_3$/(g/kg)
0～12	5.5	23.4	0.99	0.32	7.9	9.9	0
12～35	6.1	6.8	0.39	0.40	8.7	6.2	0
35～60	6.2	3.1	0.25	0.37	8.8	4.7	0
60～88	6.5	3.0	0.26	0.45	9.6	4.4	0
88～120	6.7	1.8	0.21	0.46	9.2	5.3	0

10.3.2 显布隆巴系（Xianbulongba Series）

土　　族：壤质硅质混合型非酸性温性-斑纹简育干润淋溶土
拟定者：李德成，杨仁敏，王　帅

分布与环境条件　　主要分布于林芝市巴宜区一带，高山坡地，海拔 2900～3300 m，坡度 10°～15°，母质为粉砂岩风化坡积物，杂木林地，温带湿润季风气候，年均气温约 8.5℃，年均降水量约 666 mm，年均日照时数约 2014 h，无霜期约 175 d。

显布隆巴系地表景观

土壤性状与特征变幅　　诊断层包括淡薄表层和黏化层；诊断特性包括温性土壤温度状况、半干润土壤水分状况和氧化还原特征；有效土体厚度 60～90 cm，淡薄表层厚度 5～15 cm，有机碳含量 30～40 g/kg；黏化层出现上界 40 cm，厚约 40 cm，黏粒含量 100～120 g/kg，可见黏粒胶膜和铁锰斑纹；通体无石灰反应，pH 5.6～7.3；层次质地构型为粉壤土-壤土-粉壤土-壤土，粉粒含量 420～580 g/kg。

对比土系　　巴果绕系，同一土族，层次质地构型为粉壤土-壤土，通体有机碳含量更低，色调为 7.5YR，表土有机碳含量小于 25 g/kg。

利用性能综述　　土体深厚，质地适宜，耕性良好。山坡地，存在水蚀风险，坡度较大，不宜农用，目前为林地利用，植被盖度高，但存在砍伐现象，应保护植被，防止水土流失。

参比土种　厚层砂壤性泥质暗棕壤。

代表性单个土体　位于西藏林芝市巴宜区八一镇显布隆巴村北，29°40′18.778″N，194°18′22.16″E，山地，海拔 3193 m，坡度 10°，母质粉砂岩风化残-坡积物，林地，50 cm 深处土温为 11.2℃，野外调查采样日期为 2015 年 6 月 30 日，编号 54-115。

显布隆巴系代表性单个土体剖面

Ah：0～10 cm，浊黄棕色（10YR 5/4，干），浊黄棕色（10YR 4/3，润），粉壤土，强发育屑粒状结构，松散，多量树灌根系，2～3 条蚯蚓，无石灰反应，向下层波状突变过渡。

Bw：10～40 cm，浊黄橙色（10YR 6/4，干），浊黄棕色（10YR 5/3，润），壤土，强发育粒状—小块状结构，稍硬，中量树灌根系，少量铁锰斑纹，2～3 条蚯蚓，向下层波状渐变过渡。

Btr1：40～55 cm，亮黄棕色（10YR 6/6，干），浊黄棕色（10YR 5/4，润），壤土，中等发育中块状结构，坚硬，少量黏粒胶膜和铁锰斑纹，向下层波状清晰渐变过渡。

Btr2：55～80 cm，浊黄橙色（10YR 7/4，干），浊黄橙色（10YR 6/3，润），粉壤土，中等发育中块状结构，坚硬，少量树灌根系，少量黏粒胶膜和铁锰斑纹，向下层波状清晰渐变过渡。

C：80～120cm，浊黄橙色（10YR 7/3，干），灰黄棕色（10YR 6/2，润），壤土，坚硬，少量树灌根系。

显布隆巴系代表性单个土体物理性质

土层	深度/cm	砾石(>2 mm，体积分数)/%	细土颗粒组成(粒径：mm)/(g/kg)			质地	容重/(g/cm³)
			砂粒 2～0.05	粉粒 0.05～0.002	黏粒 <0.002		
Ah	0～10	0	395	503	102	粉壤土	1.03
Bw	10～40	0	490	423	87	壤土	1.27
Btr1	40～55	0	401	494	105	壤土	1.32
Btr2	55～80	0	309	573	118	粉壤土	1.39
C	80～120	0	415	491	94	壤土	1.45

显布隆巴系代表性单个土体化学性质

深度/cm	pH (H₂O)	有机碳/(g/kg)	全氮(N)/(g/kg)	全磷(P)/(g/kg)	全钾(K)/(g/kg)	CEC/[cmol(+)/kg]	CaCO₃/(g/kg)
0～10	5.6	33.7	1.64	0.75	9.4	13.7	0
10～40	5.8	14.3	0.93	0.60	10.0	10.1	0
40～55	6.2	11.2	0.73	0.75	9.5	9.2	0
55～80	6.8	7.0	0.46	0.63	9.8	8.1	0
80～120	7.3	3.6	0.24	0.39	1.5	4.2	0

第 11 章 雏 形 土

11.1 普通永冻寒冻雏形土

11.1.1 措热隆系（Cuorelong Series）

土　族：砂质硅质混合型非酸性-普通永冻寒冻雏形土
拟定者：赵玉国，刘　峰，杨　帆

分布与环境条件　　主要分布于那曲市安多县扎仁镇一带，河谷地，海拔 4400～4800 m，母质为冲积物，高覆盖度草地，高原亚寒带半干旱气候，年均气温约-2.8℃，年均降水量约 430 mm，年均日照时数约 2856 h，无绝对无霜期。

措热隆系典型景观

土壤性状与特征变幅　　诊断层包括草毡表层和雏形层；诊断特性包括永冻土壤温度状况、半干润土壤水分状况、冻融特征和氧化还原特征；地表可见冻融丘，有效土体厚度 1 m 以上；草毡表层厚度 25～30 cm，有机碳含量约 100 g/kg，C/N 约 14；雏形层可见鳞片状结构和铁锰斑纹，多量半腐草根；通体无石灰反应，表层有微量碳酸钙，pH 7.3～8.3；通体砂质壤土，砂粒含量 560～720 g/kg。

对比土系　　土久隆系，同一土族，层次质地构型为壤质砂土-砂土-砂质壤土，砂粒含量 560～920 g/kg，草毡表层厚度 15～25 cm，68 cm 以下为埋藏有机物质。亚木勒系，同一亚类不同土族，颗粒大小级别为砂质盖粗骨质，层次质地构型为砂质壤土-壤质砂土，砂粒含量 710～860 g/kg，草毡表层厚度 8～10 cm。

利用性能综述　　地势平缓，土体较厚，养分含量较高，水分充足，草被盖度高，草毡层交织紧密，富有弹性，且草被植株较高，是良好的放牧草地，应保护草被，防止过度放牧。

参比土种 厚毡壤性洪积高山湿草甸土。

代表性单个土体 位于西藏那曲市安多县扎仁镇措热隆村西，32°01′54.88″N，91°41′36.49″E，海拔 4682 m，河谷地，母质为冲积物，高覆盖度牧草地，覆盖度>90%，50 cm 深处土温为 0℃，野外调查采样日期为 2015 年 7 月 9 日，编号 54-012。

措热隆系代表性单个土体剖面

Ao1：0～19 cm，暗棕色（10YR 3/3，干），暗棕色（10YR 3/3，润），2%砾石，砂质壤土，中等发育屑粒状结构，松散，多量缠结草根，向下层波状渐变过渡。

Ao2：19～30 cm，暗棕色（10YR 3/4，干），黑棕色（10YR 2/3，润），2%砾石，砂质壤土，中等发育粒状—小块状结构，松散—稍硬，多量缠结草根，向下层平滑清晰过渡。

Brdb1：30～58 cm，浊黄棕色（10YR 5/4，干），浊黄棕色（10YR 4/3，润），5%砾石，砂质壤土，弱发育小块状—鳞片状结构，稍硬，多量半腐草根，中量铁锰斑纹，向下层波状渐变过渡。

Brdb2：58～80 cm，浊黄棕色（10YR 5/4，干），浊黄棕色（10YR 4/3，润），2%砾石，砂质壤土，弱发育小块状—鳞片状结构，稍硬，多量半腐草根，多量铁锰斑纹，向下层波状渐变过渡。

Brdb3：80～120 cm，浊黄橙色（10YR 6/3，干），灰黄棕色（10YR 5/2，润），2%砾石，砂质壤土，弱发育小块状—鳞片状结构，稍硬，多量半腐根系，少量铁锰斑纹。

措热隆系代表性单个土体物理性质

土层	深度/cm	砾石(>2 mm，体积分数)/%	细土颗粒组成（粒径：mm)/(g/kg)			质地	容重/(g/cm³)
			砂粒 2～0.05	粉粒 0.05～0.002	黏粒 <0.002		
Ao1	0～19	2	565	317	118	砂质壤土	0.64
Ao2	19～30	2	569	313	118	砂质壤土	0.55
Brdb1	30～58	5	690	207	103	砂质壤土	0.94
Brdb2	58～80	2	693	219	88	砂质壤土	1.04
Brdb3	80～120	2	711	243	46	砂质壤土	1.39

措热隆系代表性单个土体化学性质

深度/cm	pH(H_2O)	有机碳/(g/kg)	全氮(N)/(g/kg)	全磷(P)/(g/kg)	全钾(K)/(g/kg)	CEC/[cmol(+)/kg]	$CaCO_3$/(g/kg)
0～19	7.3	98.4	6.83	0.67	7.6	31.5	4
19～30	7.6	125.3	8.56	0.63	7.8	36.0	2
30～58	7.9	75.4	3.40	0.32	8.8	15.1	0
58～80	8.3	44.3	2.04	0.27	8.9	9.2	0
80～120	7.9	22.7	1.22	0.15	9.1	11.9	0

11.1.2 土久隆系（Tujiulong Series）

土　族：砂质硅质混合型非酸性-普通永冻寒冻雏形土
拟定者：李德成，杨仁敏，王　帅

分布与环境条件　主要分布于日喀则市仲巴县帕羊镇一带，冲积平原，海拔 4300～4700 m，母质冲积物，沼泽，高原亚寒带半干旱气候，年均气温约-2.8℃，年均降水量约 333 mm，年均日照时数约 3057 h，无霜期约 105 d。

土久隆系典型景观

土壤性状与特征变幅　诊断层包括草毡表层和雏形层；诊断特性包括永冻土壤温度状况、滞水土壤水分状况、冻融特征、氧化还原特征和永冻层次。地表遍布冻融丘，丘间积水，有效土体厚度 1 m 以上；草毡表层厚度 15～25 cm，有机碳含量约 60 g/kg，C/N 约 15；20 cm 之下为埋藏层，可见鳞片状结构和铁锰斑纹，68 cm 以下为埋藏有机物质，永冻层出现在 120 cm 以下；通体无石灰反应，pH 5.1～7.6；层次质地构型为壤质砂土-砂土-砂质壤土，砂粒含量 560～920 g/kg。

对比土系　措热隆系，同一土族，通体砂质壤土，砂粒含量 560～720 g/kg，草毡表层厚度 25～30 cm，无埋藏有机物质。亚木勒系，同一亚类不同土族，颗粒大小级别为砂质盖粗骨质，层次质地构型为砂质壤土-壤质砂土，砂粒含量 710～860 g/kg，草毡表层厚度 8～10 cm，下无埋藏有机物质。

利用性能综述　地势平缓，沼泽，土体较厚，养分含量较高，水分充足，草被盖度高，是良好的湿地资源和放牧草地，应保护草被，防止过度放牧。

参比土种 厚毡壤性洪积草甸沼泽土。

代表性单个土体 位于西藏日喀则市仲巴县帕羊镇土久隆村西北，29°38′33.478″N，84°18′23.812″E，海拔 4598 m，冲积平原洼地，母质为冲积物，沼泽，50 cm 深处土温为 0℃，野外调查采样日期为 2015 年 7 月 1 日，编号 54-120。

土久隆系代表性单个土体剖面

Ao1：0～10 cm，暗棕色（7.5YR 3/4，干），暗棕色（7.5YR 3/3，润），壤质砂土，还有中等的屑粒状结构，松散，多量缠结草根，向下层平滑清晰过渡。

Ao2：10～20 cm，灰黄棕色（10YR 6/2，干），棕灰色（10YR 5/1，润），砂土，弱发育小块状—鳞片状结构，稍硬，多量草根，2 条蚯蚓，向下层平滑清晰过渡。

Bdr：20～68 cm，浊黄橙色（10YR 7/2，干），棕灰色（10YR 6/1，润），砂质壤土，弱发育小块状—鳞片状结构，稍硬，少量草根，少量铁锰斑纹，向下层平滑清晰过渡。

Obr1：68～80 cm，暗棕色（10YR 3/4，干），黑棕色（10YR 2/3，润），高腐有机土壤物质为主，松软，少量死根，砂质壤土，无结构，向下层平滑模糊渐变过渡。

Obr2：80～120cm，暗棕色（10YR 3/3，干），黑棕色（10YR 2/2，润），高腐有机土壤物质为主，松软，少量死根，无结构。

土久隆系代表性单个土体物理性质

土层	深度/cm	砾石（>2 mm，体积分数)/%	细土颗粒组成(粒径：mm)/(g/kg)			质地	容重/(g/cm³)
			砂粒 2～0.05	粉粒 0.05～0.002	黏粒 <0.002		
Ao1	0～10	0	796	131	73	壤质砂土	0.85
Ao2	10～20	0	914	48	38	砂土	1.25
Bdr	20～68	0	565	353	82	砂质壤土	1.41
Obr1	68～80	0	683	234	83	砂质壤土	0.48
Obr2	80～120	0	677	250	73	砂质壤土	0.40

土久隆系代表性单个土体化学性质

深度/cm	pH(H_2O)	有机碳/(g/kg)	全氮(N)/(g/kg)	全磷(P)/(g/kg)	全钾(K)/(g/kg)	CEC/[cmol(+)/kg]	$CaCO_3$/(g/kg)
0～10	7.1	56.4	3.63	0.51	9.2	15.5	0
10～20	7.6	15.6	1.91	0.35	10.1	5.6	0
20～68	7.2	6.1	0.47	0.05	2.3	2.6	0
68～80	5.9	152.7	9.81	0.44	7.5	36.4	0
80～120	5.1	122.3	8.99	0.36	7.7	39.2	0

11.1.3 亚木勒系（Yamule Series）

土　族：砂质盖粗骨质硅质混合型非酸性-普通永冻寒冻雏形土
拟定者：赵玉国，吴华勇，支俊俊

分布与环境条件　主要分布于措勤县曲洛乡一带，海拔 4900～5300 m，河滩，母质为冲积物，高覆盖度草地，高原亚寒带干旱气候，年均气温约-3.8℃，年均降水量约 316 mm，年均日照时数约 3108 h，无霜期约 105 d。

亚木勒系典型景观

土壤性状与特征变幅　诊断层包括草毡表层和雏形层；诊断特性包括永冻土壤温度状况、潮湿土壤水分状况、冻融特征、潜育特征和氧化还原特征；地表可见冻融丘，有效土体厚度 60～90 cm；草毡表层厚度 8～10 cm，有机碳含量约 16 g/kg，C/N 约 15；32 cm 之下为埋藏层次，可见鳞片状结构；通体大量铁锰斑纹，62～85 cm 有潜育特征，永冻层出现在 110 cm 以下；通体无石灰反应，pH 5.0～6.5；层次质地构型为砂质壤土-壤质砂土，砂粒含量 710～860 g/kg。

对比土系　达郎列系，同一土族，为坡地地形，下部土体无潜育特征。措热隆系，同一亚类不同土族，颗粒大小级别为砂质，通体砂质壤土，砂粒含量 560～720 g/kg，草毡表层厚度 25～30 cm，无埋藏有机物质。土久隆系，同一亚类不同土族，颗粒大小级别为砂质，层次质地构型为壤质砂土-砂土-砂质壤土，砂粒含量 560～920 g/kg，草毡表层厚度 15～25 cm，68 cm 以下为埋藏有机物质。

利用性能综述　地势平缓，高原谷地，土体较厚，水分充足，草被盖度高，是较好的湿地资源和放牧草地，但温度较低，砾石含量高，应保护草被，防止过度放牧。

参比土种　薄毡砾泥性洪积草甸沼泽土。

代表性单个土体　位于西藏阿里地区措勤县曲洛乡亚木勒村北，30°12′52.478″N，85°19′43.66″E，海拔 5192 m，河滩，母质为冲积物，高覆盖度牧草地，覆盖度>90%，50 cm 深处土温为-0.3℃，野外调查采样日期为 2015 年 7 月 6 日，编号 54-056。

亚木勒系代表性单个土体剖面

Ao: 0~10cm，暗棕色（7.5YR 3/3，干），暗棕色（7.5YR 3/3，润），砂质壤土，强发育屑粒状结构，松散，多量缠结草根，多量铁锰斑纹，向下层平滑清晰过渡。

Bhd: 10~20cm，浊黄橙色（10YR 6/4，干），浊黄棕色（10YR 5/3，润），20%砾石，壤质砂土，弱发育小块状—鳞片状结构，松散—稍硬，多量草根，多量铁锰斑纹，向下层平滑突变过渡。

Cr1: 20~32cm，浊黄橙色（10YR 7/3，干），灰黄棕色（10YR 6/2，润），80%砾石，壤质砂土，无结构，多量草根，多量铁锰斑纹，向下层平滑突变过渡。

Ab: 32~62cm，灰黄色（2.5Y 7/2，干），黄灰色（2.5Y 6/1，润），5%砾石，壤质砂土，弱发育小块状—鳞片状结构，松散—稍硬，少量草根，多量铁锰斑纹，向下层平滑清晰过渡。

Bg: 62~82cm，淡灰色（2.5Y 7/1，干），黄灰色（2.5Y 6/1，润），5%砾石，壤质砂土，糊泥状，无结构，中量铁锰斑纹，向下层不规则突变过渡。

Cr2: 82~110cm，亮黄棕色（2.5Y 6/6，干），黄棕色（2.5Y 5/4，润），80%砾石，壤质砂土，无结构，多量铁锰斑纹。

亚木勒系代表性单个土体物理性质

土层	深度/cm	砾石（>2 mm，体积分数）/%	细土颗粒组成(粒径：mm)/(g/kg)			质地	容重/(g/cm³)
			砂粒 2~0.05	粉粒 0.05~0.002	黏粒 <0.002		
Ao	0~10	0	712	201	87	砂质壤土	1.09
Bhd	10~20	20	838	103	59	壤质砂土	1.39
Cr1	20~32	80	816	115	69	壤质砂土	1.42
Ab	32~62	5	851	95	54	壤质砂土	1.25
Bg	62~82	5	845	93	62	壤质砂土	1.44
Cr2	82~110	80	837	96	67	壤质砂土	1.38

亚木勒系代表性单个土体化学性质

深度/cm	pH(H_2O)	有机碳/(g/kg)	全氮(N)/(g/kg)	全磷(P)/(g/kg)	全钾(K)/(g/kg)	CEC/[cmol(+)/kg]	$CaCO_3$/(g/kg)
0~10	6.1	15.7	1.06	0.61	12.5	7.1	0
10~20	6.3	6.7	0.60	0.68	12.5	6.4	0
20~32	6.0	5.2	0.48	0.64	11.7	4.5	0
32~62	6.3	15.9	1.00	0.48	12.1	5.3	0
62~82	5.0	4.4	0.37	0.57	12.0	4.2	0
82~110	6.5	7.5	0.48	1.04	10.9	6.4	0

11.1.4 达郎列系（Dalanglie Series）

土　族：砂质盖粗骨质硅质混合型非酸性-普通永冻寒冻雏形土
拟定者：李德成，杨仁敏，王　帅

分布与环境条件　主要分布于那曲市色尼区老麦乡一带，海拔 4800~5200 m，高山坡地，坡度 5°~10°，母质为花岗岩风化坡积物，高覆盖度草地，高原亚寒带半干旱气候，年均气温约-2.8℃，年均降水量约 519 mm，年均日照时数约 2735 h，无绝对无霜期。

达郎列系典型景观

土壤性状与特征变幅　诊断层包括草毡表层和雏形层；诊断特性包括永冻土壤温度状况、半干润土壤水分状况和冻融特征；地表可见冻融丘，粗碎块面积约 10%，有效土体厚度 30~60 cm，之下为砾石；草毡表层厚度 5~10 cm，有机碳含量约 35 g/kg，C/N 约 14；雏形层上界 8 cm，厚度约 30 cm，可见鳞片状结构；通体无石灰反应，pH 5.9~6.2；层次质地构型为壤质砂土-砂质壤土，砾石含量 5%~90%，砂粒含量 730~870 g/kg。

对比土系　亚木勒系，同一土族，沟谷地形，下部土体有潜育特征。塘嘎布系，同一县域不同土纲，沼泽地形，长期滞水，具有潜育特征，为潜育土。

利用性能综述　植被盖度较高，地势起伏，土体较薄，且高原低温缺氧，牧业利用价值不高，但应保护植被，防止过度放牧。

参比土种　砾体砾泥性洪积高山草原土。

代表性单个土体　位于西藏那曲市色尼区老麦乡达郎列村南，31°02′46.297″N，92°27′37.771″E，海拔 5062 m，高山缓坡下部，坡度 10°，母质为花岗岩风化坡积物，高覆盖度牧草地，覆盖度>90%，50 cm 深处土温为 0℃，野外调查采样日期为 2015 年 7 月 10 日，编号 54-087。

Ao: 0～8 cm，棕色（10YR 4/4，干），暗棕色（10YR 3/3，润），壤质砂土，中等发育屑粒状结构，松散，多量缠结草根，5%砾石，向下层平滑清晰过渡。

Bd1: 8～18 cm，棕色（10YR 4/4，干），暗棕色（10YR 3/3，润），壤质砂土，中等发育小块状—鳞片状结构，松散—稍硬，中量草根，10%砾石，向下层波状渐变过渡。

Bd2: 18～35 cm，浊黄棕色（10YR 5/4，干），浊黄棕色（10YR 4/3，润），砂质壤土，中等发育小块状—鳞片状结构，松散—稍硬，少量草根，10%砾石，向下层波状渐变过渡。

Cd: 35～45cm，浊黄棕色（10YR 5/4，干），浊黄棕色（10YR 4/3，润），砂质壤土，稍硬，90%砾石。

达郎列系代表性单个土体剖面

达郎列系代表性单个土体物理性质

土层	深度/cm	砾石(>2 mm，体积分数)/%	细土颗粒组成(粒径: mm)/(g/kg)			质地	容重/(g/cm³)
			砂粒 2～0.05	粉粒 0.05～0.002	黏粒 <0.002		
Ao	0～8	5	863	96	41	壤质砂土	1.08
Bd1	8～18	10	823	123	54	壤质砂土	1.14
Bd2	18～35	10	733	186	81	砂质壤土	1.27

达郎列系代表性单个土体化学性质

深度/cm	pH(H_2O)	有机碳/(g/kg)	全氮(N)/(g/kg)	全磷(P)/(g/kg)	全钾(K)/(g/kg)	CEC/[cmol(+)/kg]	$CaCO_3$/(g/kg)
0～8	6.2	35.1	2.50	0.77	11.2	12.7	0
8～18	6.2	24.2	2.21	0.92	11.3	12.7	0
18～35	5.9	14.2	1.36	0.92	11.6	10.4	0

11.1.5 马攸木拉系（Mayoumula Series）

土　　族：粗骨壤质混合型非酸性-普通永冻寒冻雏形土

拟定者：赵玉国，吴华勇，杨　飞

分布与环境条件　　主要分布于西藏阿里地区普兰县霍尔乡马攸木拉山一带，高原丘陵坡地，海拔 5000～5300 m，坡度 3°～5°，母质为粉砂岩砂岩风化残积物，荒草地，高原亚寒带干旱气候，年均气温约−2.2℃，年均降水量约 180 mm，年均日照时数约 3184 h，无霜期约 89 d。

马攸木拉系典型景观

土壤性状与特征变幅　　诊断层包括淡薄表层和雏形层；诊断特性包括永冻土壤温度状况、干旱土壤水分状况、氧化还原特征、潜育特征、冻融特征和永冻层次；地表遍布细碎块，有效土体厚度 30～60 cm，之下半风化砾石母质；淡薄表层厚度 15～25 cm，之下雏形层厚约 20 cm；22 cm 以下土体有蠕虫孔状冻融特征，43 cm 以下有潜育特征，永冻层出现在 90 cm 以下；通体无石灰反应，pH 7.5～8.7；层次质地构型为粉壤土-砂质壤土-粉壤土，砾石含量 30%～90%，粉粒含量 450～610 g/kg，砂粒含量 300～490 g/kg。

对比土系　　恰圭朗果系，同一县域不同土纲，不具有永冻层和雏形层，为新成土。克布林典系、色岗系，同一县域不同土纲，不具有永冻土壤温度状况，具有干旱表层，为寒性干旱土。

利用性能综述　　荒漠，高寒缺氧，植被盖度低，砾石多，牧业利用价值极低，应封境育草。

参比土种　　高山寒漠土。

代表性单个土体　　位于西藏阿里地区普兰县霍尔乡马攸木拉山垭口，30°36′22.352″N，

82°26′11.923″E，海拔 5211 m，高原山地缓坡中部，坡度 4°，母质为粉砂岩风化残积物，荒草地，植被盖度 30%，50 cm 深处土温为 0℃，野外调查采样日期为 2015 年 7 月 2 日，编号 54-090。

Ah1：0～5 cm，灰黄棕色（10YR 5/2，干），棕灰色（10YR 5/1，润），粉壤土，弱发育屑粒状结构，松散，中量草根，30%角状砾石，向下层平滑渐变过渡。

Ah2：5～22 cm，灰黄棕色（10YR 6/2，干），棕灰色（10YR 5/1，润），砂质壤土，弱发育小块状结构，松散，中量草根，30%角状砾石，向下层不规则突变过渡。

Brd：22～43 cm，淡灰色（7.5Y 7/2，干），灰色（7.5Y 6/1，润），粉壤土，蠕虫孔状结构，坚实，多铁锰斑纹，少量草根，90%半风化砾石，向下层不规则清晰过渡。

Cgd：43～90 cm，淡灰色（5Y 7/2，干），灰色（5Y 6/1，润），粉壤土，蠕虫孔状结构，坚实，90%半风化砾石。

马攸木拉系代表性单个土体剖面

马攸木拉系代表性单个土体物理性质

土层	深度 /cm	砾石 (>2 mm，体积分数)/%	细土颗粒组成（粒径：mm)/(g/kg)			质地	容重 /(g/cm³)
			砂粒 2～0.05	粉粒 0.05～0.002	黏粒 <0.002		
Ah1	0～5	30	393	510	97	粉壤土	1.34
Ah2	5～22	30	482	451	67	砂质壤土	1.36
Brd	22～43	90	360	549	91	粉壤土	1.43
Cgd	43～90	90	309	604	87	粉壤土	1.48

马攸木拉系代表性单个土体化学性质

深度 /cm	pH (H_2O)	有机碳 /(g/kg)	全氮(N) /(g/kg)	全磷(P) /(g/kg)	全钾(K) /(g/kg)	CEC /[cmol(+)/kg]	$CaCO_3$ /(g/kg)
0～5	8.0	16.7	1.31	0.72	10.8	6.2	0
5～22	7.5	22.6	1.91	0.74	13.4	12.6	0
22～43	7.8	5.0	0.47	0.47	14.2	5.8	0
43～90	8.7	2.4	0.30	0.73	15.4	4.1	0

11.2 暗色潮湿寒冻雏形土

11.2.1 亚岗系（Yagang Series）

土　　族：砂质盖粗骨质混合型非酸性-暗色潮湿寒冻雏形土
拟定者：李德成，杨仁敏，王　帅

分布与环境条件　　主要分布于拉萨市墨竹工卡县扎西岗乡一带，高原河谷，海拔 3800~4200 m，坡度 2°~5°，母质为冲洪积物，高覆盖度牧草地，高原亚寒带半干旱气候，年均气温约 3.4℃，年均降水量约 492 mm，年均日照时数约 3062 h，无霜期约 90 d。

亚岗系典型景观

土壤性状与特征变幅　　诊断层包括草毡表层、暗瘠表层和雏形层；诊断特性包括寒性土壤温度状况、潮湿土壤水分状况和氧化还原特征。有效土体厚度约 30~60 cm，之下为冲积砾石；草毡表层厚度 10~15 cm，有机碳含量约 62 g/kg，C/N 约 17；雏形层上界 13 cm，厚度约 20 cm，可见铁锰斑纹；通体无石灰反应，pH 5.7~6.4；层次质地构型为壤土-壤质砂土，砂粒含量 470~840 g/kg。

对比土系　　以普特系、强布果系，同一土类不同亚类，无暗瘠表层，为普通潮湿寒冻雏形土。

利用性能综述　　地势平缓，牧草地，植被盖度高，土体薄，砾石较多，养分含量很高，应保护植被，防止过度放牧。

参比土种 亚高山草甸草原土。

代表性单个土体 位于西藏拉萨市墨竹工卡县扎西岗乡亚岗村西南，29°43′01.58″N，92°00′23.01″E，海拔 4044 m，高原河谷，坡度 3°，母质为冲洪积物，高覆盖度牧草地，覆盖度>90%，50 cm 深处土温为 5.3℃，野外调查采样日期为 2015 年 6 月 29 日，编号 54-070。

Ao：0～13 cm，棕色（7.5YR 4/4，干），暗棕色（7.5YR 3/3，润），壤土，中等发育屑粒状结构，松散，多量草根，向下层平滑清晰过渡。

ABr：13～35 cm，浊黄橙色（10YR 6/3，干），灰黄棕色（10YR 5/2，润），壤质砂土，弱发育粒状结构，松散—稍硬，多量草根，少量铁锰斑纹，5%砾石，向下层波状突变过渡。

Cr：35～90 cm，浊黄橙色（10YR 6/3，干），灰黄棕色（10YR 5/2，润），95%磨圆砾石，无结构，多量铁锰斑纹。

亚岗系代表性单个土体剖面

亚岗系代表性单个土体物理性质

土层	深度/cm	砾石（>2 mm，体积分数)/%	细土颗粒组成(粒径：mm)/(g/kg)			质地	容重/(g/cm³)
			砂粒 2～0.05	粉粒 0.05～0.002	黏粒 <0.002		
Ao	0～13	0	474	414	112	壤土	0.88
ABr	13～35	5	837	119	44	壤质砂土	1.27

亚岗系代表性单个土体化学性质

深度/cm	pH(H_2O)	有机碳/(g/kg)	全氮(N)/(g/kg)	全磷(P)/(g/kg)	全钾(K)/(g/kg)	CEC/[cmol(+)/kg]	$CaCO_3$/(g/kg)
0～13	5.7	62.0	3.71	0.56	9.5	15.9	0
13～35	6.4	14.1	1.16	0.43	10.2	8.9	0

11.3 普通潮湿寒冻雏形土

11.3.1 日土系（Ritu Series）

土　族：壤质混合型石灰性-普通潮湿寒冻雏形土
拟定者：赵玉国，吴华勇，杨　飞

分布与环境条件　主要分布于阿里地区日土县日土镇一带，冲积平原，海拔 4000～4300 m，母质为冲积物，退化牧草地，高原亚寒带半干旱季风气候，年均气温约-0.1℃，年均降水量约 79 mm，年均日照时数约 3351 h，无霜期约 95 d。

日土系典型景观

土壤性状与特征变幅　诊断层包括淡薄表层和钙积层；诊断特性包括寒性土壤温度状况、潮湿土壤水分状况、冻融特征和石灰性；有效土体厚度 1 m 以上，通体可见铁锰斑纹；淡薄表层厚度 10～25 cm，有机碳含量约 8～15 g/kg；钙积层出现上界 24 cm，厚度大于 1 m，碳酸钙含量 180～200 g/kg；通体强度石灰反应，pH 8.8～9.4；层次质地构型为粉壤土-砂质壤土-壤土-粉质黏壤土，粉粒含量 280～620 g/kg。

对比土系　强布果系，同一亚类不同土族，土体厚度 60～90 cm，层次质地构型为粉壤土-壤土-粉壤土，通体无石灰反应，pH 6.3～7.1；以普特系，同一亚类不同土族，土体厚度 30～60 cm，层次质地构型为壤土-砂土，通体无石灰反应，pH 5.3～5.6。

利用性能综述　地势平缓，土体厚，牧草地，干旱少雨，草被盖度低，牧业利用价值有限，应保护植被，防止过度放牧。

参比土种　壤性冲积潮土。

代表性单个土体　位于西藏阿里地区日土县日土镇日土村西南，33°22′40.808″N，79°43′27.578″E，海拔 4172 m，冲积平原，母质为冲积物，退化牧草地，植被盖度约 50%。50 cm 深处土温为 3.8℃，野外调查采样日期为 2015 年 7 月 4 日，编号 54-009。

Ah：0~13 cm，淡黄色（2.5Y 7/3，干），灰黄色（2.5Y 6/2，润），粉壤土，强发育屑粒状结构，松散，多量草被细根，强度石灰反应，向下层平滑清晰过渡。

ABr：13~24 cm，灰黄色（2.5Y 7/2，干），黄灰色（2.5Y 6/1，润），砂质壤土，强发育小块状结构，坚硬，多量草根，少量铁锰斑纹，强度石灰反应，向下层平滑清晰过渡。

Bkr1：24~58 cm，灰白色（5Y 8/2，干），淡灰色（5Y 7/1，润），粉壤土，中等发育中块状结构，坚硬，中量草根，中量铁锰斑纹，强度石灰反应，向下层平滑清晰过渡。

Bkr2：58~92 cm，淡灰色（5Y 7/2，干），灰色（5Y 6/1，润），壤土，强发育中块状结构，坚硬，少量草根，多量铁锰斑纹，强度石灰反应，向下层平滑清晰过渡。

Bkr3：92~120 cm，灰白色（5Y 8/2，干），淡灰色（5Y 7/1，润），粉质黏壤土，中等发育块状结构，稍硬，少量草根，多量铁锰斑纹，强度石灰反应。

日土系代表性单个土体剖面

日土系代表性单个土体物理性质

土层	深度/cm	砾石（>2 mm，体积分数）/%	细土颗粒组成(粒径：mm)/(g/kg)			质地	容重/(g/cm³)
			砂粒 2~0.05	粉粒 0.05~0.002	黏粒 <0.002		
Ah	0~13	0	230	566	204	粉壤土	1.27
ABr	13~24	0	536	281	183	砂质壤土	1.36
Bkr1	24~58	0	230	476	294	粉壤土	1.37
Bkr2	58~92	0	473	314	213	壤土	1.42
Bkr3	92~120	0	70	619	311	粉质黏壤土	1.34

日土系代表性单个土体化学性质

深度/cm	pH（H_2O）	有机碳/(g/kg)	全氮(N)/(g/kg)	全磷(P)/(g/kg)	全钾(K)/(g/kg)	CEC/[cmol(+)/kg]	$CaCO_3$/(g/kg)
0~13	8.9	14.2	1.74	0.78	11.6	7.4	111
13~24	9.3	8.8	1.18	0.66	10.3	5.9	142
24~58	9.3	8.2	1.04	0.62	9.9	12.6	199
58~92	9.4	5.5	0.70	0.57	9.2	12.6	182
92~120	8.8	9.8	1.16	0.63	10.2	12.6	186

11.3.2 强布果系（Qiangbuguo Series）

土　　族：壤质盖粗骨壤质混合型非酸性-普通潮湿寒冻雏形土
拟定者：赵玉国，李德成，杨仁敏，王帅

分布与环境条件　　主要分布于拉萨市当雄县宁中乡一带，海拔3900～4300 m，冲积平原，母质为冲积物，牧草地，高原亚寒带半干润气候，年均气温约1.3℃，年均降水量约460 mm，年均日照时数约2928 h，无霜期约62 d。

强布果系典型景观

土壤性状与特征变幅　　诊断层包括淡薄表层和雏形层；诊断特性包括寒性土壤温度状况、潮湿土壤水分状况和冻融特征；地表有冻胀丘，有效土体厚度60～90 cm；淡薄表层厚度15～25 cm，有机碳含量约18 g/kg；雏形层上界17 cm，厚度约40 cm，可见多量铁锰斑纹；通体无石灰反应，pH 6.3～7.1；层次质地构型为壤土-砂土，砂粒含量460～950 g/kg。

对比土系　　日土系，同一亚类不同土族，土体厚度大于100 cm，层次质地构型为粉壤土-砂质壤土-壤土-粉质黏壤土，通体强度石灰反应，pH 8.8～9.4；亚岗系，同一土类不同亚类，具有暗瘠表层，为暗色潮湿寒冻雏形土。

利用性能综述　　地势平缓，土体较厚，砾石较多，水分条件好，是良好的牧业用地，植被盖度较高，应保护植被，防止过度放牧。

参比土种　　中毡砂壤性冲积草甸土。

代表性单个土体　　位于西藏拉萨市当雄县宁中乡强布果村，30°22′17.86″N，90°54′46.28″E，海拔4180 m，高原冲积平原，母质为冲积物，牧草地，覆盖度>80%，

50 cm 深处土温为 5.2℃，野外调查采样日期为 2015 年 7 月 10 日，编号 54-083。

强布果系代表性单个土体剖面

Ah：0～17 cm，灰黄棕色（10YR 6/2，干），棕灰色（10YR 5/1，润），壤土，中等发育屑粒状结构，松散，多量草根，向下层平滑清晰过渡。

Br1：17～32 cm，浊黄橙色（10YR 7/2，干），棕灰色（10YR 6/1，润），壤土，弱发育小块状结构，松软，少量草根，多量铁锰斑纹，向下层平滑清晰过渡。

Br2：32～60 cm，浊黄橙色（10YR 7/2，干），棕灰色（10YR 6/1，润），壤土，弱发育小块状结构，松软，少量草根，多量铁锰斑纹，向下层平滑清晰过渡。

Cr1：60～80 cm，淡黄色（2.5Y 7/3，干），灰黄色（2.5Y 6/2，润），砂土，无结构，多量铁锰斑纹，80%磨圆砾石，向下层平滑清晰过渡。

Cr2：80～100 cm，灰白色（2.5Y 8/1，干），淡灰色（2.5Y 7/1，润），砂土，无结构，中量铁锰斑纹，30%磨圆砾石。

强布果系代表性单个土体物理性质

土层	深度 /cm	砾石 （>2 mm，体积 分数）/%	细土颗粒组成(粒径：mm)/(g/kg)			质地	容重 /(g/cm³)
			砂粒 2～0.05	粉粒 0.05～0.002	黏粒 <0.002		
Ah	0～17	5	490	423	87	壤土	1.22
Br1	17～32	5	467	447	86	壤土	1.40
Br2	32～60	5	420	494	86	壤土	1.44
Cr1	60～80	80	899	66	35	砂土	1.46
Cr2	80～100	30	942	47	11	砂土	1.51

强布果系代表性单个土体化学性质

深度 /cm	pH (H_2O)	有机碳 /(g/kg)	全氮(N) /(g/kg)	全磷(P) /(g/kg)	全钾(K) /(g/kg)	CEC /[cmol(+)/kg]	$CaCO_3$ /(g/kg)
0～17	6.3	17.8	1.33	0.68	13.1	7.5	0
17～32	6.8	6.5	0.48	0.71	13.1	4.4	0
32～60	7.0	4.1	0.27	0.72	13.4	3.6	0
60～80	7.1	3.1	0.18	0.35	12.8	4.2	0
80～100	6.8	0.6	0.06	1.21	11.2	1.0	0

11.3.3 以普特系（Yipute Series）

土　　族：壤质盖粗骨壤质混合型非酸性-普通潮湿寒冻雏形土
拟定者：李德成，杨仁敏，王　帅

分布与环境条件　主要分布于林芝市察隅县古玉乡一带，山前洪积扇，海拔 4300～4800 m，冰碛物-洪积物母质，牧草地，高原亚寒带湿润气候，年均气温约 0℃，年均降水量约 528 mm，年均日照时数约 2129 h，无霜期约 280 d。

以普特系典型景观

土壤性状与特征变幅　诊断层包括淡薄表层和雏形层；诊断特性包括寒性土壤温度状况、潮湿土壤水分状况、冻融特征和氧化还原特征；地表粗碎块面积 30%，有效土体厚度 30～60 cm，之下为砾石；淡薄表层厚度 5～15 cm，有机碳含量约 53 g/kg；雏形层上界 10 cm，厚度约 30 cm，可见鳞片状结构和铁锰斑纹；通体无石灰反应，pH 5.3～5.6；层次质地构型为粉壤土-壤土-粉壤土，砾石含量 5～40 g/kg，粉粒含量 440～580 g/kg。

对比土系　日土系，同一亚类不同土族，土体厚度大于 100 cm，层次质地构型为粉壤土-砂质壤土-壤土-粉质黏壤土，通体强度石灰反应，pH 8.8～9.4；亚岗系，同一土类不同亚类，具有暗瘠表层，为暗色潮湿寒冻雏形土；酿阁东系，同一县域，同一亚纲不同土类，为暗瘠寒冻雏形土，具有暗瘠表层、湿润土壤水分状况。

利用性能综述　地势起伏，受局部地形环境影响，水分条件好，植被盖度较高，有牧业价值，但海拔高，高寒缺氧，利用率不高。

参比土种　砂壤性冲积湿潮土。

代表性单个土体　位于西藏林芝市察隅县古玉乡依普特村南，29°19′1.79″N，97°00′0.42″E，海拔4582 m，山前冰碛物-洪积物母质，退化牧草地，覆盖度约70%，50 cm深处土温为3.9℃，野外调查采样日期为2015年7月1日，编号54-045。

以普特系代表性单个土体剖面

Ah：0～10 cm，黄棕色（2.5Y 5/3，干），暗灰黄色（2.5Y 4/2，润），粉壤土，强发育屑粒状结构，松散，多量草根，5%砾石，向下层波状清晰过渡。

Br1：10～22 cm，黄棕色（2.5Y 5/4，干），橄榄棕色（2.5Y 4/3，润），壤土，中等发育块状结构，稍硬，中量铁锰斑纹，20%砾石，向下层波状清晰过渡。

Br2：22～38 cm，浊黄色（2.5Y 6/3，干），暗灰黄色（2.5Y 5/2，润），粉壤土，弱发育鳞片状结构，稍硬，中量铁锰斑纹，40%砾石，向下层波状突变过渡。

C：38～50 cm，角状和次圆砾石。

以普特系代表性单个土体物理性质

土层	深度/cm	砾石（>2 mm，体积分数）/%	细土颗粒组成(粒径：mm)/(g/kg)			质地	容重/(g/cm³)
			砂粒 2～0.05	粉粒 0.05～0.002	黏粒 <0.002		
Ah	0～10	5	309	531	160	粉壤土	1.18
Br1	10～22	20	423	446	131	壤土	1.27
Br2	22～38	40	290	575	135	粉壤土	1.30

以普特系代表性单个土体化学性质

深度/cm	pH(H_2O)	有机碳/(g/kg)	全氮(N)/(g/kg)	全磷(P)/(g/kg)	全钾(K)/(g/kg)	CEC/[cmol(+)/kg]	$CaCO_3$/(g/kg)
0～10	5.6	52.6	3.29	0.89	9.9	24.4	0
10～22	5.3	21.5	1.36	0.86	11.4	16.7	0
22～38	5.6	14.7	0.81	0.56	11.8	10.0	0

11.4 钙积草毡寒冻雏形土

11.4.1 列根系（Liegen Series）

土　族：壤质盖粗骨砂质硅质混合型-钙积草毡寒冻雏形土
拟定者：赵玉国，刘　峰，杨　帆

分布与环境条件　主要分布于那曲市比如县夏曲镇一带，高山缓坡地下部，海拔4000~4400 m，坡度5°~8°，母质为砂岩风化坡积物，高覆盖度牧草地，高原亚寒带半干旱气候，年均气温约0℃，年均降水量约543 mm，年均日照时数约2548 h，无霜期约40 d。

列根系典型景观

土壤性状与特征变幅　诊断层包括草毡表层和钙积层；诊断特性包括寒性土壤温度状况、半干润土壤水分状况、冻融特征和石灰性；有效土体厚度60~90 cm，草毡表层厚度5~15 cm，有机碳含量约50 g/kg，C/N约17；钙积层出现上界30 cm，厚度约50 cm，可见鳞片状结构和碳酸钙白色粉末，碳酸钙含量130~160 g/kg；土体除草毡表层外，均有石灰反应，pH 8.4~9.5；层次质地构型为砂质壤土-壤土-砂土-壤质砂土，砂粒含量510~900 g/kg。

对比土系　达纠塘系，同一亚类不同土族，颗粒大小级别为砂质盖粗骨砂质，表土砂粒含量580~770 g/kg，层次质地构型为砂质壤土-砂土，钙积层出现上界35 cm，厚度大于60 cm，碳酸钙含量130~360 g/kg；鄂钦系，同一土类不同亚类，颗粒大小级别为黏壤质，无钙积层，通体有石灰反应，碳酸钙含量80~110 g/kg。

利用性能综述　地势起伏区平缓坡地，土体较厚，养分含量高，高盖度草地，草毡发育较好，植被以高原蒿草为主，是良好的牧业用地，但容易受过度放牧和鼠害影响，造成草毡层滑塌和水土流失，应控制放牧和鼠害，保护植被。

参比土种 亚高山草甸土。

代表性单个土体 位于西藏那曲市比如县夏曲镇列根村东南，31°50′50.41″N，92°55′15.87″E，海拔 4279 m，高山缓坡下部，坡度 5°，母质为砂岩风化坡积物，高覆盖度牧草地，覆盖度>90%，50 cm 深处土温为 3.9℃，野外调查采样日期为 2015 年 7 月 7 日，编号 54-053。

列根系代表性单个土体剖面

Ao： 0~14 cm，极暗棕色（7.5YR 2/3，干），黑棕色（7.5YR 2/2，润），砂质壤土，中等发育屑粒状结构，松散，多量缠结草根，无石灰反应，向下层波状渐变过渡。

ABh： 14~30 cm，暗棕色（7.5YR 3/4，干），极暗棕色（7.5YR 2/3，润），壤土，中等发育中块状结构，稍硬，多量缠结草根，轻度石灰反应，向下层波状清晰过渡。

Bkd1： 30~60 cm，浅淡黄色（2.5Y 8/3，干），灰黄色（2.5Y 7/2，润），砂土，弱发育小块状—鳞片状结构，稍硬，2 个鼠洞，50%砾石，可见碳酸钙白色粉末，极强度石灰反应，向下层波状清晰过渡。

Bkd2： 60~80 cm，浅淡黄色（2.5Y 8/3，干），灰黄色（2.5Y 7/2，润），砂土，弱发育小块状—鳞片状结构，稍硬，30%砾石，强度石灰反应，向下层波状渐变过渡。

C： 80~120 cm，浅淡黄色（2.5Y 8/3，干），灰黄色（2.5Y 7/2，润），壤质砂土，无结构，20%砾石，强度石灰反应。

列根系代表性单个土体物理性质

土层	深度/cm	砾石（>2 mm，体积分数）/%	细土颗粒组成(粒径：mm)/(g/kg)			质地	容重/(g/cm³)
			砂粒 2~0.05	粉粒 0.05~0.002	黏粒 <0.002		
Ao	0~14	0	570	299	131	砂质壤土	1.08
ABh	14~30	0	519	329	152	壤土	1.18
Bkd1	30~60	50	892	71	37	砂土	1.47
Bkd2	60~80	30	890	68	42	砂土	1.49
C	80~120	20	800	131	69	壤质砂土	1.50

列根系代表性单个土体化学性质

深度/cm	pH(H_2O)	有机碳/(g/kg)	全氮(N)/(g/kg)	全磷(P)/(g/kg)	全钾(K)/(g/kg)	CEC/[cmol(+)/kg]	$CaCO_3$/(g/kg)
0~14	8.4	49.4	2.89	0.57	8.6	13.6	0
14~30	8.7	21.2	2.35	0.54	8.9	9.0	26
30~60	9.5	2.8	0.45	0.33	7.1	1.8	158
60~80	9.4	1.7	0.30	0.40	7.3	1.4	131
80~120	9.3	1.1	0.27	0.41	7.4	1.4	87

11.4.2 达纠塘系(Dajiutang Series)

土 族：砂质盖粗骨砂质硅质混合型-钙积草毡寒冻雏形土
拟定者：李德成，杨仁敏，王 帅

分布与环境条件 主要分布于那曲市安多县扎仁镇一带，冲积平原，海拔 4300~4700 m，母质为冲积物，高覆盖度草地，高原亚寒带半干旱气候，年均气温约-1.7℃，年均降水量约 431 mm，年均日照时数约 2852 h，无绝对无霜期。

达纠塘系地表景观

土壤性状与特征变幅 诊断层包括草毡表层和钙积层；诊断特性包括寒性土壤温度状况、半干润土壤水分状况、冻融特征和石灰性；地表可见冻融丘，有效土体厚度约 60~90 cm，之下为多砾石母质；草毡表层厚度 10~15 cm，有机碳含量约 30 g/kg，C/N 约 15；钙积层上界 35 cm，厚度大于 60 cm，可见鳞片状结构，碳酸钙含量 130~360 g/kg；通体有石灰反应，pH 8.1~9.0；层次质地构型为砂质壤土-砂土，砂粒含量 740~920 g/kg。

对比土系 列根系，同一亚类不同土族，颗粒大小级别为壤质盖粗骨砂质，表土砂粒含量 500~580 g/kg，层次质地构型为砂质壤土-壤土-砂土-壤质砂土，钙积层上界 30 cm，厚度约 50 cm，碳酸钙含量 130~160 g/kg；鄂钦系，同一土类不同亚类，颗粒大小级别为黏壤质，无钙积层，通体有石灰反应，碳酸钙含量 80~110 g/kg；江果玛系，同一县域，草毡表层被侵蚀，钙积层出现上界 12 cm，碳酸钙含量 100~170 g/kg，层次质地构型为砂质壤土-粉质黏土-粉质黏壤土。

利用性能综述 地势平缓，土体较厚，养分含量高，高盖度草地，草毡发育较好，植被以高原嵩草为主，是良好的牧业用地，但容易受过度放牧和鼠害影响，造成草毡层破碎和水土流失，应控制放牧和鼠害，保护植被。

参比土种　中毡砾底砾泥性洪积高山草甸土。

代表性单个土体　位于西藏拉萨市安多县扎仁镇达纠塘村东南，32°13′9.49″N，91°42′38.99″E，海拔4598 m，冲积平原，母质为冲积物，高覆盖度牧草地，覆盖度>80%，50 cm深处土温为3.2℃，野外调查采样日期为2015年7月8日，编号54-061。

达纠塘系代表性单个土体剖面

Ao：0～12 cm，棕色（10YR 4/6，干），暗棕色（10YR 3/3，润），砂质壤土，中等发育屑粒状结构，松散，多量缠结草根，中度石灰反应，向下层平滑清晰过渡。

Bd：12～35 cm，棕色（10YR 4/6，干），暗棕色（10YR 3/4，润），砂质壤土，中等发育小块状—鳞片状结构，稍硬，中量细根草根，强度石灰反应，向下层波状渐变过渡。

Bkd：35～67 cm，浊棕色（7.5YR 5/4，干），棕色（7.5YR 4/3，润），40%砾石，砂质壤土，弱发育小块状—鳞片状结构，稍硬，极强度石灰反应，向下层不规则突变过渡。

Ckd：67～100 cm，浊橙色（7.5YR 7/4，干），浊棕色（7.5YR 6/3，润），90%砾石，砂土，弱发育鳞片状结构，稍硬，极强度石灰反应。

达纠塘系代表性单个土体物理性质

土层	深度/cm	砾石（>2 mm，体积分数）/%	细土颗粒组成(粒径：mm)/(g/kg)			质地	容重/(g/cm³)
			砂粒 2～0.05	粉粒 0.05～0.002	黏粒 <0.002		
Ao	0～12	0	764	148	88	砂质壤土	1.08
Bd	12～35	0	582	279	139	砂质壤土	1.18
Bkd	35～67	40	741	155	104	砂质壤土	1.32
Ckd	67～100	90	919	43	38	砂土	1.36

达纠塘系代表性单个土体化学性质

深度/cm	pH(H_2O)	有机碳/(g/kg)	全氮(N)/(g/kg)	全磷(P)/(g/kg)	全钾(K)/(g/kg)	CEC/[cmol(+)/kg]	$CaCO_3$/(g/kg)
0～12	8.3	30.5	1.99	0.34	7.1	3.8	41
12～35	8.1	20.8	2.06	0.39	7.4	7.9	74
35～67	8.4	10.8	1.20	0.40	6.3	4.4	130
67～100	9.0	8.6	0.90	0.33	4.2	1.6	356

11.5 石灰草毡寒冻雏形土

11.5.1 鄂钦系（Eqin Series）

土　族：黏壤质混合型-石灰草毡寒冻雏形土
拟定者：赵玉国，刘　峰，杨　帆

分布与环境条件　主要分布于那曲市安多县帕那镇一带，高山坡地，海拔 4500～5000 m，坡度 5°～8°，母质为钙质岩风化坡积物，高原亚寒带半干旱气候，年均气温约-1.8℃，年均降水量约 436 mm，年均日照时数约 2824 h，无绝对无霜期。

鄂钦系典型景观

土壤性状与特征变幅　诊断层包括草毡表层和雏形层；诊断特性包括寒性土壤温度状况、半干润土壤水分状况、冻融特征和石灰性。有效土体厚度 60～90，30～42 cm 夹埋藏表层；草毡表层厚度 10～15 cm，有机碳含量约 66 g/kg，C/N 约 17；通体有石灰反应，碳酸钙含量 80～110 g/kg，pH 8.1～8.8；层次质地构型为壤土-黏壤土-壤土，粉粒含量 280～420 g/kg。

对比土系　列根系，同一土类不同亚类，颗粒大小级别为壤质盖粗骨砂质，具有钙积层，碳酸钙含量 130～160 g/kg；达纠塘系，同一土类不同亚类，颗粒大小级别为砂质盖粗骨砂质，具有钙积层，碳酸钙含量 130～360 g/kg；江果玛系，同一县域，草毡表层被侵蚀，钙积层出现上界 12 cm，碳酸钙含量 100～170 g/kg，层次质地构型为砂质壤土-粉质黏土-粉质黏壤土。

利用性能综述　地势起伏区平缓坡地，土体较厚，养分含量高，高盖度草地，草毡发育较好，植被以高原嵩草为主，但牧业利用受海拔高、温度低影响，同时应该控制过度放牧和鼠害影响。

参比土种　高山草甸土。

代表性单个土体　位于西藏那曲市安多县帕那镇鄂钦村东北，32°19′41.76″N，91°43′19.7″E，海拔 4710 m，高原坡地下部，坡度 5°，母质为钙质岩风化坡积物，退化草地，植被盖度约 50%，50 cm 深处土温为 2.7℃，野外调查采样日期为 2015 年 7 月 9 日，编号 54-041。

鄂钦系代表性单个土体剖面

Ao：0～12 cm，棕色（10YR 4/4，干），暗棕色（10YR 3/3，润），壤土，中等发育屑粒状结构，松散，多量缠结草根，2%砾石，中度石灰反应，向下层波状清晰过渡。

ABd：12～30 cm，浊黄棕色（10YR 5/4，干），浊黄棕色（10YR 4/3，润），壤土，中等发育小块状—鳞片状结构，稍硬，少量草根，2%砾石，强度石灰反应，向下层波状清晰过渡。

Ab：30～42 cm，浊黄橙色（10YR 6/4，干），浊黄棕色（10YR 5/4，润），黏壤土，中等发育小块状结构，稍硬，少量草根，2%砾石，强度石灰反应，向下层波状清晰过渡。

Bw：42～75 cm，浊黄橙色（10YR 7/4，干），浊黄橙色（10YR 6/3，润），黏壤土，中等发育中块状结构，坚硬，15%砾石，强度石灰反应，向下层波状清晰过渡。

C：75～120 cm，浊黄橙色（10YR 7/4，干），浊黄橙色（10YR 6/3，润），壤土，稍硬，15%砾石，强度石灰反应。

鄂钦系代表性单个土体物理性质

土层	深度/cm	砾石（>2 mm，体积分数）/%	细土颗粒组成（粒径：mm）/(g/kg)			质地	容重/(g/cm³)
			砂粒 2～0.05	粉粒 0.05～0.002	黏粒 <0.002		
Ao	0～12	2	340	394	266	壤土	0.90
ABd	12～30	2	401	353	246	壤土	0.99
Ab	30～42	2	291	411	298	黏壤土	1.15
Bw	42～75	15	257	373	370	黏壤土	1.32
C	75～120	15	473	284	243	壤土	1.45

鄂钦系代表性单个土体化学性质

深度/cm	pH（H₂O）	有机碳/(g/kg)	全氮(N)/(g/kg)	全磷(P)/(g/kg)	全钾(K)/(g/kg)	CEC/[cmol(+)/kg]	CaCO₃/(g/kg)
0～12	8.1	65.7	3.83	0.62	8.6	18.6	88
12～30	8.3	38.5	3.22	0.66	8.5	17.5	108
30～42	8.5	23.1	2.29	0.64	8.9	14.1	93
42～75	8.6	11.2	1.34	0.66	9.3	9.9	95
75～120	8.8	3.5	0.48	0.43	8.2	4.9	96

11.6 普通草毡寒冻雏形土

11.6.1 哈索龙系(Hasuolong Series)

土　族：黏壤质盖粗骨壤质混合型非酸性-普通草毡寒冻雏形土
拟定者：赵玉国，吴华勇，杨　飞

分布与环境条件　主要分布于日喀则市昂仁县桑桑镇一带，高山坡地，海拔 4300～4700 m，坡度 15°～25°，退化草地，母质为残坡积物，高原亚寒带半干旱季风气候，年均气温−0.2℃，年均降水量 339 mm，年均日照时数 3187 h，无霜期约 60 d。

哈索龙系典型景观

土壤性状与特征变幅　诊断层包括草毡表层和雏形层；诊断特性包括寒性土壤温度状况、半干润土壤水分状况、冻融特征和石质接触面。有效土体厚度 30～60 cm，下伏半风化基岩；草毡表层厚度 10～15 cm，有机碳含量 20～30 g/kg，C/N 约 14；雏形层上界 12 cm，厚约 20 cm，可见鳞片状结构；通体无石灰反应，pH 6.5～7.0；层次质地构型为壤土-粉壤土-壤土-砂质壤土，砾石含量 5%～40%，黏粒含量 120～250 g/kg。

对比土系　地哈通系，同一土族，有效土体厚度小于 30 cm，通体粉壤土，所处海拔约 4100 m，表层有机碳含量大于 50 g/kg。

利用性能综述　地势起伏，土体浅薄，草毡层下即为半风化基岩，高盖度草地，草毡发育较好，植被以高原嵩草为主。受地形影响，草毡破碎，多呈斑状分布，同时降水较少，牧业利用价值受限制，容易受过度放牧影响，造成草毡层滑塌和水土流失，应控制放牧，保护植被。

参比土种　厚毡中层砾泥性泥质高山草甸土。

代表性单个土体 位于西藏日喀则市昂仁县桑桑镇哈索龙村东北，29°20′47.9″N，86°53′39.961″E，海拔4521 m，高山中坡中下部，坡度20°，母质为残坡积物，退化草地，覆盖度约60%，50 cm深处土温为3.7℃，野外调查采样日期为2015年6月30日，编号54-044。

哈索龙系代表性单个土体剖面

Ao：0～12 cm，亮棕色（7.5YR 5/6，干），暗棕色（7.5YR 3/3，润），壤土，强发育屑粒状结构，松散，多量缠结草根，5%砾石，向下层平滑清晰过渡。

AB：12～20 cm，棕色（10YR 4/4，干），暗棕色（10YR 3/3，润），粉壤土，强发育粒状—鳞片状结构，松散—稍硬，多量缠结草根，5%砾石，向下层平滑清晰过渡。

Bd：20～35 cm，橄榄棕色（2.5Y 4/6，干），暗橄榄棕色（2.5Y 3/3，润），壤土，弱发育小块状—鳞片状结构，稍硬，少量草根，40%半风化砾石，向下层波状清晰过渡。

Cd：35～50 cm，浊黄色（2.5Y 6/3，干），暗灰黄色（2.5Y 5/2，润），砂质壤土，弱发育鳞片状结构，稍硬，60%半风化砾石，向下层不规则突变过渡。

R：50～70 cm，基岩。

哈索龙系代表性单个土体物理性质

土层	深度/cm	砾石（>2 mm，体积分数）/%	细土颗粒组成(粒径：mm)/(g/kg)			质地	容重/(g/cm³)
			砂粒 2～0.05	粉粒 0.05～0.002	黏粒 <0.002		
Ao	0～12	5	322	460	218	壤土	1.09
AB	12～20	5	242	513	245	粉壤土	1.20
Bd	20～35	40	336	423	241	壤土	1.36
Cd	35～50	60	721	151	128	砂质壤土	1.40

哈索龙系代表性单个土体化学性质

深度/cm	pH(H₂O)	有机碳/(g/kg)	全氮(N)/(g/kg)	全磷(P)/(g/kg)	全钾(K)/(g/kg)	CEC/[cmol(+)/kg]	CaCO₃/(g/kg)
0～12	6.5	26.5	1.88	0.53	7.7	13.7	0
12～20	6.8	19.0	1.62	0.67	8.3	14.2	0
20～35	7.0	8.6	0.92	0.56	8.8	10.0	0
35～50	6.9	6.1	0.73	0.61	9.3	12.5	0

11.6.2 地哈通系（Dihatong Series）

土　族：黏壤质盖粗骨壤质混合型非酸性-普通草毡寒冻雏形土
拟定者：赵玉国，刘　峰，杨　帆

分布与环境条件　主要分布于昌都市丁青县色扎乡一带，高山坡地，海拔 3800～4200 m，坡度 5°～10°，母质为粉砂岩风化坡积物，高覆盖度草地，高原寒带气候，年均气温 3.5℃，年均降水量约 608 mm，年均日照时数约 2462 h，没有绝对无霜期。

地哈通系典型景观

土壤性状与特征变幅　诊断层包括草毡表层和雏形层；诊断特性包括寒性土壤温度状况、半干润土壤水分状况、冻融特征和石质接触面；有效土体厚度小于 30 cm，下伏半风化母岩；草毡表层厚度 5～15 cm，有机碳含量约 60 g/kg，C/N 约 14；雏形层上界 10 cm，厚度约 20 cm，可见鳞片状结构；通体无石灰反应，pH 6.5～6.7；通体粉壤土，砾石含量约 5%～60%，黏粒含量 200～250 g/kg。

对比土系　哈索龙系，同一土族，有效土体厚度 30～60 cm，层次质地构型为壤土-粉壤土-壤土-砂质壤土，所处海拔约 4500 m，表层有机碳含量 20～30 g/kg；达木嘎系，同一亚类不同土族，黏粒含量 160～230 g/kg。

利用性能综述　地势起伏，土体浅薄，草毡层下面即为半风化基岩，高盖度草地，草毡发育较好，植被以高原嵩草为主。牧业利用价值较高，容易受过度放牧影响，造成草毡层滑塌和水土流失，应控制放牧，保护植被。

参比土种　高山草甸土。

代表性单个土体　位于西藏昌都市丁青县色扎乡地哈通村南,31°31′58.882″N,95°18′03.737″E,海拔 4098 m,高山缓坡下部,坡度 8°,母质为粉砂岩风化坡积物,高覆盖度草地,覆盖度>90%,50 cm 深处土温为 6.7℃,野外调查采样日期为 2015 年 7 月 6 日,编号 54-049。

地哈通系代表性单个土体剖面

Ao: 0~10 cm,暗棕色（10YR 3/4,干）,黑棕色（10YR 2/3,润）,粉壤土,强发育屑粒状结构,松散,多量缠结草根,5%砾石,向下层平滑清晰过渡。

ABhd: 10~27 cm,暗棕色（10YR 3/4,干）,黑棕色（10YR 2/3,润）,粉壤土,强发育小块状—鳞片状结构,松散,中量草根,5%砾石,向下层波状清晰过渡。

Cd: 27~45 cm,浊黄棕色（10YR 5/3,干）,灰黄棕色（10YR 4/2,润）,粉壤土,弱发育小块状—鳞片状结构,稍硬,60%砾石,向下层平滑清晰过渡。

R: 45~60 cm,基岩。

地哈通系代表性单个土体物理性质

土层	深度 /cm	砾石 (>2 mm,体积分数)/%	细土颗粒组成(粒径: mm)/(g/kg)			质地	容重 /(g/cm³)
			砂粒 2~0.05	粉粒 0.05~0.002	黏粒 <0.002		
Ao	0~10	5	250	524	226	粉壤土	0.87
ABhd	10~27	5	170	580	250	粉壤土	0.98
Cd	27~45	60	269	531	200	粉壤土	1.32

地哈通系代表性单个土体化学性质

深度 /cm	pH (H₂O)	有机碳 /(g/kg)	全氮(N) /(g/kg)	全磷(P) /(g/kg)	全钾(K) /(g/kg)	CEC /[cmol(+)/kg]	CaCO₃ /(g/kg)
0~10	6.5	61.2	4.39	0.98	8.6	26.4	0
10~27	6.5	39.0	3.44	1.04	8.8	26.0	0
27~45	6.7	22.1	1.59	0.62	9.4	15.6	0

11.6.3 纳龙系（Nalong Series）

土　　族：黏壤质盖粗骨质硅质混合型非酸性-普通草毡寒冻雏形土
拟定者：赵玉国，刘 峰，杨 帆

分布与环境条件　主要分布于拉萨市当雄县乌玛塘乡一带，海拔 4400～4800 m，高山坡麓下部，坡度 2°～5°，母质为红砂岩风化残-坡积物，高覆盖度草地，高原亚寒带半干旱气候，年均气温约 2.7℃，年均降水量约 465 mm，年均日照时数约 2948 h，无霜期约 62 d。

纳龙系地表景观

土壤性状与特征变幅　诊断层包括草毡表层和雏形层；诊断特性包括寒性土壤温度状况、半干润土壤水分状况、冻融特征、红砂岩岩性特征和石质接触面；地表可见冻胀丘，有效土体厚度 30～60 cm，下伏半风化基岩；草毡表层厚度 15～20 cm，有机碳含量约 45 g/kg，C/N 约 14；雏形层上界 20 cm，厚度约 20 cm，可见鳞片状结构；通体无石灰反应，pH 6.1～6.5；层次质地构型为壤土-黏壤土-粉质黏壤土，砾石含量 10%～90%，黏粒含量 220～400 g/kg。

对比土系　娘巴错系，同一土族，层次质地构型为壤土-粉壤土-壤土，黏粒含量 150～240 g/kg，表土 pH 5.5；拿多拉山系，同一县域，同一亚纲不同土类，为暗沃寒冻雏形土，不具有草毡表层，具有暗沃表层，有效土体厚度 1 m 以上，pH 7.2～7.5，层次质地构型为壤土-黏壤土-砂质壤土。

利用性能综述　地势略起伏，土体较薄，草毡层下面即为半风化基岩，高盖度草地，草毡发育较好，植被以高原嵩草为主。但海拔较高，温度较低，草被高度低，牧业利用价值受限，应控制放牧，保护植被。

参比土种　厚毡中层砾砂壤性泥质亚高山草甸土。

代表性单个土体　位于西藏拉萨市当雄县乌玛塘乡纳龙村东北，30°35′44.13″N，91°30′1.09″E，海拔4611 m，高山坡麓下部，坡度3°，母质为红砂岩风化残-坡积物，高覆盖度草地，覆盖度>90%，50 cm深处土温为4.6℃，野外调查采样日期为2015年7月10日，编号54-082。

Ao:　0~20 cm，暗棕色（10YR 3/4，干），黑棕色（10YR 2/3，润），壤土，中等发育屑粒状结构，松散，多量缠结草根，10%砾石，向下层波状渐变过渡。

ABhd:　20~40 cm，暗棕色（10YR 3/4，干），黑棕色（10YR 2/3，润），黏壤土，中等发育小块状—鳞片状结构，松散—稍硬，中量草根，20%砾石，向下层波状突变过渡。

Cd:　40~50cm，红棕色（2.5YR 4/6，干），暗红棕色（2.5YR 3/2，润），粉质黏壤土，弱发育鳞片状结构，稍硬，90%砾石，向下层波状突变过渡。

R:　50~80 cm，基岩。

纳龙系代表性单个土体剖面

纳龙系代表性单个土体物理性质

土层	深度/cm	砾石（>2 mm，体积分数)/%	细土颗粒组成（粒径：mm)/(g/kg)			质地	容重/(g/cm³)
			砂粒 2~0.05	粉粒 0.05~0.002	黏粒 <0.002		
Ao	0~20	10	301	473	226	壤土	0.93
ABhd	20~40	20	277	414	309	黏壤土	1.07
Cd	40~50	90	126	474	400	粉质黏壤土	1.37

纳龙系代表性单个土体化学性质

深度/cm	pH(H_2O)	有机碳/(g/kg)	全氮(N)/(g/kg)	全磷(P)/(g/kg)	全钾(K)/(g/kg)	CEC/[cmol(+)/kg]	$CaCO_3$/(g/kg)
0~20	6.1	45.4	3.26	0.78	9.8	21.0	0
20~40	6.1	30.5	2.29	0.77	10.4	17.8	0
40~50	6.5	8.2	0.71	0.35	10.1	11.8	0

11.6.4 娘巴错系（Niangbacuo Series）

土　　族：黏壤质盖粗骨质混合型非酸性-普通草毡寒冻雏形土
拟定者：赵玉国，杨　飞，吴华勇

分布与环境条件　主要分布于山南市错那县错那镇一带，高山坡地，海拔 4300～4700 m，坡度 5°～8°，母质为冰碛物，草地，高原高寒气候，年均气温约-0.1℃，年均降水量约 387 mm，年均日照时数约 2653 h，无霜期约 42 d。

娘巴错系典型景观

土壤性状与特征变幅　诊断层包括草毡表层、雏形层和漂白层；诊断特性包括寒性土壤温度状况、半干润土壤水分状况和冻融特征；有效土体厚度约 60～90 cm，之下为砾石；草毡表层厚度 5～10 cm，有机碳含量约 70 g/kg，C/N 约 15；雏形层上界 7 cm，厚度约 50 cm，可见鳞片状结构；通体无石灰反应，pH 5.4～6.5；层次质地构型为壤土-粉壤土-壤土，黏粒含量 150～240 g/kg。

对比土系　纳龙系，同一土族，层次质地构型为壤土-黏壤土-粉质黏壤土，黏粒含量 220～400 g/kg，表土 pH 6.1；贡巴子系，同一县域，同一亚类不同土族，黏粒含量 110～190 g/kg，层次质地构型为壤土-粉壤土-壤土-砂质壤土。

利用性能综述　地势起伏区缓坡地，土体较厚，下部多砾石，高盖度草地，草毡发育较好，植被以高原嵩草为主。有较高牧业利用价值，如受过度放牧和鼠害影响，易造成草毡层滑塌和水土流失，应控制放牧和鼠害，保护植被。

参比土种　高山草甸土。

代表性单个土体 位于西藏山南地区错那县错那镇娘巴错东北，28°03′59.06″N，91°57′03.18″E，海拔 4588 m，高山缓坡中部，坡度 5°，母质为冰碛物，草地，覆盖度 80%，50 cm 深处土温为 2.9℃，野外调查采样日期为 2015 年 7 月 10 日，编号 54-074。

Ao: 0～7 cm，暗棕色（10YR 3/4，干），黑棕色（10YR 2/3，润），壤土，中等发育屑粒状结构，松散，多量缠结草根，15%砾石，向下层平滑清晰过渡。

ABhd: 7～16 cm，浊黄棕色（10YR 5/3，干），灰黄棕色（10YR 4/2，润），粉壤土，中等发育小块状—鳞片状结构，松散—稍硬，中量草根，20%砾石，向下层平滑清晰过渡。

Bd: 16～55 cm，橄榄黄色（7.5Y 6/3，干），灰橄榄色（7.5Y 5/2，润），壤土，弱发育鳞片状结构，稍硬，少量草根，75%砾石，向下层波状渐变过渡。

Ed: 55～80 cm，淡灰色（7.5Y 7/2，干），灰色（7.5Y 6/1，润），壤土，弱发育鳞片状结构，稍硬，75%砾石。

娘巴错系代表性单个土体剖面

娘巴错系代表性单个土体物理性质

土层	深度/cm	砾石（>2 mm，体积分数）/%	细土颗粒组成(粒径：mm)/(g/kg)			质地	容重/(g/cm³)
			砂粒 2～0.05	粉粒 0.05～0.002	黏粒 <0.002		
Ao	0～7	15	302	489	209	壤土	0.81
ABhd	7～16	20	229	537	234	粉壤土	0.92
Bd	16～55	75	437	395	168	壤土	1.36
Ed	55～80	75	351	491	158	壤土	1.46

娘巴错系代表性单个土体化学性质

深度/cm	pH(H_2O)	有机碳/(g/kg)	全氮(N)/(g/kg)	全磷(P)/(g/kg)	全钾(K)/(g/kg)	CEC/[cmol(+)/kg]	$CaCO_3$/(g/kg)
0～7	5.5	69.8	4.78	1.23	7.5	25.2	0
7～16	5.4	46.5	3.64	1.20	7.8	23.7	0
16～55	6.0	9.0	0.97	0.68	7.4	8.2	0
55～80	6.5	3.1	0.32	0.52	7.2	3.7	0

11.6.5 贡巴子系（Gongbazi Series）

土　　族：壤质盖粗骨质混合型非酸性-普通草毡寒冻雏形土
拟定者：赵玉国，杨　飞，吴华勇

分布与环境条件　主要分布于山南市错那县错那镇周边，高山坡地，海拔 4100～4500 m，坡度 5°～8°，母质为冰碛物，高覆盖度草地，高原高寒气候，年均气温约-0.3℃，年均降水量约 389 mm，年均日照时数约 2643 h，无霜期约 42 d。

贡巴子系典型景观

土壤性状与特征变幅　诊断层包括草毡表层和雏形层；诊断特性包括寒性土壤温度状况、半干润土壤水分状况和冻融特征；地表可见冻融丘，有效土体厚度 30～60 cm，之下为砾石；草毡表层厚度 5～10 cm，有机碳含量约 60 g/kg，C/N 约 14；雏形层上界 10 cm，厚度小于 30 cm，可见鳞片状结构；通体无石灰反应，pH 5.8～7.5；层次质地构型为壤土-粉壤土-壤土-砂质壤土，砾石含量 10%～90%，粉粒含量 310～470 g/kg。

对比土系　达木嘎系，同一土族，有效土体厚度小于 30 cm，通体粉壤土；娘巴错系，同一县域，同一亚类不同土族，黏粒含量 150～240 g/kg，层次质地构型为壤土-粉壤土-壤土；香加拉系，同一县域，同一亚纲不同土类，为简育寒冻雏形土，无草毡表层，具有淡薄表层，层次质地构型为砂质壤土-壤土-砂质壤土。

利用性能综述　地势略起伏，土体较厚，下部多砾石，高盖度草地，草毡层发育较好，植被以高原嵩草为主，但草被高度较低，牧业利用价值受限制，容易受过度放牧影响，造成草毡层滑塌和水土流失，应控制放牧，保护植被。

参比土种　中毡厚层砾泥性泥质亚高山草甸土。

代表性单个土体　位于西藏山南地区错那县错那镇贡巴子村，27°59′14.94″N，91°58′55.15″E，海拔4315 m，高山缓坡坡麓，坡度6°，母质为冰碛物，高覆盖度草地，覆盖度>90%，50 cm深处土温为3.9℃，野外调查采样日期为2015年7月9日，编号54-073。

Ao：0~8 cm，暗棕色(10YR 3/4，干)，黑棕色(10YR 2/3，润)，壤土，强发育屑粒状结构，松散，多量缠结草根，10%砾石，向下层平滑清晰过渡。

Bd1：8~22 cm，棕色(10YR 4/4，干)，暗棕色(10YR 3/3，润)，粉壤土，中等发育粒状—鳞片状结构，松散—稍硬，中量草根，20%砾石，向下层平滑清晰过渡。

Bd2：22~35 cm，浊黄橙色(10YR 6/3，干)，灰黄棕色(10YR 5/2，润)，壤土，弱发育小块状—鳞片状结构，稍硬，少量草根，50%砾石，向下层波状清晰过渡。

C：35~70 cm，淡灰色(7.5Y 7/2，干)，棕灰色(7.5YR 6/1，润)，砂质壤土，无结构，90%砾石。

贡巴子系代表性单个土体剖面

贡巴子系代表性单个土体物理性质

土层	深度/cm	砾石(>2 mm，体积分数)/%	细土颗粒组成(粒径：mm)/(g/kg)			质地	容重/(g/cm³)
			砂粒 2~0.05	粉粒 0.05~0.002	黏粒 <0.002		
Ao	0~8	10	377	466	157	壤土	0.86
Bd1	8~22	20	305	508	187	粉壤土	1.06
Bd2	22~35	50	485	380	135	壤土	1.24
C	35~70	90	566	318	116	砂质壤土	1.48

贡巴子系代表性单个土体化学性质

深度/cm	pH(H₂O)	有机碳/(g/kg)	全氮(N)/(g/kg)	全磷(P)/(g/kg)	全钾(K)/(g/kg)	CEC/[cmol(+)/kg]	CaCO₃/(g/kg)
0~8	5.8	60.5	4.31	1.30	7.9	22.7	0
8~22	6.4	30.8	2.60	1.14	8.4	20.1	0
22~35	7.1	16.2	1.67	0.88	8.9	12.7	0
35~70	7.5	2.4	0.58	0.54	8.5	4.2	0

11.6.6 达木嘎系(Damuga Series)

土 族：壤质盖粗骨质混合型非酸性-普通草毡寒冻雏形土
拟定者：赵玉国，刘 峰，杨 帆

分布与环境条件 主要分布于林芝市工布江达县日多乡一带，海拔 4400～4800 m，高山坡地，坡度 5°～10°，母质为残坡积物，高覆盖度牧草地，温带半干润高原季风气候，年均气温约 2.7℃，年均降水量约 505 mm，年均日照时数约 2918 h，无霜期约 156 d。

达木嘎系典型景观

土壤性状与特征变幅 诊断层包括草毡表层和雏形层；诊断特性包括寒性土壤温度状况、半干润土壤水分状况、冻融特征和石质接触面。有效土体厚度小于 30 cm，下伏基岩；草毡表层厚度 5～15 cm，有机碳含量约 70 g/kg，C/N 约 14；雏形层上界 10 cm，厚度约 20 cm，可见鳞片状结构；通体无石灰反应，pH 5.4～5.8；通体粉壤土，砾石含量 5%～20%，粉粒含量 560～590 g/kg。

对比土系 贡巴子系，同一县域，同一土族，有效土体厚度 30～60 cm，层次质地构型为壤土-粉壤土-壤土-砂质壤土；地哈通系，同一亚类不同土族，黏粒含量 200～250 g/kg。

利用性能综述 地势起伏，土体浅薄，草毡层下即为半风化基岩，高盖度草灌，草毡发育较好，水分条件较好，牧业利用价值较高，注意保护植被，防止水土流失。

参比土种 中毡薄层壤性泥质高山灌丛草甸土。

代表性单个土体 位于西藏林芝市工布江达县日多乡达木嘎村北，29°51′55″N，

92°19′57″E,海拔 4637 m,高山中坡下部,坡度 10°,母质为残坡积物,高覆盖度草地,覆盖度>90%,50 cm 深处土温为 4.6℃,野外调查采样日期为 2015 年 6 月 29 日,编号 54-071。

达木嘎系代表性单个土体剖面

Ao: 0~10 cm,暗棕色(7.5YR 3/3,干),黑棕色(7.5YR 2/2,润),5%砾石,粉壤土,强发育屑粒状结构,松散,多量缠结草根,向下层波状渐变过渡。

ABhd: 10~20 cm,棕色(7.5YR 4/3,干),黑棕色(7.5YR 3/2,润),5%砾石,粉壤土,中等发育粒状—鳞片状结构,松散—稍硬,多量草根,向下层波状渐变过渡。

Bd: 20~28 cm,浊棕色(7.5YR 5/3,干),灰棕色(7.5YR 4/2,润),20%砾石,粉壤土,弱发育小块状—鳞片状结构,稍硬,少量草根,向下层波状突变过渡。

C: 30~45 cm,浊棕色(7.5YR 5/3,干),灰棕色(7.5YR 4/2,润),硬,95%砾石。

达木嘎系代表性单个土体物理性质

土层	深度 /cm	砾石 (>2 mm,体积分数)/%	细土颗粒组成(粒径:mm)/(g/kg)			质地	容重 /(g/cm³)
			砂粒 2~0.05	粉粒 0.05~0.002	黏粒 <0.002		
Ao	0~10	5	256	582	162	粉壤土	0.77
ABhd	10~20	5	261	567	172	粉壤土	0.86
Bd	20~28	20	196	580	224	粉壤土	1.00

达木嘎系代表性单个土体化学性质

深度 /cm	pH (H₂O)	有机碳 /(g/kg)	全氮(N) /(g/kg)	全磷(P) /(g/kg)	全钾(K) /(g/kg)	CEC /[cmol(+)/kg]	CaCO₃ /(g/kg)
0~10	5.4	70.2	5.08	0.98	8.9	22.7	0
10~20	5.5	54.9	4.31	1.02	9.0	24.0	0
20~28	5.8	37.1	2.93	1.46	9.2	24.2	0

11.6.7 扎玛尔塘系（Zhamaertang Series）

土　族：粗骨壤质混合型非酸性-普通草毡寒冻雏形土
拟定者：李德成，杨仁敏，王　帅

分布与环境条件　主要分布于那曲市索县亚拉镇一带，高山沟谷，海拔 3800～4200 m，母质为冲积物，高覆盖度草地，高原亚寒带季风气候，年均气温 1.8℃，年均降水量约 583 mm，年均日照时数约 2442 h，无霜期 40 d。

扎玛尔塘系典型景观

土壤性状与特征变幅　诊断层包括草毡表层和雏形层；诊断特性包括寒性土壤温度状况、半干润土壤水分状况和冻融特征。有效土体厚度 30～60 cm，草毡表层厚度 5～10 cm，有机碳含量约 45 g/kg，C/N 约 14；雏形层上界 7 cm，厚度约 30 cm，可见鳞片状结构；通体无石灰反应，pH 7.3～7.9；层次质地构型为壤土-砂质壤土，砾石含量 30%～50%，砂粒含量 320～740 g/kg。

对比土系　查仓囊系，同一土族，草毡表层有机碳含量约 65 g/kg，pH 7.2～9.0，母质层有轻度石灰反应，碳酸钙含量 8 g/kg，层次质地构型为壤土-砂质壤土，砾石含量 10%～80%。

利用性能综述　地势平坦，土体较浅，土壤养分含量高，草毡层下即为冲积砾石，高盖度草地，草毡发育较好，植被以高原嵩草为主，夹杂其他矮灌和草本植物，牧业利用价值较高。

参比土种　厚毡中层砾砂壤性泥质亚高山草甸土。

代表性单个土体　位于西藏那曲市索县亚拉镇扎玛尔塘村东，31°55′54.484″N，93°53′24.245″E，海拔 4015 m，高山沟谷，母质为冲积物，高覆盖度草地，覆盖度>90%，50 cm 深处土温为 4.7℃，野外调查采样日期为 2015 年 7 月 7 日，编号 54-051。

扎玛尔塘系代表性单个土体剖面

Ao：　0~7 cm，棕黑棕色（10YR 4/4，干），暗棕色（10YR 3/3，润），壤土，强发育屑粒状结构，松散，多量缠结草根，30%砾石，向下层平滑清晰过渡。

ABh：7~15 cm，浊黄棕色（10YR 4/3，干），黑棕色（10YR 3/2，润），壤土，强发育粒状—鳞片状结构，松散—稍硬，多量缠结草根，30%砾石，向下层不规则清晰过渡。

Bd1：15~25 cm，橄榄棕色（2.5Y 4/4，干），暗橄榄棕色（2.5Y 3/3，润），壤土，弱发育小块状—鳞片状结构，稍硬，少量草根，40%砾石，向下层波状清晰过渡。

Bd2：25~40 cm，黄棕色（2.5Y 5/3，干），暗灰黄色（2.5Y 4/2，润），砂质壤土，弱发育小块状—鳞片状结构，稍硬，50%砾石。

C：40cm 以下，冲积砾石。

扎玛尔塘系代表性单个土体物理性质

土层	深度/cm	砾石（>2 mm，体积分数）/%	细土颗粒组成（粒径：mm）/(g/kg)			质地	容重/(g/cm³)
			砂粒 2~0.05	粉粒 0.05~0.002	黏粒 <0.002		
Ao	0~7	30	331	455	214	壤土	1.02
ABh	7~15	30	453	346	201	壤土	1.11
Bd1	15~25	40	320	429	251	壤土	1.21
Bd2	25~40	50	733	170	97	砂质壤土	1.28

扎玛尔塘系代表性单个土体化学性质

深度/cm	pH (H_2O)	有机碳/(g/kg)	全氮(N)/(g/kg)	全磷(P)/(g/kg)	全钾(K)/(g/kg)	CEC/[cmol(+)/kg]	$CaCO_3$/(g/kg)
0~7	7.3	45.4	3.08	0.79	9.6	16.8	0
7~15	7.5	27.0	2.63	0.76	10.6	15.9	0
15~25	7.8	18.8	1.90	0.70	11.5	12.3	0
25~40	7.9	13.8	1.71	0.69	12.3	12.5	0

11.6.8 查仓囊系（Zhacangnang Series）

土　　族：粗骨壤质混合型非酸性-普通草毡寒冻雏形土
拟定者：赵玉国，刘 峰，杨 帆

分布与环境条件　主要分布于昌都市丁青县丁青镇一带，山前洪积扇，海拔 3700～4100 m，坡度 3°～5°，母质为洪积物，高覆盖度草地，高原寒带气候，年均气温 3.4℃，年均降水量约 574 mm，年均日照时数约 2434 h，没有绝对无霜期。

查仓囊系典型景观

土壤性状与特征变幅　诊断层包括草毡表层和雏形层；诊断特性包括寒性土壤温度状况、半干润土壤水分状况和冻融特征；地表粗碎块面积约 5%，有效土体厚度约 40 cm，之下为砾石，草毡表层厚度 5～15 cm，有机碳含量约 65 g/kg，C/N 约 16；之下为雏形层，厚度约 30 cm；通体 pH 7.2～9.0，母质层有轻度石灰反应，碳酸钙含量 8 g/kg；层次质地构型为壤土-砂质壤土，砾石含量 10%～80%，砂粒含量 370～660 g/kg，粉粒含量 220～430 g/kg。

对比土系　扎玛尔塘系，同一土族，草毡表层有机碳含量约 45 g/kg，通体无石灰反应，pH 7.3～7.9，层次质地构型为壤土-砂质壤土，砾石含量 30%～50%。

利用性能综述　坡麓冲洪积物，土体厚，土壤养分较好，多砾石，高盖度草地，草毡发育较好，植被以高原嵩草为主。靠近居民区域，牧业利用价值较高，也易受过度放牧影响，注意保护植被。

参比土种　中毡厚层砾泥性泥质亚高山草甸土。

代表性单个土体　位于西藏昌都市丁青县丁青镇查仓囊村东北，31°35′18.42″N，95°42′57.26″E，海拔 3910 m，山前洪积扇，坡度 3°，母质为洪积物，高覆盖度草地，盖度约 80%，50 cm 深处土温为 6.3℃，野外调查采样日期为 2015 年 7 月 5 日，编号 54-052。

查仓囊系代表性单个土体剖面

Ao：0~12 cm，暗灰黄色（2.5Y 4/2，干），黑棕色（2.5Y 3/1，润），壤土，中等发育屑粒状结构，松散，多量草根，10%砾石，向下层波状清晰过渡。

Bd1：12~22 cm，暗灰黄色（2.5Y 5/2，干），黄灰色（2.5Y 4/1，润），壤土，弱发育小块状—鳞片状结构，稍硬，多量草根，50%砾石，向下层波状渐变过渡。

Bd2：22~40 cm，灰黄色（2.5Y 6/2，干），黄灰色（2.5Y 5/1，润），壤土，弱发育小块状—鳞片状结构，稍硬，50%砾石，向下层波状渐变过渡。

C：40~120 cm，暗灰黄色（2.5Y 5/2，干），黄灰色（2.5Y 4/1，润），砂质壤土，无结构，稍硬，80%砾石，轻度石灰反应。

查仓囊系代表性单个土体物理性质

土层	深度/cm	砾石（>2 mm，体积分数）/%	细土颗粒组成(粒径：mm)/(g/kg)			质地	容重/(g/cm³)
			砂粒 2~0.05	粉粒 0.05~0.002	黏粒 <0.002		
Ao	0~12	10	459	371	170	壤土	1.19
Bd1	12~22	50	374	424	202	壤土	1.31
Bd2	22~40	50	395	404	201	壤土	/
C	40~120	80	657	226	117	砂质壤土	/

查仓囊系代表性单个土体化学性质

深度/cm	pH(H_2O)	有机碳/(g/kg)	全氮(N)/(g/kg)	全磷(P)/(g/kg)	全钾(K)/(g/kg)	CEC/[cmol(+)/kg]	$CaCO_3$/(g/kg)
0~12	7.2	65.2	3.99	1.16	10.6	23.8	0
12~22	7.3	22.0	2.46	0.71	11.6	10.3	0
22~40	8.9	8.3	1.30	0.62	12.1	6.2	0
40~120	9.0	5.5	1.09	0.60	11.2	5.2	8

11.6.9 档楚系（Dangchu Series）

土　族：砂质混合型非酸性-普通草毡寒冻雏形土
拟定者：赵玉国，吴华勇，杨　飞

分布与环境条件　分布于西藏日喀则市南木林县达孜乡一带，高山坡麓，海拔 4200～4600 m，坡度 2°～5°，母质为冲洪积物，高覆盖度草地，高原寒带半干旱气候，年均气温约 3.1℃，年均降水量约 357 mm，年均日照时数约 3009 h，无霜期 95～125 d。

档楚系典型景观

土壤性状与特征变幅　诊断层包括草毡表层和雏形层；诊断特性包括寒性土壤温度状况、半干润土壤水分状况、冻融特征和氧化还原特征；有效土体厚度 60～90 cm，草毡表层厚度 10～15 cm，有机碳含量约 33 g/kg，C/N 约 14；雏形层上界 12 cm，厚约 56 cm，可见鳞片状结构；通体无石灰反应，pH 6.4～6.7；层次质地构型为壤质砂土-壤土-砂质壤土-壤质砂土，砾石含量 5%～30%，砂粒含量 500～830 g/kg。

对比土系　郎岭塘系，同一土族，有效土体厚度 1 m 以上，16～90 cm 之间有钙积现象，碳酸钙含量 27～47 g/kg，通体 pH 7.4～9.1，层次质地构型为壤质砂土-砂质壤土-壤质砂土；拥哇系，同一县域不同土类，为简育寒冻雏形土，不具有草毡表层，pH 6.2～7.3，层次质地构型为壤土-砂质壤土-壤质砂土。

利用性能综述　地势起伏区缓坡位置，土体深厚，高盖度草地，草毡发育较好，植被以高原嵩草为主。草毡破碎，降水较少，牧业利用价值受限制，易受过度放牧和鼠害影响，造成草毡层退化，应控制放牧和鼠害，保护植被。

参比土种 亚高山草甸土。

代表性单个土体 位于西藏日喀则市南木林县芒热乡档楚村西南,29°43′23.994″N,89°47′38.029″E,海拔 4443 m,高山缓坡坡麓,坡度 3°,母质为冲洪积物,高覆盖度草地,50 cm 深处土温为 6.0℃,野外调查采样日期为 2015 年 6 月 29 日,编号 54-066。

档楚系代表性单个土体剖面

Ao: 0~12 cm,棕色(10YR 4/4,干),暗棕色(10YR 3/3,润),壤质砂土,弱发育屑粒状结构,松散,多量草被细根,5%砾石,向下层平滑清晰过渡。

ABw: 12~35 cm,暗棕色(10YR 3/4,干),黑棕色(10YR 2/3,润),壤土,弱发育中块状结构,坚硬,中量草根,1 个鼠洞,15%砾石,向下层波状渐变过渡。

Bd1: 35~50 cm,棕色(7.5YR 4/3,干),黑棕色(7.5YR 3/2,润),砂质壤土,弱发育中块状结构—鳞片状结构,坚硬,15%砾石,向下层波状渐变过渡。

Bd2: 50~75 cm,浊黄棕色(10YR 5/4,干),浊黄棕色(10YR 4/3,润),壤质砂土,弱发育中块状结构—鳞片状结构,1 个鼠洞,30%砾石,向下层平滑清晰过渡。

Cr: 75~110 cm,浊黄橙色(10YR 6/3,干),灰黄棕色(10YR 5/2,润),砂质壤土,无结构,少量铁锰斑纹,5%砾石。

档楚系代表性单个土体物理性质

土层	深度/cm	砾石(>2 mm,体积分数)/%	细土颗粒组成(粒径: mm)/(g/kg)			质地	容重/(g/cm³)
			砂粒 2~0.05	粉粒 0.05~0.002	黏粒 <0.002		
Ao	0~12	5	782	165	53	壤质砂土	1.10
ABw	12~35	15	504	363	133	壤土	1.19
Bd1	35~50	15	572	319	109	砂质壤土	1.15
Bd2	50~75	30	825	133	42	壤质砂土	1.38
Cr	75~120	5	726	210	64	砂质壤土	1.46

档楚系代表性单个土体化学性质

深度/cm	pH(H_2O)	有机碳/(g/kg)	全氮(N)/(g/kg)	全磷(P)/(g/kg)	全钾(K)/(g/kg)	CEC/[cmol(+)/kg]	$CaCO_3$/(g/kg)
0~12	6.7	32.7	2.31	0.91	9.4	11.1	0
12~35	6.4	19.9	1.91	0.96	9.8	14.0	0
35~50	6.4	23.3	2.09	1.10	10.0	15.8	0
50~75	6.4	7.7	0.70	0.86	10.4	10.3	0
75~110	6.6	3.2	0.41	0.69	10.4	7.5	0

11.6.10 郎岭塘系（Langlingtang Series）

土　　族：砂质混合型非酸性-普通草毡寒冻雏形土
拟定者：赵玉国，刘　峰，杨　帆

分布与环境条件　主要分布于那曲市色尼区香茂乡一带，海拔 4500～4900 m，冲积平原，母质为冲积物，高覆盖度草地，高原亚寒带半干旱气候，年均气温约 –2.2℃，年均降水量约 473 mm，年均日照时数约 2895 h，无绝对无霜期。

郎岭塘系典型景观

土壤性状与特征变幅　诊断层包括草毡表层和雏形层；诊断特性包括寒性土壤温度状况、半干润土壤水分状况、冻融特征、钙积现象和氧化还原特征；有效土体厚度 1 m 以上，草毡表层厚度 15～20 cm，有机碳含量约 28 g/kg，C/N 约 14；之下为深厚的雏形层，其中，16～90 cm 之间有钙积现象，碳酸钙含量 27～47 g/kg，43 cm 以下可见鳞片状结构和铁锰斑纹；通体 pH 7.4～9.1；层次质地构型为壤质砂土-砂质壤土-壤质砂土，砂粒含量 670～880 g/kg。

对比土系　档楚系，同一土族，有效土体厚度 60～90 cm，草毡表层厚度 10～15 cm，通体无石灰反应，pH 6.4～6.7，层次质地构型为壤质砂土-壤土-砂质壤土-壤质砂土。

利用性能综述　地势平缓，土体深厚，高盖度草地，植被以高原嵩草为主，草毡层有一定程度破碎，受高海拔低温影响，草被高度低，是良好的牧业用地，但生草产量不高。注意控制放牧和鼠害，保护植被。

参比土种　中毡厚层砾泥性泥质高山草甸土。

代表性单个土体　位于西藏那曲市色尼区香茂乡郎岭塘附近，30°58′40.21″N，

91°39′23.29″E,海拔 4717 m,冲积平原,母质为冲积物,高覆盖度草地,覆盖度>90%,50 cm 深处土温为 0.7℃,野外调查采样日期为 2015 年 7 月 10 日,编号 54-081。

Ao: 0~16 cm,棕色(10YR 4/6,干),暗棕色(10YR 3/4,润),壤质砂土,中等发育屑粒状结构,松散,多量草根,向下层波状清晰过渡。

Bk: 16~43 cm,棕色(10YR 4/4,干),暗棕色(10YR 3/3,润),砂质壤土,中等发育中块状结构,稍硬,少量草根,20%砾石,轻度石灰反应,向下层波状清晰过渡。

Bkdr: 43~90 cm,浊黄橙色(10YR 7/3,干),灰黄棕色(10YR 6/2,润),砂质壤土,弱发育鳞片状结构,稍硬,少量铁锰斑纹,10%砾石,中度石灰反应,向下层不规则突变过渡。

Br: 90~110 cm,浊黄橙色(10YR 7/3,干),灰黄棕色(10YR 6/2,润),壤质砂土,弱发育小块状结构,稍硬,少量铁锰斑纹。

郎岭塘系代表性单个土体剖面

郎岭塘系代表性单个土体物理性质

土层	深度 /cm	砾石 (>2 mm,体积分数)/%	细土颗粒组成(粒径:mm)/(g/kg)			质地	容重 /(g/cm³)
			砂粒 2~0.05	粉粒 0.05~0.002	黏粒 <0.002		
Ao	0~16	0	803	134	63	壤质砂土	1.13
Bk	16~43	20	786	111	103	砂质壤土	1.21
Bkdr	43~90	10	674	183	143	砂质壤土	1.48
Br	90~110	0	870	81	49	壤质砂土	1.51

郎岭塘系代表性单个土体化学性质

深度 /cm	pH (H_2O)	有机碳 /(g/kg)	全氮(N) /(g/kg)	全磷(P) /(g/kg)	全钾(K) /(g/kg)	CEC /[cmol(+)/kg]	$CaCO_3$ /(g/kg)
0~16	7.4	28.2	2.13	0.50	11.7	12.7	0
16~43	8.0	18.3	1.47	0.54	11.1	11.1	27
43~90	9.1	9.9	0.14	0.38	11.3	2.7	47
90~110	9.1	2.3	0.07	0.39	13.0	1.8	0

11.6.11 瓦康山系（Wakangshan Series）

土　族：粗骨砂质硅质混合型非酸性-普通草毡寒冻雏形土
拟定者：赵玉国，鞠 兵，宋效东

分布与环境条件　主要分布于日喀则市亚东县帕里镇一带，高山坡地，海拔 4000～4500 m，坡度 10°～15°，母质为砂岩风化坡积物，高覆盖度草地，亚热带半湿润季风气候，年均气温约 0℃，年均降水量约 426 mm，年均日照时数约 2684 h，无霜期约 36 d。

瓦康山系典型景观

土壤性状与特征变幅　诊断层包括草毡表层和雏形层；诊断特性包括寒性土壤温度状况、半干润土壤水分状况和冻融特征；有效土体厚度 30～60 cm，之下为砾石；草毡表层厚度 5～15 cm，有机碳含量约 50 g/kg，C/N 约 14；之下为雏形层，厚度约 40 cm，可见鳞片状结构；通体无石灰反应，pH 5.6～6.0；层次质地构型为砂质壤土-壤质砂土-砂质壤土，砾石含量 10%～80%，砂粒含量 650～810 g/kg。

对比土系　帕里系，同一县域不同土纲，具有有机表层、寒性土壤温度状况、潮湿土壤水分状况、钙积现象、有机土壤物质和潜育特征，为矿底半腐正常有机土。

利用性能综述　地势起伏区平缓部位，土体较厚，草毡层下多砾石，高盖度草地，草毡发育较好，植被以高原嵩草为主，但草被高度较低，生草产量较低，易受过度放牧影响，造成草毡层滑塌和水土流失，应控制放牧，保护植被。

参比土种　中毡厚层砾泥性泥质亚高山草甸土。

代表性单个土体 位于西藏日喀则市亚东县帕里镇瓦康山附近,27°40′37.36″N,89°6′18″E,海拔 4239 m,高山缓坡,坡度 10°,母质为砂岩风化坡积物,高覆盖度草地,覆盖度>90%,50 cm 深处土温 3.9℃,野外调查采样日期为 2015 年 7 月 8 日,编号 54-117。

Ao: 0~11 cm,暗棕色(10YR 3/4,干),黑棕色(10YR 2/3,润),砂质壤土,中等发育屑粒状结构,松散,多量草根,10%砾石,向下层平滑清晰过渡。

ABw: 11~24 cm,浊黄棕色(10YR 5/4,干),浊黄棕色(10YR 4/3,润),壤质砂土,中等发育粒状—小块状结构,松散—稍硬,多量草根,40%砾石,向下层平滑清晰过渡。

Bd: 24~50 cm,浊黄橙色(10YR 7/3,干),灰黄棕色(10YR 6/2,润),壤质砂土,弱发育鳞片状结构,稍硬,中量草根,50%砾石,向下层不规则渐变过渡。

C: 50~95 cm,浊黄橙色(10YR 7/3,干),灰黄棕色(10YR 6/2,润),砂质壤土,无结构,80%砾石。

瓦康山系代表性单个土体剖面

瓦康山系代表性单个土体物理性质

土层	深度/cm	砾石(>2 mm,体积分数)/%	细土颗粒组成(粒径: mm)/(g/kg)			质地	容重/(g/cm³)
			砂粒 2~0.05	粉粒 0.05~0.002	黏粒 <0.002		
Ao	0~11	10	658	225	117	砂质壤土	0.91
ABw	11~24	40	780	150	70	壤质砂土	1.07
Bd	24~50	50	804	122	74	壤质砂土	1.43
C	50~95	80	713	214	73	砂质壤土	1.47

瓦康山系代表性单个土体化学性质

深度/cm	pH(H_2O)	有机碳/(g/kg)	全氮(N)/(g/kg)	全磷(P)/(g/kg)	全钾(K)/(g/kg)	CEC/[cmol(+)/kg]	$CaCO_3$/(g/kg)
0~11	6.0	48.6	3.62	1.17	10.9	20.4	0
11~24	5.6	30.3	2.26	0.97	11.7	19.3	0
24~50	6.0	4.9	0.53	0.49	10.8	8.2	0
50~95	6.2	2.9	0.35	0.42	10.7	5.9	0

11.7 普通暗沃寒冻雏形土

11.7.1 佰绘系（Baihui Series）

土　　族：砂质盖粗骨质混合型非酸性-普通暗沃寒冻雏形土
拟定者：赵玉国，杨　飞，吴华勇

分布与环境条件　主要分布于山南市乃东区昌珠镇一带，高山缓坡，海拔 4300～4700 m，坡度 3°～5°，母质为冰碛物，中覆盖度草地，高原温带半干旱季风气候，年均气温约 0.5℃，年均降水量约 387 mm，年均日照时数约 2863 h，无霜期约 143 d。

佰绘系典型景观

土壤性状与特征变幅　诊断层包括暗沃表层和雏形层；诊断特性包括寒性土壤温度状况、半干润土壤水分状况和冻融特征。有效土体厚度 30～60 cm，之下为洪冲积砾石；暗沃表层厚度 15～25 cm，有机碳含量 20～30 g/kg；之下为雏形层，可见鳞片状结构；通体无石灰反应，pH 6.6～7.0；层次质地构型为壤质砂土-砂质壤土-砂土，砾石含量 10%～90%，砂粒含量 710～970 g/kg。

对比土系　拿多拉山系，同一亚类不同土族，有效土体厚度 1 m 以上，pH 7.2～7.5，层次质地构型为壤土-黏壤土-壤土-砂质壤土，砾石含量 2%～40%，黏粒含量 120～300 g/kg；仁吉岗系，同一县域，具有淡薄表层和雏形层，为雏形土，有效土体厚度大于 1 m，60 cm 以下呈现轻度石灰反应，碳酸钙含量小于 20 g/kg，通体 pH 6.8～8.5，通体粉壤土；醸阁东系，同一亚类不同土族，pH 5.6～6.2，层次质地构型为砂壤土-壤质砂土。

利用性能综述　高原缓岗区域，土体较厚，中等盖度草地，植被以高原嵩草为主，根系缠结较弱，草被高度很低，生草产量低，牧业利用价值低，应控制放牧，保护植被。

参比土种　砾泥性砂壤性洪积高山草甸草原土。

代表性单个土体　位于西藏山南市乃东区亚堆乡佰绘村附近，28°51′15.94″N，91°59′25.39″E，海拔 4582 m，高山缓坡，坡度 3°，母质为冰碛物，中覆盖度草地，覆盖度约 70%，50 cm 深处土温为 4.6℃，野外调查采样日期为 2015 年 7 月 9 日，编号 54-085。

佰绘系代表性单个土体剖面

Ah1：0~9 cm，棕色（10YR 4/4，干），暗棕色（10YR 3/3，润），10%砾石，壤质砂土，中等发育屑粒状结构，松散，多量草根，向下层平滑清晰过渡。

Ah2：9~21 cm，浊黄棕色（10YR 5/4，干），浊黄棕色（10YR 4/3，润），20%砾石，壤质砂土，中等发育粒状—小块状结构，松散—稍硬，中量草根，向下层平滑渐变过渡。

Bd：21~34 cm，橄榄棕色（2.5Y 4/4，干），暗橄榄棕色（2.5Y 3/3，润），20%砾石，砂质壤土，弱发育鳞片状，稍硬，少量草根，向下层平滑清晰过渡。

2C：34~80 cm，黄棕色（2.5Y 5/4，干），橄榄棕色（2.5Y 4/3，润），90%砾石，砂土，无结构。

佰绘系代表性单个土体物理性质

土层	深度/cm	砾石（>2 mm，体积分数）/%	细土颗粒组成（粒径：mm）/(g/kg)			质地	容重/(g/cm³)
			砂粒 2~0.05	粉粒 0.05~0.002	黏粒 <0.002		
Ah1	0~9	10	788	173	39	壤质砂土	1.09
Ah2	9~21	20	819	143	38	壤质砂土	1.19
Bd	21~34	20	713	231	56	砂质壤土	1.26
2C	34~80	90	961	32	7	砂土	1.43

佰绘系代表性单个土体化学性质

深度/cm	pH(H_2O)	有机碳/(g/kg)	全氮(N)/(g/kg)	全磷(P)/(g/kg)	全钾(K)/(g/kg)	CEC/[cmol(+)/kg]	$CaCO_3$/(g/kg)
0~9	6.6	28.6	2.29	0.97	10.6	11.8	0
9~21	6.9	20.3	1.73	0.95	11.2	9.3	0
21~34	7.0	15.0	1.35	0.80	11.2	8.8	0
34~80	6.6	4.9	0.29	0.78	8.1	2.7	0

11.7.2 拿多拉山系（Naduolashan Series）

土　族：黏壤质盖粗骨砂质混合型非酸性-普通暗沃寒冻雏形土
拟定者：李德成，杨仁敏，王　帅

分布与环境条件　主要分布于拉萨市当雄县羊八井镇一带，海拔 4300～4700 m，高山坡麓，坡度 2°～5°，母质为砂岩风化坡积物，高覆盖度草地，高原亚寒带半干旱气候，年均气温约 2.6℃，年均降水量约 437 mm，年均日照时数约 2987 h，无霜期约 62 d。

拿多拉山系典型景观

土壤性状与特征变幅　诊断层包括暗沃表层和雏形层；诊断特性包括寒性土壤温度状况和半干润土壤水分状况。有效土体厚度 1 m 以上，暗沃表层厚度 20～40 cm，有机碳含量 10～30 g/kg；之下为雏形层，厚度约 70 cm，可见鳞片状结构；通体无石灰反应，pH 7.2～7.5；层次质地构型为壤土-黏壤土-壤土-砂质壤土，砾石含量 2%～40%，砂粒含量 310～730 g/kg，黏粒含量 120～300 g/kg。

对比土系　佰绘系，同一亚类不同土族，有效土体厚度 30～60 cm，之下为洪冲积砾石，pH 6.6～7.0，层次质地构型为壤质砂土-砂质壤土-砂土，砾石含量 10%～90%，砂粒含量 710～970 g/kg；纳龙系，同一县域，同一亚纲不同土类，为草毡寒冻雏形土，具有草毡表层，pH 6.1～6.5，层次质地构型为壤土-黏壤土-粉质黏壤。

利用性能综述　地势起伏区缓坡地，土体较厚，高盖度草地，植被以高原嵩草为主，根系缠结较弱。有较高牧业利用价值，如受过度放牧和鼠害影响，易造成草毡层滑塌和水土流失，应控制放牧和鼠害，保护植被。

参比土种　亚高山草原草甸土。

代表性单个土体　位于西藏拉萨市当雄县羊八井镇拿多拉山附近，30°13′14.42″N，90°37′49.23″E，海拔 4564 m，高原缓坡坡麓，坡度 3°，母质为砂岩风化坡积物，高覆盖度牧草地，覆盖度>80%，50 cm 深处土温为 5.5℃，野外调查采样日期为 2015 年 7 月 10 日，编号 54-042。

拿多拉山系代表性单个土体剖面

Ah：0～12 cm，棕色（7.5YR 4/4，干），暗棕色（7.5YR 3/3，润），壤土，中等发育粒状结构，松散，大量细根，无石灰反应，向下层波状清晰过渡。

ABh：12～25 cm，棕色（7.5YR 4/4，干），暗棕色（7.5YR 3/3，润），黏壤土，中等发育鳞片状结构，稍紧，多细根，无石灰反应，向下层波状渐变过渡。

Abh：25～40 cm，棕色（7.5YR 4/3，干），暗棕色（7.5YR 3/2，润），壤土，中等发育碎块状结构，稍紧实，大量腐根，30% <10mm 角块状砾石，无石灰反应，向下层波状渐变过渡。

Bw1：40～80 cm，浊红棕色（5YR 5/4，干），浊红棕色（5YR 4/3，润），砂质壤土，弱发育块状结构，坚实，40% <20mm 角状砾石，无石灰反应，向下层波状渐变过渡。

Bw2：80～110 cm，红棕色（5YR 4/6，干），暗红棕色（5YR 3/4，润），砂质壤土，弱发育块状结构，坚实，40% <20mm 角状砾石，无石灰反应。

拿多拉山系代表性单个土体物理性质

土层	深度/cm	砾石（>2 mm，体积分数)/%	细土颗粒组成(粒径：mm)/(g/kg)			质地	容重/(g/cm³)
			砂粒 2～0.05	粉粒 0.05～0.002	黏粒 <0.002		
Ah	0～12	2	383	390	227	壤土	1.24
ABh	12～25	2	313	390	297	黏壤土	1.28
Abh	25～40	30	415	367	218	壤土	1.10
Bw1	40～80	40	725	151	124	砂质壤土	1.46
Bw2	80～110	40	634	219	147	砂质壤土	1.49

拿多拉山系代表性单个土体化学性质

深度/cm	pH(H_2O)	有机碳/(g/kg)	全氮(N)/(g/kg)	全磷(P)/(g/kg)	全钾(K)/(g/kg)	CEC/[cmol(+)/kg]	$CaCO_3$/(g/kg)
0～12	7.3	16.4	1.30	0.43	12.7	12.7	0
12～25	7.2	13.8	1.17	0.58	13.0	15.2	0
25～40	7.2	27.1	1.13	0.77	13.0	14.8	0
40～80	7.5	3.3	0.30	0.83	15.1	16.3	0
80～110	7.4	1.7	0.16	0.80	13.9	14.1	0

11.7.3 酿阁东系(Nianggedong Series)

土　族：砂质盖粗骨砂质混合型非酸性-普通暗沃寒冻雏形土
拟定者：赵玉国，刘　峰，杨　帆，金成伟

分布与环境条件　主要分布于林芝市察隅县古玉乡一带，高山坡地，海拔 4000～4400 m，母质为冰碛物，灌草地，亚热带山地湿润季风气候，年均气温约 1.3℃，年均降水量约 524 mm，年均日照时数约 2136 h，无霜期约 280 d。

酿阁东系典型景观

土壤性状与特征变幅　诊断层包括暗沃表层和雏形层；诊断特性包括寒性土壤温度状况、湿润土壤水分状况和冻融特征。有效土体厚度 60～90 cm；暗沃表层厚度 30～50 cm，有机碳含量 30～65 g/kg；之下为雏形层，可见鳞片状结构；通体无石灰反应，pH 5.6～6.2；层次质地构型为砂壤土-壤质砂土，砾石含量 10%～90%，砂粒含量 550～800 g/kg，黏粒含量小于 150 g/kg。

对比土系　佰绘系，同一亚类不同土族，pH 6.6～7.0，层次质地构型为壤质砂土-砂质壤土-砂土；以普特系，同一县域，同一亚纲不同土类，为潮湿寒冻雏形土，具有淡薄表层、潮湿土壤水分状况。

利用性能综述　地势起伏区缓坡地，土体较厚，高盖度灌草地，根系缠结较弱。有较高牧业利用价值，如受过度放牧和鼠害影响，易造成草毡层滑塌和水土流失，应控制放牧和鼠害，保护植被。

参比土种　亚高山灌丛草甸土。

代表性单个土体　位于西藏林芝市察隅县古玉乡酿阁东村东南，六道班附近，

29°20'4.009"N，97°5'9.640"E，海拔 4210 m，高山中坡坡麓，母质为冰碛物，灌草地，覆盖度>90%，50 cm 深处土温为 5.2℃，野外调查采样日期为 2016 年 7 月 6 日，编号 M-1.5。

酿阁东系代表性单个土体剖面

Ah: 0~18 cm，棕灰色（10YR 4/1，干），黑棕色（10YR 3/1，润），砂壤土，强发育屑粒状结构，松散，多量灌草根系，10%砾石，向下层平滑清晰过渡。

ABh: 18~45 cm，浊黄棕色（10YR 5/3，干），浊黄棕色（10YR 4/3，润），砂壤土，强发育小块状，坚硬，中量灌草根系，15%砾石，向下层平滑清晰过渡。

Bd: 45~75 cm，亮黄棕色（10YR7/6，干），浊黄橙色（10YR 6/4，润），砂壤土，中等发育小块状—鳞片状，稍硬，少量灌草根系，40%砾石，向下层波状渐变过渡。

Cd: 75~110 cm，浊黄橙色（10YR 7/2，干），棕灰色（10YR 6/1，润），壤质砂土，弱发育鳞片状结构，稍硬，90%砾石。

酿阁东系代表性单个土体物理性质

土层	深度/cm	砾石（>2 mm，体积分数)/%	细土颗粒组成(粒径：mm)/(g/kg)			质地	容重/(g/cm³)
			砂粒 2~0.05	粉粒 0.05~0.002	黏粒 <0.002		
Ah	0~18	10	559	310	131	砂壤土	0.84
ABh	18~45	15	623	270	107	砂壤土	1.08
Bd	45~75	40	613	297	90	砂壤土	1.30
Cd	75~110	90	787	164	49	壤质砂土	1.45

酿阁东系代表性单个土体化学性质

深度/cm	pH (H_2O)	有机碳/(g/kg)	全氮(N)/(g/kg)	全磷(P)/(g/kg)	全钾(K)/(g/kg)	CEC/[cmol(+)/kg]	$CaCO_3$/(g/kg)
0~18	6.2	60.6	4.91	1.21	22.8	—	0
18~45	5.6	31.2	2.18	0.92	22.9	—	0
45~75	5.7	14.0	1.01	0.64	24.6	—	0
75~110	6.0	5.5	0.35	0.48	25.1	—	0

11.8 表蚀简育寒冻雏形土

11.8.1 江果玛系（Jiangguoma Series）

土　　族：粗骨壤质混合型石灰性-表蚀简育寒冻雏形土
拟定者：李德成，杨仁敏，王　帅

分布与环境条件　主要分布于那曲市安多县帕那镇一带，高山坡地，海拔 4500～5000 m，坡度 5°～10°，母质为泥质岩风化残坡积物，高原亚寒带半干旱气候，年均气温约−2.2℃，年均降水量约 416 mm，年均日照时数约 2844 h，无绝对无霜期。

江果玛系典型景观

土壤性状与特征变幅　诊断层包括淡薄表层和钙积层；诊断特性包括寒冻土壤温度状况、半干润土壤水分状况、冻融特征和石灰性。地表可见冻融侵蚀鱼鳞状草皮，有效土体厚度 60～90 cm；淡薄表层厚度 10～15 cm，有机碳含量约 11 g/kg；钙积层出现上界 12 cm，厚度约 70 cm，可见碳酸钙白色粉末，碳酸钙含量 100～170 g/kg，pH 8.7～9.0；层次质地构型为砂质壤土-粉质黏土-粉质黏壤土，砾石含量 5%～40%，粉粒含量 190～600 g/kg。

对比土系　达纠塘系，同一县域，不同土类，海拔约 4500 m，具有草毡表层，厚度 10～15 cm，钙积层上界 35 cm，碳酸钙含量 130～360 g/kg，层次质地构型为砂质壤土-砂土；鄂钦系，同一县域，不同土类，具有草毡表层，通体有石灰反应，碳酸钙含量 80～110 g/kg，无钙积层，层次质地构型为壤土-黏壤土-壤土。

利用性能综述　地势起伏地，土体较厚，草毡破碎分布，植被以高原嵩草为主，根系缠结较弱。受冻融侵蚀影响，易造成草毡层滑塌和水土流失，应控制放牧，保护植被。

参比土种 高山草甸土。

代表性单个土体 位于西藏那曲市安多县帮爱乡江果玛村南，32°44′52.220″N，91°43′16.547″E，海拔 4912 m，高山缓坡中下部，坡度 8°，母质为泥质岩风化残坡积物，高覆盖度草地，覆盖度>70%，多见鱼鳞状草皮，50 cm 深处土温为 0℃，野外调查采样日期为 2015 年 7 月 9 日，编号 54-093。

江果玛系代表性单个土体剖面

AhB：0～12 cm，浊棕色（7.5YR 6/3，干），灰橄榄色（7.5Y 5/2，润），砂质壤土，中等发育屑粒状结构，松散，多量缠结草根，5%砾石，中度石灰反应，向下层平滑突变过渡。

Bk1：12～30 cm，浊橙色（5YR 6/3，干），灰棕色（5YR 5/2，润），粉质黏土，中等发育中块状结构，坚硬，少量草根，20%砾石，中量碳酸钙假菌丝体，强度石灰反应，向下层波状渐变过渡。

Bk2：30～60 cm，浊橙色（5YR 6/3，干），灰棕色（5YR 5/2，润），粉质黏壤土，中等发育中块状结构，坚硬，30%砾石，中量碳酸钙假菌丝体，强度石灰反应，向下层波状渐变过渡。

Ck：60～90 cm，浊橙色（5YR 6/4，干），浊红棕色（5YR 5/3，润），粉质黏土，弱发育小块状结构，稍硬，40%砾石，少量碳酸钙假菌丝体，强度石灰反应。

江果玛系代表性单个土体物理性质

土层	深度/cm	砾石(>2 mm，体积分数)/%	细土颗粒组成(粒径：mm)/(g/kg)			质地	容重/(g/cm³)
			砂粒 2～0.05	粉粒 0.05～0.002	黏粒 <0.002		
AhB	0～12	5	684	191	125	砂质壤土	1.32
Bk1	12～30	20	25	536	439	粉质黏土	1.49
Bk2	30～60	30	23	596	381	粉质黏壤土	1.49
Ck	60～90	40	29	452	519	粉质黏土	1.50

江果玛系代表性单个土体化学性质

深度/cm	pH(H_2O)	有机碳/(g/kg)	全氮(N)/(g/kg)	全磷(P)/(g/kg)	全钾(K)/(g/kg)	CEC/[cmol(+)/kg]	$CaCO_3$/(g/kg)
0～12	8.7	10.8	0.34	0.29	6.7	4.5	73
12～30	9.0	1.9	0.45	0.61	11.2	10.5	169
30～60	8.8	2.0	0.53	0.65	11.8	13.2	136
60～90	8.9	1.9	0.40	0.76	11.4	11.5	101

11.9 钙积简育寒冻雏形土

11.9.1 翁塘系（Wengtang Series）

土　　族：黏壤质盖粗骨质混合型-钙积简育寒冻雏形土
拟定者：赵玉国，刘　峰，杨　帆

分布与环境条件　分布于西藏日喀则市江孜县热龙乡一带，高山坡地，海拔 4500～5000 m，坡度 5°～8°，母质为坡积物，高覆盖度草地，高原温带半干旱季风气候，年均气温约 2.2℃，年均降水量约 341 mm，年均日照时数约 2955 h，无霜期 110 d。

翁塘系典型景观

土壤性状与特征变幅　诊断层包括淡薄表层、雏形层和钙积层；诊断特性包括寒性土壤温度状况、半干润土壤水分状况、冻融特征和石灰性。有效土体厚度小于 30 cm，之下为砾石，淡薄表层厚度约 10 cm，有机碳含量约 37 g/kg；之下为厚度 10～15 cm 的雏形层，可见鳞片状结构。钙积层上界 22 cm，厚度约 40 cm，碳酸钙含量约 318 g/kg；通体有石灰反应，pH 8.2～8.8；层次质地构型为粉壤土-壤土，砾石含量 5%～80%，粉粒含量 430～560 g/kg。

对比土系　吉考玛系，同一亚类不同土族，钙积层出现上界 15 cm，厚度 22 cm，碳酸钙含量 140～170 g/kg，pH 9.0～9.7，层次质地构型为砂质壤土-砂土；满拉系，同一县域，不同土纲，为干旱土，具有干旱表层、钙积层和黏化层；江孜系，同一县域，不同亚纲，为石灰淡色潮湿雏形土，具有温性土壤温度状况、潮湿土壤水分状况、淡薄表层、雏形层和钙积层，钙积层出现在 30 cm 以下，厚度 30 cm，碳酸钙含量 130～150 g/kg。

利用性能综述　高原缓坡地，土体较薄，高盖度草地，植被以高原嵩草为主，根系缠结较弱。有一定牧业利用价值，但易受过度放牧和鼠害影响，造成草毡层滑塌和水土流失，应控制放牧和鼠害，保护植被。

参比土种　中毡中层砾砂壤性泥质高山草甸土。

代表性单个土体　位于西藏日喀则市江孜县热龙乡翁塘村东，28°54′13″N，90°06′51″E，海拔4729 m，高山缓坡坡麓，坡度5°，母质为坡积物，高覆盖度草地，植被盖度>80%，50 cm深处土温为3.9℃，野外调查采样日期为2015年6月24日，编号54-043。

Ah：　0~10 cm，橄榄棕色（2.5Y 4/3，干），黑棕色（2.5Y 3/2，润），粉壤土，强发育屑粒状结构，松散，多量草根，5%砾石，强度石灰反应，向下层平滑清晰过渡。

ABw：10~22cm，暗灰黄色（2.5Y 5/2，干），黄灰色（2.5Y 4/1，润），粉壤土，中等发育小块状—鳞片状结构，稍硬，中量草根，10%砾石，可见碳酸钙白色粉末，强度石灰反应，向下层波状清晰过渡。

Ckd：22~60 cm，黄棕色（2.5Y 5/3，干），暗灰黄色（2.5Y 4/2，润），80%砾石，壤土，弱发育鳞片状结构，可见碳酸钙白色粉末，强度石灰反应。

翁塘系代表性单个土体剖面

翁塘系代表性单个土体物理性质

土层	深度/cm	砾石（>2 mm，体积分数)/%	细土颗粒组成（粒径：mm)/(g/kg)			质地	容重/(g/cm³)
			砂粒 2~0.05	粉粒 0.05~0.002	黏粒 <0.002		
Ah	0~10	5	195	583	222	粉壤土	1.00
ABw	10~22	10	220	559	221	粉壤土	1.09
Ckd	22~60	80	392	434	174	壤土	1.34

翁塘系代表性单个土体化学性质

深度/cm	pH(H_2O)	有机碳/(g/kg)	全氮(N)/(g/kg)	全磷(P)/(g/kg)	全钾(K)/(g/kg)	CEC/[cmol(+)/kg]	$CaCO_3$/(g/kg)
0~10	8.2	37.3	3.84	0.63	6.5	5.6	197
10~22	8.3	28.1	3.15	0.72	6.5	11.5	191
22~60	8.8	9.8	1.23	0.87	5.6	4.8	318

11.9.2 吉考玛系（Jikaoma Series）

土　族：粗骨质混合型-钙积简育寒冻雏形土
拟定者：李德成，杨仁敏，王　帅

分布与环境条件　主要分布于那曲市安多县强玛镇一带，冲积平原，海拔 4300~4700 m，母质为冲积物，退化草地，高原亚寒带半干旱气候，年均气温约-2.1℃，年均降水量约 422 mm，年均日照时数约 2877 h，无绝对无霜期。

吉考玛系典型景观

土壤性状与特征变幅　诊断层包括淡薄表层和钙积层；诊断特性包括寒性土壤温度状况、半干润土壤水分状况、冻融特征、钙积现象和石灰性；有效土体厚度 30~60 cm，下为多砾石母质；淡薄表层厚度 10~20 cm，有机碳含量约 3 g/kg；钙积层出现上界 15 cm，厚度 22 cm，其下土层有钙积现象，碳酸钙含量 140~170 g/kg，可见鳞片状结构；通体有石灰反应，pH 9.0~9.7；层次质地构型为砂质壤土-砂土，砾石含量 10%~90%，砂粒含量 760~960 g/kg。

对比土系　翁塘系，同一亚类不同土族，有效土体厚度小于 30 cm，钙积层上界 22 cm，厚度约 40 cm，碳酸钙含量约 318 g/kg，pH 8.2~8.8，层次质地构型为粉壤土-壤土；布如曲系，同一亚类不同土族，有效土体厚度大于 1 m，钙积层出现上界 45 cm，厚 15 cm，碳酸钙含量约 160 g/kg，pH 9.4~9.9，层次质地构型为壤质砂土-砂土。

利用性能综述　地势平缓，土体较厚，砾石较多，养分含量很低，中低盖度草地，牧业利用价值低，应封境育草，提升植被盖度。

参比土种　砾砂壤性洪积亚高山草原土。

代表性单个土体 位于西藏那曲市安多县强玛镇吉考玛村南，32°1′5.45″N，91°2′25.05″E，海拔 4569 m，冲积平原，母质为冲积物，退化牧草地，覆盖度 50%，50 cm 深处土温为 3.7℃，野外调查采样日期为 2015 年 7 月 8 日，编号 54-063。

吉考玛系代表性单个土体剖面

Ah： 0～15 cm，浊橙色（7.5YR 7/3，干），灰棕色（7.5YR 6/2，润），砂质壤土，中等发育屑粒状结构，松散，多量草根，30%砾石，强度石灰反应，向下层平滑清晰过渡。

Bkd： 15～37 cm，浊橙色（7.5YR 7/4，干），浊棕色（7.5YR 6/3，润），砂土，中等发育小块状—鳞片状结构，松散—稍硬，少量草根，可见碳酸钙白色粉末，50%砾石，极强度石灰反应，向下层波状渐变过渡。

Ckd1： 37～62 cm，浊橙色（7.5YR 7/4，干），浊棕色（7.5YR 6/3，润），砂土，弱发育鳞片状结构，稍硬，可见碳酸钙白色粉末，90%砾石，极强度石灰反应，向下层平滑清晰过渡。

Ckd2： 62～110 cm，浊橙色（7.5YR 7/3，干），灰棕色（7.5YR 6/2，润），砂土，弱发育鳞片状结构，稍硬，90%砾石，极强度石灰反应。

吉考玛系代表性单个土体物理性质

| 土层 | 深度/cm | 砾石(>2 mm，体积分数)/% | 细土颗粒组成(粒径：mm)/(g/kg) | | | 质地 | 容重/(g/cm³) |
			砂粒 2～0.05	粉粒 0.05～0.002	黏粒 <0.002		
Ah	0～15	30	762	135	103	砂质壤土	1.51
Bkd	15～37	50	932	30	38	砂土	1.47
Ckd1	37～62	90	956	20	24	砂土	1.49
Ckd2	62～110	90	941	31	28	砂土	1.51

吉考玛系代表性单个土体化学性质

深度/cm	pH(H_2O)	有机碳/(g/kg)	全氮(N)/(g/kg)	全磷(P)/(g/kg)	全钾(K)/(g/kg)	CEC/[cmol(+)/kg]	$CaCO_3$/(g/kg)
0～15	9.0	2.9	0.33	0.27	7.3	9.2	76
15～37	9.5	1.5	0.19	0.22	6.9	3.2	164
37～62	9.5	0.8	0.13	0.17	6.8	2.1	142
62～110	9.7	0.8	0.12	0.21	6.2	1.9	141

11.9.3 布如曲系（Buruqu Series）

土　　族：砂质硅质混合型-钙积简育寒冻雏形土
拟定者：赵玉国，吴华勇，杨 飞

分布与环境条件　主要分布于那曲市安多县强玛镇一带，冲积平原，海拔 4400～4800 m，母质为冲积物，中覆盖度草地，高原亚寒带半干旱气候，年均气温约–1.7℃，年均降水量约 402 mm，年均日照时数约 2889 h，无绝对无霜期。

布如曲系典型景观

土壤性状与特征变幅　诊断层包括淡薄表层、雏形层和钙积层；诊断特性包括寒性土壤温度状况、半干润土壤水分状况、冻融特征、氧化还原特征、钙积现象和石灰性；有效土体厚度大于 1 m，淡薄表层厚度 15～25 cm，有机碳含量约 7 g/kg；20 cm 以下土体可见鳞片状结构，有钙积现象，其中钙积层出现上界 45 cm，厚 15 cm，碳酸钙含量约 160 g/kg，可见碳酸钙白色粉末；通体有石灰反应，pH 9.4～9.9；层次质地构型为壤质砂土-砂土，砂粒含量 810～940 g/kg。

对比土系　吉考玛系，同一亚类不同土族，有效土体厚度 30～60 cm，钙积层出现上界 15 cm，厚度 22 cm，其下土层有钙积现象，碳酸钙含量 140～170 g/kg，pH 9.0～9.7，层次质地构型为砂质壤土-砂土。

利用性能综述　地势平缓，土体较厚，养分含量较低，植被以高原嵩草为主，根系缠结较弱，盖度中等，有一定牧业利用价值，如受过度放牧和鼠害影响，易造成草毡层破碎和水土流失，应控制放牧和鼠害，保护植被。

参比土种　高山草甸草原土。

代表性单个土体 位于西藏那曲市安多县强玛镇布如曲村南，31°57′7.24″N，90°43′17.51″E，海拔 4646 m，冲积平原，母质冲积物，中覆盖度草地，覆盖度约 60%，50 cm 深处土温为 1.4℃，野外调查采样日期为 2015 年 7 月 3 日，编号 54-096。

布如曲系代表性单个土体剖面

Ah: 0~20 cm，淡棕灰色（7.5YR 7/2，干），棕灰色（7.5YR 6/1，润），壤质砂土，中等发育屑粒状结构，松散，多量缠结草根，强度石灰反应，向下层平滑清晰过渡。

ABkd: 20~45 cm，淡棕灰色（7.5YR 7/2，干），棕灰色（7.5YR 6/1，润），壤质砂土，中等发育小块状—鳞片状结构，稍硬—松散，多量草根，强度石灰反应，向下层不规则突变过渡。

Bkr1: 45~60 cm，橙白色（7.5YR 8/2，干），淡棕灰色（7.5YR 7/1，润），砂土，弱发育小块状—鳞片状结构，少量草根，中量铁锰斑纹，可见碳酸钙白色粉末，极强度石灰反应，向下层平滑模糊过渡。

Bkr2: 60~110 cm，橙白色（10YR 8/2，干），淡灰色（10YR 7/1，润），砂土，弱发育小块状—鳞片状结构，中量铁锰斑纹，强度石灰反应。

布如曲系代表性单个土体物理性质

土层	深度/cm	砾石（>2 mm，体积分数）/%	细土颗粒组成(粒径：mm)/(g/kg)			质地	容重/(g/cm³)
			砂粒 2~0.05	粉粒 0.05~0.002	黏粒 <0.002		
Ah	0~20	0	812	116	72	壤质砂土	1.39
ABkd	20~45	5	832	99	69	壤质砂土	1.38
Bkr1	45~60	5	925	35	40	砂土	1.50
Bkr2	60~110	0	933	30	37	砂土	1.52

布如曲系代表性单个土体化学性质

深度/cm	pH (H_2O)	有机碳/(g/kg)	全氮(N)/(g/kg)	全磷(P)/(g/kg)	全钾(K)/(g/kg)	CEC/[cmol(+)/kg]	$CaCO_3$/(g/kg)
0~20	9.5	6.8	0.75	0.27	7.9	4.5	101
20~45	9.5	7.3	0.80	0.29	7.9	4.4	133
45~60	9.4	1.2	0.17	0.21	7.3	2.5	157
60~110	9.9	0.4	0.09	0.20	7.1	2.3	129

11.9.4 打加错系（Dajiacuo Series）

土　　族：砂质硅质混合型-钙积简育寒冻雏形土
拟定者：赵玉国，吴华勇，支俊俊

分布与环境条件　　主要分布于日喀则市昂仁县打加错周边，湖滩地，海拔5000～5200 m，坡度8°～10°，退化草地，母质为湖积-风积物，高原亚寒带半干旱季风气候，年均气温 −2.8℃，年均降水量358 mm，年均日照时数3087 h，无霜期约60 d。

打加错系典型景观

土壤性状与特征变幅　　诊断层包括淡薄表层和雏形层；诊断特性包括寒冻土壤温度状况、半干润土壤水分状况、冻融特征、氧化还原特征、钙积现象；有效土体厚度60～90 cm，淡薄表层厚度5～15 cm，有机碳含量约26 g/kg；钙积现象出现在8～62 cm之间，碳酸钙含量55～80 g/kg；通体可见鳞片状结构，40 cm以下土体可见铁锰斑纹。通体pH 8.1～9.0，下部无碳酸钙；层次质地构型为砂土-壤质砂土-砂质壤土，砂粒含量720～940 g/kg。

对比土系　　布如曲系，同一土族，pH 9.4～9.9，通体强-极强石灰反应，碳酸钙含量100～160 g/kg，钙积层出现上界45 cm，厚15 cm，碳酸钙含量约160 g/kg，层次质地构型为壤质砂土-砂土。昂仁系，同一县域不同土纲，为新成土，无雏形层，具有潮湿土壤水分状况、冲积物岩性特征，有效土体厚度小于30 cm。

利用性能综述　　地势起伏，湖积-风积物母质，土体厚，养分含量低，高海拔高寒，稀疏草地，应禁牧，保护原生植被，防止水蚀风蚀。

参比土种　　砂砾性湖积高山草原土。

代表性单个土体　　位于西藏日喀则市昂仁县如沙乡打加错边，昂马村东南，学修村西，29°53′10.502″N，85°44′58.916″E，海拔5133 m，湖滩缓坡地，坡度8°，母质为湖积-风积物，退化牧草地，地表覆盖度约50%，50 cm深处土温为0℃，野外调查采样日期为2015年7月6日，编号54-058。

打加错系代表性单个土体剖面

Ah：0～8 cm，灰黄色（2.5Y 7/2，干），黄灰色（2.5Y 6/1，润），砂土，弱发育屑粒状结构，松散，多量草根，10%砾石，轻度石灰反应，向下层平滑清晰过渡。

ABkd：8～40 cm，灰黄色（2.5Y 6/2，干），黄灰色（2.5Y 5/1，润），壤质砂土，弱发育小块状—鳞片状结构，稍硬，多量草根，2个鼠洞，10%砾石，中度石灰反应，向下层平滑清晰过渡。

Bkrd：40～66 cm，橄榄棕色（2.5Y 4/6，干），暗橄榄棕色（2.5Y 3/3，润），壤质砂土，弱发育小块状—鳞片状结构，稍硬，5%砾石，强度石灰反应，向下层平滑清晰过渡。

Brd：66～80 cm，黄棕色（2.5Y 5/4，干），橄榄棕色（2.5Y 4/3，润），砂质壤土，无结构，无石灰反应，向下层平滑清晰过渡。

Cr：80～110 cm，黄棕色（2.5Y 5/4，干），橄榄棕色（2.5Y 4/3，润），壤质砂土，无结构，无石灰反应。

打加错系代表性单个土体物理性质

土层	深度/cm	砾石（>2 mm，体积分数）/%	细土颗粒组成(粒径：mm)/(g/kg)			质地	容重/(g/cm³)
			砂粒 2～0.05	粉粒 0.05～0.002	黏粒 <0.002		
Ah	0～8	10	939	38	23	砂土	1.37
ABkd	8～40	10	867	90	43	壤质砂土	1.32
Bkrd	40～66	5	821	126	53	壤质砂土	1.39
Brd	66～80	0	720	198	82	砂质壤土	1.48
Cr	80～110	0	802	138	60	壤质砂土	1.49

打加错系代表性单个土体化学性质

深度/cm	pH(H_2O)	有机碳/(g/kg)	全氮(N)/(g/kg)	全磷(P)/(g/kg)	全钾(K)/(g/kg)	CEC/[cmol(+)/kg]	$CaCO_3$/(g/kg)
0～8	8.1	25.9	1.90	0.48	11.5	2.7	17
8～40	8.4	8.0	0.72	0.60	10.7	5.9	57
40～66	8.9	6.7	0.59	0.58	11.2	6.2	80
66～80	9.0	2.4	0.24	0.51	11.8	5.1	0
80～110	8.7	1.6	0.19	0.51	11.3	4.0	0

11.10 石灰简育寒冻雏形土

11.10.1 沱怕尼牙系（Tuopaniya Series）

土　族：砂质盖粗骨质硅质混合型-石灰简育寒冻雏形土
拟定者：赵玉国，刘　峰，杨　帆

分布与环境条件　主要分布于那曲市安多县强玛镇一带，冲积平原，海拔 4300～4700 m，母质为冲洪积物，高覆盖度草地，高原亚寒带半干旱气候，年均气温约 –2.2℃，年均降水量约 424 mm，年均日照时数约 2864 h，无绝对无霜期。

沱怕尼牙系典型景观

土壤性状与特征变幅　诊断层包括淡薄表层和雏形层；诊断特性包括寒性土壤温度状况、半干润土壤水分状况、冻融特征、钙积现象和石灰性；有效土体厚度 30～60 cm；淡薄表层厚度 10～20 cm，有机碳含量约 17 g/kg；之下为雏形层，厚度小于 40 cm，可见鳞片状结构；通体有石灰反应，碳酸钙含量 80～130 g/kg，pH 8.6～9.4，其中 15 cm 以下有钙积现象；层次质地构型为壤质砂土-砂土-壤质砂土，砾石含量 5%～80%，砂粒含量 770～910 g/kg。

对比土系　加错系，同一亚类不同土族，颗粒大小级别为粗骨砂质，有效土体厚度小于 30 cm，碳酸钙含量 60～85 g/kg，pH 8.4～9.1，层次质地构型为壤土-砂壤土-壤土-砂壤土。

利用性能综述　地势平缓，土体较厚，养分含量较低，植被以高原嵩草为主，根系缠结较弱，盖度较高，有牧业利用价值，但生草产量较低，如受过度放牧影响，易造成草毡层破碎和水土流失，应控制放牧，保护植被。

参比土种　中毡砾底砾泥性洪积高山草甸土。

代表性单个土体　位于西藏那曲市安多县强玛镇沱怕尼牙村北，32°2′23.963″N，91°4′2.257″E，海拔4598 m，冲积平原，母质为冲洪积物，高覆盖度牧草地，覆盖度>90%，50 cm深处土温为3.5℃，野外调查采样日期为2015年7月8日，编号54-062。

沱怕尼牙系代表性单个土体剖面

Ah：0～15 cm，浊黄橙色（10YR 6/4，干），浊黄棕色（10YR 5/3，润），5%砾石，壤质砂土，中等发育屑粒状结构，松散，多量草被细根，强度石灰反应，向下层平滑清晰过渡。

Bkd：15～36 cm，浊橙色（7.5YR 7/3，干），灰棕色（7.5YR 6/2，润），5%砾石，砂土，中等发育小块状—鳞片状结构，稍硬，强度石灰反应，向下层波状渐变过渡。

Bd：36～52 cm，浊橙色（7.5YR 7/3，干），灰棕色（7.5YR 6/2，润），5%砾石，壤质砂土，弱发育小块状—鳞片状结构，稍硬，强度石灰反应，向下层不规则清晰过渡。

Ck：52～110 cm，浊黄橙色（10YR 7/4，干），浊黄橙色（10YR 6/3，润），80%砾石，壤质砂土，弱发育鳞片状结构，稍硬，强度石灰反应。

沱怕尼牙系代表性单个土体物理性质

土层	深度/cm	砾石(>2 mm，体积分数)/%	细土颗粒组成(粒径：mm)/(g/kg)			质地	容重/(g/cm³)
			砂粒 2~0.05	粉粒 0.05~0.002	黏粒 <0.002		
Ah	0~15	5	771	151	78	壤质砂土	1.23
Bkd	15~36	5	905	54	41	砂土	1.25
Bd	36~52	5	872	57	71	壤质砂土	1.30
Ck	52~110	80	873	62	65	壤质砂土	1.39

沱怕尼牙系代表性单个土体化学性质

深度/cm	pH(H₂O)	有机碳/(g/kg)	全氮(N)/(g/kg)	全磷(P)/(g/kg)	全钾(K)/(g/kg)	CEC/[cmol(+)/kg]	CaCO₃/(g/kg)
0~15	8.6	17.4	1.84	0.40	7.9	7.3	106
15~36	8.8	15.7	1.68	0.50	8.3	5.9	124
36~52	9.2	12.2	1.40	0.38	8.3	4.8	83
52~110	9.4	7.1	0.95	0.34	7.6	2.1	125

11.10.2 加错系（Jiacuo Series）

土　族：粗骨砂质硅质混合型-石灰简育寒冻雏形土
拟定者：赵玉国，刘　峰，杨　帆

分布与环境条件　主要分布于昌都市八宿县集中乡一带，高山坡地，海拔 3900～4300 m，坡度 3°～5°，母质为坡积物，高覆盖度草地，高原温带半干旱季风气候，年均气温约 3.3℃，年均降水量约 369 mm，年均日照时数约 2508 h，无霜期约 150 d。

加错系典型景观

土壤性状与特征变幅　诊断层包括淡薄表层和雏形层；诊断特性包括寒性土壤温度状况、半干润土壤水分状况、冻融特征和石灰性；有效土体厚度小于 30 cm，其中 45 cm 以下有 15 cm 的埋藏腐殖质层；淡薄表层厚度 10～15 cm，有机碳含量约 35 g/kg；之下为 12 cm 厚度的雏形层，可见鳞片状结构；通体强度石灰反应，碳酸钙含量 60～85 g/kg，pH 8.4～9.1；层次质地构型为壤土-砂壤土-壤土-砂壤土，砾石含量约 20%～90%，砂粒含量 350～750 g/kg。

对比土系　沱怕尼牙系，同一亚类不同土族，颗粒大小级别为砂质，冲洪积物母质，有效土体厚度 30～60 cm，碳酸钙含量 80～130 g/kg，其中 15 cm 以下有钙积现象，层次质地构型为壤质砂土-砂土-壤质砂土。

利用性能综述　高原缓坡，土体较厚，下部多砾石，植被以高原嵩草为主，根系缠结较弱，盖度较高，有一定牧业利用价值，生草产量较低，应适度放牧，保护植被。

参比土种　砾砂壤性洪积亚高山草原土。

代表性单个土体　位于西藏昌都市八宿县集中乡加错亚扎村东，30°24′2.79″N，97°13′5.28″E，海拔 4199 m，高山缓坡坡麓，坡度 4°，母质为坡积物，高覆盖度草地，覆盖度>90%，50 cm 深处土温为 6.6℃，野外调查采样日期为 2015 年 7 月 3 日，编号 54-054。

加错系代表性单个土体剖面

Ah：0~10 cm，黄棕色（10YR 5/6，干），棕色（10YR 4/4，润），壤土，强发育屑粒状结构，松散，多量草根，30%砾石，强度石灰反应，向下层平滑清晰过渡。

Bw：10~22 cm，浊黄橙色（10YR 7/2，干），棕灰色（10YR 6/1，润），壤土，强发育粒状—小块状结构，松散—稍硬，中量草根，30%砾石，强度石灰反应，向下层平滑清晰过渡。

C：22~45 cm，浊红色（5YR 5/4，干），灰棕色（5YR 4/2，润），砂壤土，无结构，80%砾石，强度石灰反应，向下层波状清晰过渡。

Ab：45~60 cm，浊黄橙色（10YR 7/2，干），棕灰色（10YR 6/1，润），20%砾石，壤土，中等发育小块状结构，稍硬，强度石灰反应，向下层平滑清晰过渡。

2C：60~100 cm，浊黄橙色（10YR 7/2，干），棕灰色（10YR 6/1，润），90%砾石，砂壤土，无结构，强度石灰反应。

加错系代表性单个土体物理性质

土层	深度/cm	砾石（>2 mm，体积分数）/%	细土颗粒组成(粒径：mm)/(g/kg)			质地	容重/(g/cm³)
			砂粒 2~0.05	粉粒 0.05~0.002	黏粒 <0.002		
Ah	0~10	30	487	379	134	壤土	1.24
Bw	10~22	30	471	395	134	壤土	0.97
C	22~45	80	740	193	67	砂壤土	1.24
Ab	45~60	20	375	467	158	壤土	1.27
2C	60~100	90	725	185	90	砂壤土	1.34

加错系代表性单个土体化学性质

深度/cm	pH(H_2O)	有机碳/(g/kg)	全氮(N)/(g/kg)	全磷(P)/(g/kg)	全钾(K)/(g/kg)	$CaCO_3$/(g/kg)
0~10	8.7	35.1	2.61	0.56	15.0	61
10~22	8.4	43.0	3.26	0.57	15.1	73
22~45	9.1	18.5	1.46	0.49	13.9	67
45~60	8.1	32.9	2.59	0.51	18.5	79
60~100	9.1	8.3	0.71	0.50	12.1	81

11.11 斑纹简育寒冻雏形土

11.11.1 拥哇系（Yongwa Series）

土　族：粗骨砂质混合型非酸性-斑纹简育寒冻雏形土
拟定者：赵玉国，吴华勇，杨　飞

分布与环境条件　主要分布于西藏日喀则市南木林县达孜乡一带，高山坡地，海拔 3900～4200 m，坡度 10°～20°，母质为冰碛物，退化草地，高原寒带半干旱气候，年均气温约 4.9℃，年均降水量约 366 mm，年均日照时数约 3023 h，无霜期 95～125 d。

拥哇系典型景观

土壤性状与特征变幅　诊断层包括淡薄表层和雏形层；诊断特性包括寒性土壤温度状况、半干润土壤水分状况、冻融特征和氧化还原特征。有效土体厚度 30～60 cm，之下为砾石；淡薄表层厚度 10～20 cm，有机碳含量约 11 g/kg；之下为厚约 25 cm 的雏形层，可见鳞片状结构和铁锰斑纹；通体无石灰反应，pH 6.2～7.3；层次质地构型为壤土-砂质壤土-壤质砂土，砾石含量 15%～80%，砂粒含量 490～780 g/kg。

对比土系　档楚系，同一县域不同土类，为草毡寒冻雏形土，具有草毡表层，pH 6.4～6.7，层次质地构型为壤质砂土-壤土-砂质壤土-壤质砂土。

利用性能综述　地势较陡，退化草地，植被盖度偏低，土体薄，砾石多，养分含量低，应提升植被盖度，防止过度放牧。

参比土种　砾砂壤性洪积亚高山草原土。

代表性单个土体　位于西藏日喀则市南木林县达孜乡拥哇村东北，扎进巴村西南，29°37′19.018″N，89°39′57.7″E，海拔4165 m，高山陡坡中下部，坡度15°，母质为冰碛物，退化草地，覆盖度约40%，50 cm深处土温为7.0℃，野外调查采样日期为2015年6月29日，编号54-065。

Ah：0～15 cm，浊黄棕色（10YR 5/4，干），浊黄棕色（10YR 4/3，润），壤土，弱发育屑粒状结构，松散，多量草根，15%砾石，向下层平滑清晰过渡。

Bdr：15～40 cm，浊黄橙色（10YR 6/3，干），灰黄棕色（10YR 5/2，润），砂质壤土，中等发育小块状—鳞片状结构，稍硬，中量草根，少量铁锰斑纹，50%砾石，向下层平滑清晰过渡。

Cr：40～80 cm，浊黄橙色（10YR 7/2，干），棕灰色（10YR 6/1，润），壤质砂土，无结构，多量铁锰斑纹，70%砾石。

拥哇系代表性单个土体剖面

拥哇系代表性单个土体物理性质

土层	深度/cm	砾石（>2 mm，体积分数)/%	细土颗粒组成(粒径：mm)/(g/kg)			质地	容重/(g/cm³)
			砂粒 2～0.05	粉粒 0.05～0.002	黏粒 <0.002		
Ah	0～15	15	496	360	144	壤土	1.32
Bdr	15～40	50	589	309	102	砂质壤土	1.47
Cr	40～80	70	772	148	80	壤质砂土	1.50

拥哇系代表性单个土体化学性质

深度/cm	pH(H₂O)	有机碳/(g/kg)	全氮(N)/(g/kg)	全磷(P)/(g/kg)	全钾(K)/(g/kg)	CEC/[cmol(+)/kg]	CaCO₃/(g/kg)
0～15	7.3	11.2	1.02	0.61	9.9	9.6	0
15～40	6.3	2.8	0.29	0.54	10.2	5.6	0
40～80	6.2	1.5	0.13	0.61	10.4	5.2	0

11.12 普通简育寒冻雏形土

11.12.1 香加拉系（Xiangjiala Series）

土　族：壤质盖粗骨质混合型非酸性-普通简育寒冻雏形土
拟定者：赵玉国，杨　飞　吴华勇

分布与环境条件　主要分布于山南市错那县错那镇香加拉山一带，高山坡地，海拔4600~5100 m，坡度 2°~5°，母质为安山岩风化残-坡积物，草甸，高原高寒气候，年均气温约-0.6℃，年均降水量约359 mm，年均日照时数约2803 h，无霜期约42 d。

香加拉系典型景观

土壤性状与特征变幅　诊断层包括淡薄表层和雏形层；诊断特性包括寒性土壤温度状况、半干润土壤水分状况、准石质接触面和冻融特征。有效土体厚度30~60 cm，之下为半风化砾石；淡薄表层厚度10~15 cm，有机碳含量约31 g/kg；之下为厚约20 cm的雏形层，可见鳞片状结构；通体无石灰反应，pH 5.9~6.2；层次质地构型为砂质壤土-壤土-砂质壤土，砾石含量5%~20%，砂粒含量350~630 g/kg。

对比土系　达普卡系，同一亚类不同土族，颗粒大小级别为粗骨壤质；达玛拉系，同一亚类不同土族，颗粒大小级别为粗骨砂质；贡巴子系，同一县域不同土类，有草毡表层，为草毡寒冻雏形土，黏粒含量110~190 g/kg，层次质地构型为壤土-粉壤土-壤土-砂质壤土。

利用性能综述　地势略起伏，退化草地，植被盖度中等，土体薄，砾石多，草被高度低，生草产量不高，牧业利用价值较低，应控制放牧，控制鼠害，防止草地退化。

参比土种　中毡中层砾砂壤性泥质高山草甸土。

代表性单个土体　位于西藏山南市错那县错那镇香加拉山附近，28°21′59.17″N，91°55′47.04″E，海拔 4851 m，高山缓坡下部，坡度 3°，母质为安山岩风化残-坡积物，退化草地，覆盖度约 80%，50 cm 深处土温为 2.5℃，野外调查采样日期为 2015 年 7 月 9 日，编号 54-075。

香加拉系代表性单个土体剖面

Ah：0～13 cm，棕色（10YR 4/4，干），暗棕色（10YR 3/3，润），砂质壤土，中等发育屑粒状结构，松散，多量草根，5%砾石，向下层平滑清晰过渡。

Bw：13～35 cm，棕色（10YR 4/4，干），暗棕色（10YR 3/3，润），壤土，中等发育中块状结构，坚硬，少量草根，5%砾石，向下层平滑渐变过渡。

Bd：35～50 cm，浊黄橙色（10YR 6/4，干），浊黄棕色（10YR 5/3，润），砂质壤土，弱发育鳞片状结构，稍硬，20%砾石，向下层不规则突变过渡。

C：50～100 cm，半风化砾石。

香加拉系代表性单个土体物理性质

土层	深度/cm	砾石（>2 mm，体积分数）/%	细土颗粒组成（粒径：mm）/(g/kg)			质地	容重/(g/cm³)
			砂粒 2～0.05	粉粒 0.05～0.002	黏粒 <0.002		
Ah	0～13	5	587	261	152	砂质壤土	117
Bw	13～35	5	356	392	252	壤土	1.19
Bd	35～50	20	627	207	166	砂质壤土	1.27

香加拉系代表性单个土体化学性质

深度/cm	pH(H_2O)	有机碳/(g/kg)	全氮(N)/(g/kg)	全磷(P)/(g/kg)	全钾(K)/(g/kg)	CEC/[cmol(+)/kg]	$CaCO_3$/(g/kg)
0～13	5.9	30.6	2.38	1.12	8.0	17.8	0
13～35	6.2	28.0	2.23	1.09	8.7	19.5	0
35～100	6.1	14.4	1.20	1.22	8.8	19.2	0

11.12.2 达普卡系（Dapuka Series）

土　　族：粗骨壤质硅质混合型非酸性-普通简育寒冻雏形土
拟定者：李德成，杨仁敏，王　帅

分布与环境条件　主要分布于昌都市卡若区城关镇一带，高山坡地，海拔 3800～4200 m，母质为红砂岩风化坡积物，高覆盖度灌草地，高原寒温带季风气候，年均气温 2.8℃，年均降水量约 474 mm，年均日照时数约 2378 h，没有绝对无霜期。

达普卡系典型景观

土壤性状与特征变幅　诊断层包括淡薄表层和雏形层；诊断特性包括寒性土壤温度状况、半干润土壤水分状况、冻融特征和准石质接触面；有效土体厚度 30～60 cm，之下为砾石；淡薄表层厚度 10～15 cm，有机碳含量约 60 g/kg；之下为雏形层，可见鳞片状结构，厚度约 15 cm。通体无石灰反应，pH 6.0～6.8；通体壤土，砾石含量 20%～80%，砂粒含量 320～370 g/kg。

对比土系　香加拉系，同一亚类不同土族，颗粒大小级别为壤质盖粗骨质；达玛拉系，同一亚类不同土族，颗粒大小级别为粗骨砂质；达登系，同一县域不同亚纲，为干润雏形土，具有冷性土壤温度状况、石质接触面、钙积现象和石灰性。

利用性能综述　地势较陡，灌草地，植被盖度较高，土体较厚，砾石含量多，养分含量中等偏上，应严格保护植被，控制放牧，防止水土流失。

参比土种　厚层壤性泥质淋溶褐土。

代表性单个土体　位于西藏昌都市卡若区城关镇达普卡村东北，31°8′53.81″N，

97°14′50.27″E,海拔 4063 m,高山中坡中下部,母质为红砂岩风化坡积物,灌草地,覆盖度>90%,50 cm 深处土温为 6.7℃,野外调查采样日期为 2015 年 7 月 4 日,编号 54-025。

Ah: 0~15 cm,灰紫色(7.5RP 4/3,干),暗灰紫色(7.5RP 3/2,润),壤土,强发育屑粒状结构,松散,多量灌草根系,20%砾石,向下层波状清晰过渡。

Bd: 15~30 cm,浊红紫色(7.5RP 4/6,干),暗灰紫色(7.5RP 3/3,润),壤土,中等发育小粒状—鳞片状结构,稍硬,中量灌草根系,40%砾石,向下层波状渐变过渡。

Cd: 30~65 cm,浊红紫色(7.5RP 4/6,干),暗灰紫色(7.5RP 3/3,润),壤土,弱发育鳞片状结构,稍硬,少量灌木根系,70%砾石,向下层波状突变过渡。

R: 65~100 cm,浊红紫色(7.5RP 4/6,干),暗灰紫色(7.5RP 3/3,润),基岩。

达普卡系代表性单个土体剖面

达普卡系代表性单个土体物理性质

土层	深度/cm	砾石(>2 mm,体积分数)/%	细土颗粒组成(粒径: mm)/(g/kg)			质地	容重/(g/cm³)
			砂粒 2~0.05	粉粒 0.05~0.002	黏粒 <0.002		
Ah	0~15	20	351	411	238	壤土	0.84
Bd	15~30	40	325	411	264	壤土	1.49
Cd	30~65	70	363	451	186	壤土	1.50

达普卡系代表性单个土体化学性质

深度/cm	pH(H_2O)	有机碳/(g/kg)	全氮(N)/(g/kg)	全磷(P)/(g/kg)	全钾(K)/(g/kg)	$CaCO_3$/(g/kg)
0~15	6.8	60.3	5.13	0.67	19.7	0
15~30	6.0	3.5	0.50	0.31	19.4	0
30~65	6.5	3.1	0.44	0.37	20.0	0

11.12.3 达玛拉系（Damala Series）

土　族：粗骨砂质硅质混合型非酸性-普通简育寒冻雏形土
拟定者：李德成，杨仁敏，王　帅

分布与环境条件　主要分布于昌都市卡若区如意乡一带，高山坡地，海拔 4300～4700 m，坡度 5°～8°，母质为红砂岩风化残-坡积物，高覆盖度灌草地，高原寒温带季风气候，年均气温 2.2℃，年均降水量约 475 mm，年均日照时数约 2376 h，没有绝对无霜期。

达玛拉系典型景观

土壤性状与特征变幅　诊断层包括淡薄表层和雏形层；诊断特性包括寒性土壤温度状况、半干润土壤水分状况、冻融特征和准石质接触面；有效土体厚度 30～60 cm，之下为砾石；淡薄表层厚度 10～15 cm，有机碳含量约 37 g/kg；之下为雏形层，可见鳞片状结构，厚度约 20 cm。通体无石灰反应，pH 6.0～6.4；层次质地构型为壤土-砂壤土，砾石含量 10%～80%，砂粒含量 400～700 g/kg。

对比土系　香加拉系，同一亚类不同土族，颗粒大小级别为壤质盖粗骨质；达普卡系，同一亚类不同土族，颗粒大小级别为粗骨壤质；达登系，同一县域不同亚纲，为干润雏形土，具有冷性土壤温度状况、石质接触面、钙积现象和石灰性。

利用性能综述　地势较陡，灌草地，植被盖度较高，土体较厚，砾石含量多，养分含量中等偏上，应严格保护植被，控制放牧，防止水土流失。

参比土种　厚层壤性泥质淋溶褐土。

代表性单个土体 位于西藏昌都市卡若区如意乡达玛拉村东,31°9′19.64″N,97°16′49.33″E,海拔 4598 m,高山中坡中下部,坡度 5°,母质为红砂岩风化残-坡积物,灌草地,覆盖度>90%,50 cm 深处土温为 5.1℃,野外调查采样日期为 2015 年 7 月 4 日,编号 54-026。

达玛拉系代表性单个土体剖面

Ah:0~12 cm,浊红橙色(7.5R 5/4,干),浊红棕色(7.5R 5/3,润),10%砾石,砂壤土,中等发育屑粒状结构,松散,多量灌草根系,向下层波状渐变过渡。

Bd:12~30 cm,浊红橙色(7.5R 6/4,干),浊红橙色(7.5R 6/3,润),40%砾石,砂壤土,中等发育小粒状—鳞片状结构,稍硬,中量灌草根系,向下层波状渐变过渡。

Cd:30~100 cm,浊红橙色(7.5R 6/4,干),浊红橙色(7.5R 6/3,润),70%砾石,砂壤土,弱发育鳞片状结构,稍硬,少量灌木根系,向下层波状突变过渡。

R:100~110 cm,浊红橙色(7.5R 6/4,干),浊红橙色(7.5R 6/3,润),基岩。

达玛拉系代表性单个土体物理性质

土层	深度/cm	砾石(>2 mm,体积分数)/%	细土颗粒组成(粒径:mm)/(g/kg)			质地	容重/(g/cm³)
			砂粒 2~0.05	粉粒 0.05~0.002	黏粒 <0.002		
Ah	0~12	10	411	405	184	壤土	1.03
Bd	12~30	40	691	196	113	砂壤土	1.38
Cd	30~100	70	695	220	85	砂壤土	1.49

达玛拉系代表性单个土体化学性质

深度/cm	pH(H_2O)	有机碳/(g/kg)	全氮(N)/(g/kg)	全磷(P)/(g/kg)	全钾(K)/(g/kg)	$CaCO_3$/(g/kg)
0~12	6.4	36.6	3.08	0.79	19.5	0
12~30	6.3	9.2	1.08	0.56	22.5	0
30~100	6.0	3.5	0.61	0.57	20.2	0

11.13 石灰淡色潮湿雏形土

11.13.1 江孜系（Jiangzi Series）

土　　族：黏壤质混合型温性-石灰淡色潮湿雏形土
拟定者：赵玉国，李德成

分布与环境条件　主要分布于西藏日喀则市江孜县年堆乡一带，冲积平原，海拔 3900～4200 m，母质为冲积物，旱地，高原温带半干旱季风气候，年均气温约 4.9℃，年均降水量约 291 mm，年均日照时数约 3170 h，无霜期 110 d。

江孜系典型景观

土壤性状与特征变幅　诊断层包括淡薄表层、雏形层和钙积层；诊断特性包括温性土壤温度状况、潮湿土壤水分状况、氧化还原特征和石灰性；有效土体厚度 1 m 以上，淡薄表层厚度 10～15 cm，有机碳含量约 14 g/kg；之下为雏形层，30 cm 以下土体可见少量铁锰斑纹；钙积层出现在 30 cm 以下，厚度 30 cm，可见碳酸钙粉末和少量小砂姜，碳酸钙含量 130～150 g/kg；通体强石灰反应，pH 8.4～9.0；层次质地构型为壤土-黏壤土-壤土-砂壤土，砂粒含量 300～550 g/kg。

对比土系　色玛系，不同土族，颗粒大小级别为砂质，无钙积层，通体有石灰反应，碳酸钙含量 30～50 g/kg，pH 9.0～9.6，通体砂质壤土；仁吉岗系，地形、母质、土地利用一致，上部无石灰性，无潮湿土壤水分状况，属于不同亚纲，为普通底锈干润雏形土；翁塘系，同一县域不同亚纲，为钙积简育寒冻雏形土，分布于高原山坡地，具有寒性土壤温度状况、半干润土壤水分状况、钙积层和冻融特征，钙积层上界 22 cm，厚度约 40 cm，碳酸钙含量约 318 g/kg。

利用性能综述 高原谷地,地形平缓,土体深厚,养分含量中等,旱地,具备灌溉条件,应秸秆还田和增施复合肥,培肥土壤。

参比土种 壤性冲积潮土。

代表性单个土体 位于西藏日喀则市江孜县年堆乡政府附近,曲乃村西北,28.886134°N,89.659258°E,海拔 4064 m,冲积平原,母质为冲积物,旱地,种植油菜、青稞,50 cm 深处土温为 9.4℃,野外调查采样日期为 2016 年 7 月 10 日,编号 54-205。

江孜系代表性单个土体剖面

Ap: 0~12 cm,浊黄色(2.5Y 6/3,干),暗灰黄色(2.5Y 5/2,润),壤土,强发育粒状小结构,松散,少量炭屑,2 条蚯蚓,强度石灰反应,向下层平滑清晰过渡。

ABw: 12~30 cm,淡黄色(2.5Y 7/3,干),灰黄色(2.5Y 6/2,润),黏壤土,强发育粒状—小块状结构,松散—稍硬,少量炭屑,2 条蚯蚓,强度石灰反应,向下层平滑清晰过渡。

Bkr1: 30~62 cm,灰白色(2.5Y 8/2,干),黄灰色(2.5Y 6/1,润),2%砾石,壤土,中等发育中块状结构,坚硬,少量铁锰斑纹,可见碳酸钙白色粉末,有少量小砂姜,强度石灰反应,向下层波状渐变过渡。

Bkr2: 62~110 cm,黄棕色(2.5Y 5/3,干),黄灰色(2.5Y 4/1,润),5%砾石,砂壤土,弱发育小块状结构,稍硬,少量铁锰斑纹,可见碳酸钙白色粉末,有少量小砂姜,强度石灰反应。

江孜系代表性单个土体物理性质

土层	深度 /cm	砾石 (>2 mm,体积分数)/%	细土颗粒组成(粒径:mm)/(g/kg)			质地	容重 /(g/cm³)
			砂粒 2~0.05	粉粒 0.05~0.002	黏粒 <0.002		
Ap	0~12	0	414	369	217	壤土	1.31
ABw	12~30	0	316	412	272	黏壤土	1.37
Bkr1	30~62	2	299	436	265	壤土	1.38
Bkr2	62~110	5	545	280	175	砂壤土	1.47

江孜系代表性单个土体化学性质

深度 /cm	pH (H_2O)	有机碳 /(g/kg)	全氮(N) /(g/kg)	全磷(P) /(g/kg)	全钾(K) /(g/kg)	CEC /[cmol(+)/kg]	$CaCO_3$ /(g/kg)
0~12	8.4	13.7	1.29	0.88	19.0	—	86
12~30	8.6	9.9	1.10	0.83	18.7	—	85
30~62	8.7	9.2	1.02	0.80	19.2	—	143
62~110	9.0	4.5	0.60	0.80	18.8	—	139

11.13.2 色玛系（Sema Series）

土　族：砂质硅质混合型温性-石灰淡色潮湿雏形土
拟定者：赵玉国，宋效东，鞠　兵

分布与环境条件　主要分布于日喀则市桑珠孜区甲措雄乡一带，冲积平原，海拔3500～3900 m，母质为河流冲积物，旱地，常种植青稞、小麦、油菜、蔬菜等，高原温带半干旱季风气候，年均气温约6.4℃，年均降水量约431 mm，年均日照时数约3232 h，无霜期约70～100 d。

色玛系典型景观

土壤性状与特征变幅　诊断层包括淡薄表层和雏形层；诊断特性包括温性土壤温度状况、潮湿土壤水分状况、氧化还原特征和石灰性；有效土体厚度约1 m，淡薄表层厚度10～15 cm，有机碳含量约8 g/kg；之下为雏形层，厚度约80 cm；20 cm以下土体可见中量铁锰斑纹，通体有石灰反应，碳酸钙含量30～50 g/kg，pH 9.0～9.6；通体砂质壤土，砂粒含量630～760 g/kg。

对比土系　江孜系，不同土族，颗粒大小级别为黏壤质，具有钙积层，出现在30 cm以下，厚度30 cm，碳酸钙含量130～150 g/kg，通体强石灰反应，pH 8.4～9.0，层次质地构型为壤土-黏壤土-壤土-砂壤土；仁吉岗系，地形、母质、土地利用一致，上部无石灰性，无潮湿土壤水分状况，属于不同亚纲，为普通底锈干润雏形土。

利用性能综述　高原宽谷地，地形平缓，土体深厚，养分含量低，旱地，具备灌溉条件，应秸秆还田和增施复合肥，培肥土壤。

参比土种　砂壤性冲积潮土。

代表性单个土体 位于西藏日喀则市桑珠孜区甲措雄乡色玛村西北，29°14′08.1″N，88°54′30.9″E，海拔 3757 m，冲积平原一级阶地，母质为冲积物，旱地，种植青稞，50 cm 深处土温为 10.9℃，野外调查采样日期为 2015 年 6 月 30 日，编号 54-010。

Ap： 0～12 cm，黄棕色（2.5Y 5/3，干），暗灰黄色（2.5Y 4/2，润），砂质壤土，中等发育粒状—小块状结构，松散—稍硬，强度石灰反应，向下层平滑清晰过渡。

Br1： 12～45 cm，浊黄色（2.5Y 6/3，干），暗灰黄色（2.5Y 5/2，润），砂质壤土，中等发育中块状结构，坚硬，强度石灰反应，向下层平滑渐变过渡。

Br2： 45～95 cm，黄棕色（2.5Y 5/3，干），暗灰黄色（2.5Y 4/2，润），砂质壤土，弱发育中块状结构，坚硬，中量铁锰斑纹，强度石灰反应，向下层不规则清晰过渡。

Cr： 95～120 cm，黄棕色（2.5Y 5/4，干），橄榄棕色（2.5Y 4/3，润），砂质壤土，无结构，中量铁锰斑纹，强度石灰反应。

色玛系代表性单个土体剖面

色玛系代表性单个土体物理性质

土层	深度/cm	砾石（>2 mm，体积分数)/%	细土颗粒组成(粒径：mm)/(g/kg)			质地	容重/(g/cm³)
			砂粒 2～0.05	粉粒 0.05～0.002	黏粒 <0.002		
Ap	0～12	0	631	258	111	砂质壤土	1.38
Br1	12～45	0	741	167	92	砂质壤土	1.45
Br2	45～95	0	758	146	96	砂质壤土	1.48
Cr	95～120	0	636	234	130	砂质壤土	1.48

色玛系代表性单个土体化学性质

深度/cm	pH(H_2O)	有机碳/(g/kg)	全氮(N)/(g/kg)	全磷(P)/(g/kg)	全钾(K)/(g/kg)	CEC/[cmol(+)/kg]	$CaCO_3$/(g/kg)
0～12	9.3	7.5	0.63	0.50	7.0	3.4	46
12～45	9.6	3.9	0.33	0.44	6.8	2.9	45
45～95	9.0	2.4	0.19	0.43	7.0	2.7	39
95～120	9.0	2.1	0.21	0.32	6.9	2.3	39

11.14 普通淡色潮湿雏形土

11.14.1 塔玛系（Tama Series）

土　族：壤质混合型非酸性热性-普通淡色潮湿雏形土
拟定者：赵玉国，李德成，

分布与环境条件　主要分布于林芝市察隅县下察隅镇一带，海拔 1200～1600 m，河谷阶地，母质为冲积物，旱地，亚热带山地湿润季风气候，年均气温约 12.1℃，年均降水量约 789 mm，年均日照时数约 1660 h，无霜期约 280 d。

塔玛系典型景观

土壤性状与特征变幅　诊断层包括淡薄表层和雏形层；诊断特性包括热性土壤温度状况、潮湿土壤水分状况和氧化还原特征；有效土体厚度大于 1 m，淡薄表层厚度 15～25 cm，有机碳含量约 16 g/kg；21 cm 以下可见中量铁锰斑纹；通体无石灰反应，pH 6.0～6.6；层次质地构型为粉壤土-壤土-砂壤土-粉壤土，砂粒含量 300～450 g/kg，黏粒含量小于 100 g/kg。

对比土系　永久村系，不同亚类不同土族，颗粒大小级别为砂质，未耕种，具有温性土壤温度状况，层次质地构型为砂质壤土-壤土；仁吉岗系，不同亚类，为普通底锈干润雏形土，具有温性土壤温度状况、干润土壤水分状况、60 cm 以下呈现轻度石灰反应，pH 6.8～8.5，通体粉壤土；下察隅系，相邻位置相同母质，不同土纲，水旱轮作，属人为滞水土壤水分状况，为普通简育水耕人为土。

利用性能综述　高原谷地，坡地梯田，土体深厚，养分含量中等，旱地，不具备灌溉条件，应秸秆还田和增施复合肥，培肥土壤。

参比土种 潮土。

代表性单个土体 位于西藏林芝市察隅县下察隅镇塔玛村西南，28°27′12.8″N，97°3′8.6″E，海拔 1482 m，河谷阶地，母质为冲积物，旱地，50 cm 深处土温为 19.2℃，野外调查采样日期为 2016 年 7 月 5 日，编号 54-202。

塔玛系代表性单个土体剖面

Ap：0～13 cm，灰黄色（2.5Y 6/2，干），黄灰色（2.5Y 5/1，润），粉壤土，强发育粒状—小块状结构，松散—稍硬，向下层平滑清晰过渡。

AB：13～21 cm，灰黄色（2.5Y 6/2，干），黄灰色（2.5Y 5/1，润），粉壤土，强发育中块状结构，坚硬，向下层波状渐变过渡。

Br1：21～40 cm，亮黄棕色（2.5Y 6/6，干），黄棕色（2.5Y 5/4，润），壤土，中等发育中块状结构，坚硬，多量铁锰斑纹，向下层波状渐变过渡。

Br2：40～70 cm，亮黄棕色（2.5Y 6/6，干），黄棕色（2.5Y 5/4，润），砂壤土，中等发育中块状结构，坚硬，中量铁锰斑纹，向下层平滑清晰过渡。

Br3：70～120 cm，黄灰色（2.5Y 5/1，干），黄灰色（2.5Y 4/1，润），粉壤土，弱发育中块状结构，稍硬，中量铁锰斑纹。

塔玛系代表性单个土体物理性质

土层	深度/cm	砾石（>2 mm，体积分数)/%	细土颗粒组成(粒径：mm)/(g/kg)			质地	容重/(g/cm³)
			砂粒 2～0.05	粉粒 0.05～0.002	黏粒 <0.002		
Ap	0～13	0	310	599	91	粉壤土	1.27
AB	13～21	0	388	534	78	粉壤土	1.32
Br1	21～40	0	426	495	79	壤土	1.35
Br2	40～70	0	444	489	67	砂壤土	1.43
Br3	70～120	0	409	521	70	粉壤土	1.45

塔玛系代表性单个土体化学性质

深度/cm	pH(H_2O)	有机碳/(g/kg)	全氮(N)/(g/kg)	全磷(P)/(g/kg)	全钾(K)/(g/kg)	CEC/[cmol(+)/kg]	$CaCO_3$/(g/kg)
0～13	6.0	16.3	1.35	1.15	19.8	—	0
13～21	6.2	13.1	1.04	0.95	20.9	—	0
21～40	6.4	6.3	0.53	0.92	19.0	—	0
40～70	6.6	6.5	0.40	0.79	19.7	—	0
70～120	6.4	5.7	0.34	0.86	20.7	—	0

11.14.2 永久村系（Yongjiucun Series）

土　族：砂质混合型非酸性温性-普通淡色潮湿雏形土
拟定者：李德成，杨仁敏，王　帅

分布与环境条件　主要分布于林芝市巴宜区八一镇一带，冲积平原一级阶地，海拔 2800~3000 m，母质为冲积物，旱地，种植青稞等，温带湿润季风气候，年均气温约 8.6℃，年均降水量约 663 mm，年均日照时数约 2037 h，无霜期约 175 d。

永久村系典型景观

土壤性状与特征变幅　诊断层包括淡薄表层和雏形层；诊断特性包括温性土壤温度状况、潮湿土壤水分状况和氧化还原特征；地表粗碎块面积约 20%，有效土体厚度大于 1 m，下伏冲积砾石；淡薄表层厚度 15~20 cm，有机碳含量约 13 g/kg；之下为雏形层，可见大量铁锰斑纹；通体无石灰反应，pH 5.9~6.5；层次质地构型为砂质壤土-壤土，砂粒含量 510~620 g/kg。

对比土系　塔玛系，同一亚类不同土族，颗粒大小为壤质，旱地，具有热性土壤温度状况，层次质地构型为粉壤土-壤土-砂壤土-粉壤土。章麦系，同一县域，相似母质，均为河流冲积物，都具有潮湿土壤水分状况，旱地，长期种植大棚蔬菜，具有肥熟表层和磷质耕作淀积层，属于不同土纲，为斑纹肥熟旱耕人为土。

利用性能综述　河流谷地，仍然受到沉积影响，灌草地，植被盖度中等，土体厚，养分含量较高，应保护河漫滩湿地生态系统，避免垦殖。

参比土种　砂壤性冲积湿潮土。

代表性单个土体　位于西藏林芝市巴宜区八一镇永久村东北，29°36′44.09″N，94°22′19.18″E，海拔 2959 m，冲积平原一级阶地，母质为冲积物，灌草地，覆盖度>50%，50 cm 深处土温为 11.7℃，野外调查采样日期为 2015 年 6 月 30 日，编号 54-021。

永久村系代表性单个土体剖面

Ahr: 0~18 cm，灰黄棕色（10YR 6/2，干），棕灰色（10YR 5/1，润），砂质壤土，强发育粒状结构，松散，多量草根，多量铁锰斑纹，向下层波状清晰过渡。

Br1: 18~37 cm，灰黄色（2.5Y 7/2，干），黄灰色（2.5Y 6/1，润），砂质壤土，中等发育中块状结构，稍硬，中量草根，多量铁锰斑纹，5%砾石，向下层波状渐变过渡。

Br2: 37~64 cm，灰黄色（2.5Y 7/2，干），黄灰色（2.5Y 6/1，润），砂质壤土，弱发育小块状结构，稍硬，多量铁锰斑纹，5%砾石，向下层波状渐变过渡。

BCr: 64~110 cm，灰黄色（2.5Y 7/2，干），黄灰色（2.5Y 6/1，润），壤土，弱发育小块状结构，可见部分冲积层理，多量铁锰斑纹，5%砾石。

C:　110~120 cm，砾石。

永久村系代表性单个土体物理性质

土层	深度/cm	砾石（>2 mm，体积分数）/%	细土颗粒组成(粒径：mm)/(g/kg)			质地	容重/(g/cm³)
			砂粒 2~0.05	粉粒 0.05~0.002	黏粒 <0.002		
Ahr	0~18	0	612	328	60	砂质壤土	1.29
Br1	18~37	5	551	380	69	砂质壤土	1.40
Br2	37~64	5	590	350	60	砂质壤土	1.40
BCr	64~110	5	519	410	71	壤土	1.43

永久村系代表性单个土体化学性质

深度/cm	pH(H_2O)	有机碳/(g/kg)	全氮(N)/(g/kg)	全磷(P)/(g/kg)	全钾(K)/(g/kg)	CEC/[cmol(+)/kg]	$CaCO_3$/(g/kg)
0~18	5.9	12.7	0.99	0.60	9.0	3.6	0
18~37	6.1	6.1	0.45	0.56	10.2	2.7	0
37~64	6.1	6.4	0.47	0.52	9.4	2.5	0
64~110	6.5	4.6	0.33	0.53	10.7	1.9	0

11.15 普通底锈干润雏形土

11.15.1 仁吉岗系（Renjigang Series）

土　族：壤质混合型非酸性温性-普通底锈干润雏形土
拟定者：李德成，杨仁敏，王　帅

分布与环境条件　主要分布于山南市乃东区昌珠镇一带，冲积平原，海拔 3200～3700 m，母质为冲积物，旱地，种植青稞等，高原温带半干旱季风气候，年均气温约 8.4℃，年均降水量约 386 mm，年均日照时数约 2940 h，无霜期约 143 d。

仁吉岗系典型景观

土壤性状与特征变幅　诊断层包括淡薄表层和雏形层；诊断特性包括温性土壤温度状况、半干润土壤水分状况和氧化还原特征；有效土体厚度大于 1 m，淡薄表层厚度 10～20 cm，有机碳含量约 15 g/kg；之下为雏形层，45 cm 以下土体可见少量铁锰斑纹，60 cm 以下呈现轻度石灰反应，碳酸钙含量小于 20 g/kg；通体 pH 6.8～8.5，粉壤土，粉粒含量 520～660 g/kg。

对比土系　江孜系、色玛系，地形、母质、土地利用一致，通体石灰性，具有潮湿土壤水分状况，属于不同亚纲，为石灰淡色潮湿雏形土；塔玛系，不同亚类，为普通淡色潮湿雏形土，具有热性土壤温度状况、潮湿土壤水分状况，通体无石灰反应，pH 6.0～6.6，层次质地构型为粉壤土-壤土-砂壤土-粉壤土。

利用性能综述　高原宽谷地，地形平缓，土体深厚，养分含量中等，旱地，具备灌溉条件，应秸秆还田和增施复合肥，培肥土壤。

参比土种　壤性冲积潮土。

代表性单个土体　位于西藏山南市乃东区昌珠镇仁吉岗村西北，29°10′55.59″N，91°46′35.33″E，海拔 3513 m，冲积平原一级阶地，母质为冲积物，旱地，种植青稞等，50 cm 深处土温为 12.3℃，野外调查采样日期为 2015 年 7 月 9 日，编号 54-084。

仁吉岗系代表性单个土体剖面

Ap：0～16 cm，灰橄榄色（5Y 4/2，干），橄榄黑色（5Y 3/1，润），粉壤土，强发育粒状结构，松散，向下层平滑清晰过渡。

AB：16～44 cm，灰橄榄色（7.5Y 4/2，干），橄榄黑色（7.5Y 3/1，润），粉壤土，强发育小块状结构，坚硬，向下层波状渐变过渡。

Br1：44～60 cm，淡灰色（5Y 7/2，干），灰色（5Y 6/1，润），粉壤土，中等发育中块状结构，坚硬，少量铁锰斑纹，向下层波状渐变过渡。

Br2：60～95 cm，灰橄榄色（5Y 5/2，干），灰色（5Y 4/1，润），粉壤土，中等发育中块状结构，坚硬，少量铁锰斑纹，轻度石灰反应，向下层波状渐变过渡。

Br3：95～120 cm，暗灰黄色（2.5Y 5/2，干），黄灰色（2.5Y 4/1，润），粉壤土，中等发育中块状结构，坚硬，少量铁锰斑纹，轻度石灰反应。

仁吉岗系代表性单个土体物理性质

土层	深度/cm	砾石（>2 mm，体积分数）/%	细土颗粒组成（粒径：mm）/(g/kg)			质地	容重/(g/cm³)
			砂粒 2～0.05	粉粒 0.05～0.002	黏粒 <0.002		
Ap	0～16	0	199	656	145	粉壤土	1.26
AB	16～44	0	220	641	139	粉壤土	1.30
Br1	44～60	0	182	658	160	粉壤土	1.36
Br2	60～95	0	285	571	144	粉壤土	1.42
Br3	95～120	0	346	521	133	粉壤土	1.41

仁吉岗系代表性单个土体化学性质

深度/cm	pH(H_2O)	有机碳/(g/kg)	全氮(N)/(g/kg)	全磷(P)/(g/kg)	全钾(K)/(g/kg)	CEC/[cmol(+)/kg]	$CaCO_3$/(g/kg)
0～16	6.8	14.8	1.67	1.17	11.4	10.3	0
16～44	7.6	12.3	1.39	0.94	11.3	9.2	0
44～60	7.6	8.5	1.10	0.81	11.7	8.1	0
60～95	8.3	5.2	0.67	0.57	11.0	5.9	9
95～120	8.5	6.1	0.69	0.57	11.2	5.6	12

11.16 钙积简育干润雏形土

11.16.1 达登系（Dadeng Series）

土　　族：粗骨壤质硅质混合型-钙积简育干润雏形土
拟定者：李德成，杨仁敏，王　帅

分布与环境条件　主要分布于昌都市卡若区城关镇一带，高山坡地，海拔 3600~4000 m，坡度 10°~15°，母质为红砂岩风化坡积物，高覆盖度灌草地，高原寒温带季风气候，年均气温 3.3℃，年均降水量约 473 mm，年均日照时数约 2380 h，没有绝对无霜期。

达登系典型景观

土壤性状与特征变幅　诊断层包括淡薄表层和雏形层；诊断特性包括冷性土壤温度状况、半干润土壤水分状况、石质接触面、钙积现象和石灰性；地表粗碎块面积约 30%，有效土体厚度约 1 m，之下为半风化基岩；淡薄表层厚度 20~40 cm，有机碳含量 12~35 g/kg；之下为雏形层，厚度约 30 cm；钙积现象上界 34 cm，厚度大于 50 cm，碳酸钙含量 45~90 g/kg；通体 pH 7.7~9.2；砾石含量 10%~50%，通体壤土，砂粒含量 320~370 g/kg。

对比土系　约康系，同一亚类不同土族，颗粒大小级别为粗骨砂质，碳酸钙含量 20~90 g/kg，pH 8.2~9.2，层次质地构型为砂质壤土-壤土-砂质壤土-壤质砂土，砾石含量 20%~90%，砂粒含量 500~810 g/kg；达普卡系、达玛拉系，同一县域不同亚纲，海拔更高，具有寒性土壤温度状况、冻融特征和准石质接触面，无钙积现象和石灰性；达荣卡系，同一县域不同亚类，为普通简育干润雏形土，相同母质，相似海拔，通体具有石灰性，无钙积现象，质地层次为壤土-黏壤土-粉壤土-粉黏壤土。

利用性能综述 地势较陡，灌草地，植被盖度较高，土体较厚，砾石含量多，养分含量中等偏上，应严格保护植被，控制放牧，防止水土流失。

参比土种 厚层砾泥性泥质灰褐土。

代表性单个土体 位于西藏昌都市卡若区城关镇达登村东北，达普卡村西南，31°8′25.33″N，97°13′31.61″E，海拔 3800 m，高山中坡中部，坡度 10°～15°，母质为红砂岩风化坡积物，灌草地，覆盖度约 70%，50 cm 深处土温为 7.2℃，野外调查采样日期为 2015 年 7 月 4 日，编号 54-024。

达登系代表性单个土体剖面

Ah：0～18 cm，浊红紫色（7.5RP 4/6，干），暗灰紫色（7.5RP 3/3，润），壤土，强发育屑粒状结构，松散，多量灌草根系，10%砾石，无石灰反应，向下层波状渐变过渡。

AB：18～34 cm，浊红紫色（7.5RP 4/6，干），暗灰紫色（7.5RP 3/3，润），壤土，强发育粒状—块状结构，稍硬，中量灌草根系，20%砾石，弱石灰反应，向下层不规则清晰过渡。

Bk1：34～65 cm，灰紫色（7.5RP 4/3，干），暗灰紫色（7.5RP 3/2，润），壤土，强发育小块状结构，坚硬，少量灌木根系，40%砾石，中度石灰反应，向下层波状突变过渡。

Bk2：65～120 cm，灰紫色（7.5RP 4/3，干），暗灰紫色（7.5RP 3/2，润），壤土，强发育小块状结构，坚硬，50%砾石，强度石灰反应。

达登系代表性单个土体物理性质

土层	深度/cm	砾石（>2 mm，体积分数）/%	细土颗粒组成(粒径：mm)/(g/kg)			质地	容重/(g/cm³)
			砂粒 2～0.05	粉粒 0.05～0.002	黏粒 <0.002		
Ah	0～18	10	351	411	238	壤土	1.06
AB	18～34	20	325	411	264	壤土	1.34
Bk1	34～65	40	363	451	186	壤土	1.39
Bk2	65～120	50	335	424	241	壤土	1.45

达登系代表性单个土体化学性质

深度/cm	pH(H₂O)	有机碳/(g/kg)	全氮(N)/(g/kg)	全磷(P)/(g/kg)	全钾(K)/(g/kg)	CEC/[cmol(+)/kg]	CaCO₃/(g/kg)
0～18	7.7	34.1	2.77	0.86	20.4	—	0
18～34	8.9	11.7	1.34	1.06	20.6	—	12
34～65	8.7	9.0	1.10	0.76	20.0	—	46
65～120	9.2	5.3	0.76	0.57	19.5	—	87

11.16.2 约康系（Yuekang Series）

土　族：粗骨砂质硅质混合型石灰性冷性-钙积简育干润雏形土
拟定者：赵玉国，刘 峰，杨 帆，金成伟

分布与环境条件　　主要分布于日喀则市康马县康马镇一带，高山坡地，海拔 3300～3700 m，坡度 5°～10°，母质为石英砂岩风化坡积物，荒草地，高原温带半干旱季风气候，年均气温约 4.4℃，年均降水量约 326 mm，年均日照时数约 3079 h，无霜期约 110 d。

约康系典型景观

土壤性状与特征变幅　　诊断层包括淡薄表层和雏形层；诊断特性包括冷性土壤温度状况、半干润土壤水分状况、钙积现象和石灰性；有效土体厚度 30～60 cm；淡薄表层厚度 15～25 cm，有机碳含量约 7 g/kg；之下为雏形层，厚度约 50 cm，其中部分土层有钙积现象；通体有石灰反应，碳酸钙含量 20～90 g/kg，pH 8.2～9.2；层次质地构型为砂质壤土-壤土-砂质壤土-壤质砂土，砾石含量 20%～90%，砂粒含量 500～810 g/kg。

对比土系　　达登系，同一亚类不同土族，颗粒大小级别为粗骨壤质，钙积现象上界 34 cm，厚度大于 50 cm，碳酸钙含量 45～90 g/kg，通体 pH 7.7～9.2，砾石含量 10%～50%，通体壤土。

利用性能综述　　地势较陡，土体较厚，砾石含量多，干旱少雨，灌草地，植被盖度很低，应严格保护植被，控制放牧，防止水土流失。

参比土种　　厚层砾砂壤性硅质亚高山草原土。

代表性单个土体 位于西藏日喀则市康马县康马镇约康村东北,28°32′39.67″N,89°40′13.49″E,海拔 4209 m,高山中坡下部,坡度 8°,母质为石英砂岩风化坡积物,荒草地,覆盖度约 15%,50 cm 深处土温为 7.4℃,野外调查采样日期为,编号 54-086。

约康系代表性单个土体剖面

Ah:0~20 cm,灰黄棕色(10YR 5/2,干),棕灰色(10YR 4/1,润),砂质壤土,弱发育屑粒状结构,松散,少量草根,20%砾石,中度石灰反应,向下层平滑清晰过渡。

Bk:20~40 cm,灰黄色(2.5Y 6/2,干),黄灰色(2.5Y 5/1,润),壤土,中等发育小块状结构,坚硬,少量草根,30%砾石,强度石灰反应,向下层平滑清晰过渡。

Bw:40~70 cm,黄棕色(2.5Y 5/3,干),暗灰黄色(2.5Y 4/2,润),砂质壤土,中等发育中块状结构,坚硬,20%砾石,中度石灰反应,向下层平滑突变过渡。

Ck:70~85 cm,灰黄色(2.5Y 6/2,干),黄灰色(2.5Y 5/1,润),壤质砂土,坚硬,90%砾石,强度石灰反应,向下层平滑突变过渡。

C:85~120 cm,灰黄色(2.5Y 6/2,干),黄灰色(2.5Y 5/1,润),砂质壤土,坚硬,40%砾石,轻度石灰反应。

约康系代表性单个土体物理性质

土层	深度 /cm	砾石 (>2 mm,体积分数)/%	细土颗粒组成(粒径:mm)/(g/kg)			质地	容重 /(g/cm³)
			砂粒 2~0.05	粉粒 0.05~0.002	黏粒 <0.002		
Ah	0~20	20	571	323	106	砂质壤土	1.38
Bk	20~40	30	508	388	104	壤土	1.41
Bw	40~70	20	656	261	83	砂质壤土	1.41
Ck	70~85	90	804	144	52	壤质砂土	1.48
C	85~120	40	698	229	73	砂质壤土	1.50

约康系代表性单个土体化学性质

深度 /cm	pH (H₂O)	有机碳 /(g/kg)	全氮(N) /(g/kg)	全磷(P) /(g/kg)	全钾(K) /(g/kg)	CEC /[cmol(+)/kg]	CaCO₃ /(g/kg)
0~20	8.7	7.3	0.79	0.57	10.8	3.4	44
20~40	8.2	5.6	0.72	0.50	10.4	3.2	82
40~70	8.7	6.0	0.62	0.50	9.9	3.0	47
70~85	9.1	2.3	0.27	0.49	9.8	1.5	61
85~120	9.2	1.0	0.12	0.54	10.0	1.8	16

11.17 普通简育干润雏形土

11.17.1 普荣岗系（Puronggang Series）

土　族：壤质盖粗骨砂质硅质混合型石灰性温性-普通简育干润雏形土
拟定者：李德成，杨仁敏，王　帅

分布与环境条件　主要分布于拉萨市曲水县聂当乡一带，高山坡地，海拔 3400～3800 m，母质为老的冲洪积物，夹杂大量砾石，荒草地，高原温带半干旱季风气候，年均气温约 7.7℃，年均降水量约 415 mm，年均日照时数约 3051 h，无霜期约 150 d。

普荣岗系典型景观

土壤性状与特征变幅　诊断层包括淡薄表层和雏形层；诊断特性包括温性土壤温度状况、半干润土壤水分状况和石灰性；地表粗碎块面积约 30%，有效土体厚度大于 1 m，之下为砾石；淡薄表层厚度 20～30 cm，有机碳含量约 2 g/kg；之下为雏形层，厚约 70～80 cm；通体有石灰性，碳酸钙含量 9～30 g/kg，pH 8.3～9.0；通体壤质砂土，砂粒含量 830～880 g/kg。

对比土系　曲水系，同一县域，同一亚类不同土族，颗粒大小级别为粗骨砂质，有效土体厚度 30～60 cm，层次质地构型为砂质壤土-壤质砂土，砾石含量 20%～80%。

利用性能综述　地势较陡，土体较厚，砾石较多，稀疏草地，植被盖度低，养分含量中等，应提升草被盖度，防止过度放牧，保持水土。

参比土种　山地灌丛草原土。

代表性单个土体 位于西藏拉萨市曲水县聂当乡普荣岗村,29°33′51″N,90°59′33″E,海拔 3603 m,高山中坡中部,母质为老的冲洪积物,夹杂大量砾石,荒草地,草被盖度约 30%,50 cm 深处土温为 11.6℃,野外调查采样日期为 2015 年 6 月 28 日,编号 54-079。

普荣岗系代表性单个土体剖面

Ah: 0~30 cm,灰白色(2.5Y 8/2,干),淡灰色(2.5Y 7/1,润),壤质砂土,中等发育屑粒状结构,松散,多量灌草根系,轻度石灰反应,向下层平滑清晰过渡。

Bw1: 30~58 cm,淡黄色(2.5Y 7/3,干),灰黄色(2.5Y 6/2,润),壤质砂土,中等发育小块状结构,稍硬,少量灌草根系,40%砾石,轻度石灰反应,向下层波状渐变过渡。

Bw2: 58~110 cm,淡黄色(2.5Y 7/3,干),灰黄色(2.5Y 6/2,润),壤质砂土,弱发育小块状结构,稍硬,60%砾石,中度石灰反应,向下层波状突变过渡。

C: 110~130 cm,砾石。

普荣岗系代表性单个土体物理性质

土层	深度/cm	砾石(>2 mm,体积分数)/%	细土颗粒组成(粒径:mm)/(g/kg)			质地	容重/(g/cm³)
			砂粒 2~0.05	粉粒 0.05~0.002	黏粒 <0.002		
Ah	0~30	0	873	89	38	壤质砂土	1.48
Bw1	30~58	40	839	106	55	壤质砂土	1.49
Bw2	58~110	60	848	100	52	壤质砂土	1.50

普荣岗系代表性单个土体化学性质

深度/cm	pH(H_2O)	有机碳/(g/kg)	全氮(N)/(g/kg)	全磷(P)/(g/kg)	全钾(K)/(g/kg)	CEC/[cmol(+)/kg]	$CaCO_3$/(g/kg)
0~30	8.7	2.3	0.27	0.52	11.6	14.1	9
30~58	9.0	1.8	0.18	0.49	12.7	1.9	18
58~110	8.3	1.1	0.14	0.43	12.2	1.4	28

11.17.2 达荣卡系（Darongka Series）

土　族：粗骨壤质硅质混合型石灰性-普通简育干润雏形土
拟定者：李德成，杨仁敏，王　帅

分布与环境条件　主要分布于昌都市卡若区城关镇一带，高山坡地，海拔 3600～4000 m，坡度 5°～10°，母质为红砂岩风化坡积物，高覆盖度灌草地，亚热带半干润季风气候，年均气温 7.0℃，年均降水量约 472 mm，年均日照时数约 2380 h，无霜期 150 d。

达荣卡系典型景观

土壤性状与特征变幅　诊断层包括淡薄表层和雏形层；诊断特性包括温性土壤温度状况、半干润土壤水分状况、准石质接触面和石灰性；地表粗碎块面积约 30%，有效土体厚度 60～90 cm，之下为半风化母岩；淡薄表层厚度 20～30 cm，有机碳含量约 19 g/kg；之下为雏形层，厚约 50 cm；通体碳酸钙含量 5～20 g/kg，pH 8.1～8.7；质地层次为壤土-黏壤土-粉壤土-粉黏壤土，黏粒含量 210～300 g/kg。

对比土系　达登系，同一县域不同亚类，为钙积简育干润雏形土，相同母质、相似海拔，具有钙积现象，碳酸钙含量 45～90 g/kg，通体壤土。

利用性能综述　地势较陡，土体较厚，砾石较多，养分含量较高，灌草地，植被盖度较高，应保护植被，防止水土流失。

参比土种　山地灌丛草原土。

代表性单个土体　位于西藏昌都市卡若区城关镇达荣卡村东北，31°8′3.35″N，97°12′35.8″E，海拔 3512 m，高山中坡下部，坡度 8°，母质为红砂岩风化坡积物，灌草地，覆盖度约70%，50 cm深处土温为10.9℃，野外调查采样日期为2015年7月4日，编号54-023。

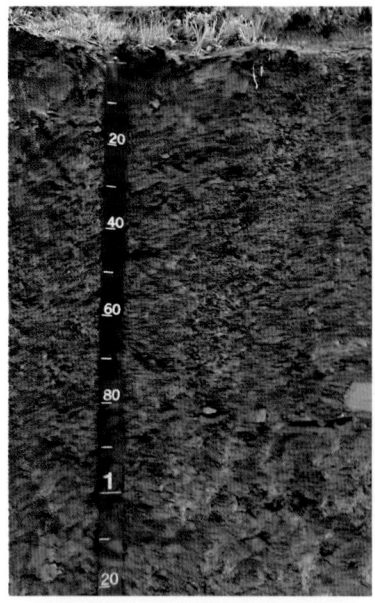

达荣卡系代表性单个土体剖面

Ah：0～15 cm，浊红紫色（7.5RP 4/6，干），暗灰紫色（7.5RP 3/3，润），壤土，强发育屑粒状结构，松散，多量灌草根系，20%砾石，弱石灰反应，向下层波状清晰过渡。

AB：15～30 cm，浊红紫色（7.5RP 4/6，干），暗灰紫色（7.5RP 3/3，润），黏壤土，强发育粒状—块状结构，稍硬，中量灌草根系，20%砾石，弱石灰反应，向下层波状渐变过渡。

Bw1：30～55 cm，灰紫色（7.5RP 4/3，干），暗灰紫色（7.5RP 3/2，润），粉壤土，强发育小块状结构，坚硬，少量黏粒胶膜，少量灌木根系，30%砾石，弱石灰反应，向下层波状渐变过渡。

Bw2：55～80 cm，灰紫色（7.5RP 4/3，干），暗灰紫色（7.5RP 3/2，润），粉黏壤土，强发育小块状结构，坚硬，少量黏粒胶膜，30%砾石，弱石灰反应，向下层不规则突变过渡。

C：80～120 cm，灰紫色（7.5RP 4/3，干），暗灰紫色（7.5RP 3/2，润），粉黏壤土，弱石灰反应，60%砾石。

达荣卡系代表性单个土体物理性质

土层	深度/cm	砾石（>2 mm，体积分数）/%	细土颗粒组成（粒径：mm）/(g/kg)			质地	容重/(g/cm³)
			砂粒 2～0.05	粉粒 0.05～0.002	黏粒 <0.002		
Ah	0～15	20	294	452	254	壤土	1.24
AB	15～30	20	201	500	299	黏壤土	1.34
Bw1	30～55	30	232	553	215	粉壤土	1.36
Bw2	55～80	30	154	560	286	粉黏壤土	1.37
C	80～120	60	194	531	275	粉黏壤土	1.44

达荣卡系代表性单个土体化学性质

深度/cm	pH（H_2O）	有机碳/(g/kg)	全氮(N)/(g/kg)	全磷(P)/(g/kg)	全钾(K)/(g/kg)	$CaCO_3$/(g/kg)
0～15	8.7	18.7	1.84	0.40	21.8	12
15～30	8.1	11.7	1.32	0.36	21.0	5
30～55	8.0	10.3	1.25	0.40	21.7	5
55～80	8.4	10.1	1.18	0.38	21.5	11
80～120	8.5	6.1	0.81	0.44	23.0	16

11.17.3 曲水系（Qushui Series）

土　族：粗骨砂质硅质混合型石灰性温性-普通简育干润雏形土
拟定者：赵玉国，刘　峰，杨　帆

分布与环境条件　主要分布于拉萨市曲水县曲水镇一带，洪-冲积平原阶地，海拔3300～3700 m，母质为洪-冲积物，荒草地，高原温带半干旱季风气候，年均气温约8.3℃，年均降水量约378 mm，年均日照时数约3084 h，无霜期约150 d。

曲水系典型景观

土壤性状与特征变幅　诊断层包括淡薄表层和雏形层；诊断特性包括温性土壤温度状况、半干润土壤水分状况和石灰性；地表粗碎块面积约20%，有效土体厚度30～60 cm；淡薄表层厚度10～20 cm，有机碳含量约4 g/kg；之下雏形层厚约15 cm；通体有石灰反应，碳酸钙含量10～30 g/kg，pH 8.7～9.1；层次质地构型为砂质壤土-壤质砂土，砾石含量20%～80%，砂粒含量670～850 g/kg。

对比土系　普荣岗系，同一县域，同一亚类不同土族，颗粒大小级别为壤质盖粗骨砂质，有效土体厚度大于1 m，通体壤质砂土，砂粒含量830～880 g/kg；米也系，同一亚类不同土族，颗粒大小级别相同，通体无石灰反应，pH 6.0～6.8，层次质地构型为砂质壤土-壤土。

利用性能综述　地势较平缓，草地，植被盖度中等，土体厚，砾石多，养分含量很低，应提升草被盖度，防止过度放牧。

参比土种　砂性洪积山地灌丛草原土。

代表性单个土体　位于西藏拉萨市曲水县曲水镇曲水村东北,29°21′39″N,90°44′140″E,海拔 3512 m,洪-冲积平原阶地,母质为洪-冲积物,含有闪长岩碎屑,荒草地,植被盖度约30%,50 cm深处土温为12.1℃,野外调查采样日期为2015年6月29日,编号54-080。

曲水系代表性单个土体剖面

Ah:　0~14 cm,浊黄橙色（10YR 7/3,干）,浊黄橙色（10YR 7/2,润）,砂质壤土,强发育屑粒状结构,松散,多量灌草根系,30%砾石,轻度石灰反应,向下层平滑清晰过渡。

Bw:　14~30 cm,浊黄橙色（10YR 6/3,干）,灰黄棕色（10YR 5/2,润）,砂质壤土,强发育小块状结构,坚硬,少量灌草根系,40%砾石,轻度石灰反应,向下层平滑清晰过渡。

C:　30~60 cm,浊黄橙色（10YR 7/3,干）,灰黄棕色（10YR 6/2,润）,壤质砂土,无结构,80%砾石,轻度石灰反应,向下层平滑突变过渡。

2C1:　60~95 cm,黄棕色（2.5Y 5/4,干）,橄榄棕色（2.5Y 4/3,润）,壤质砂土,无结构,20%砾石,轻度石灰反应,向下层平滑模糊过渡。

2C2:　95~140 cm,橄榄棕色（2.5Y 4/6,干）,暗橄榄棕色（2.5Y 3/3,润）,壤质砂土,无结构,20%砾石,中度石灰反应。

曲水系代表性单个土体物理性质

土层	深度/cm	砾石（>2 mm,体积分数)/%	细土颗粒组成(粒径:mm)/(g/kg)			质地	容重/(g/cm³)
			砂粒 2~0.05	粉粒 0.05~0.002	黏粒 <0.002		
Ah	0~14	30	670	276	54	砂质壤土	1.45
Bw	14~30	40	687	271	42	砂质壤土	1.46
C	30~60	80	841	141	18	壤质砂土	1.44
2C1	60~95	20	783	186	31	壤质砂土	1.49
2C2	95~140	20	798	167	35	壤质砂土	1.49

曲水系代表性单个土体化学性质

深度/cm	pH(H_2O)	有机碳/(g/kg)	全氮(N)/(g/kg)	全磷(P)/(g/kg)	全钾(K)/(g/kg)	CEC/[cmol(+)/kg]	$CaCO_3$/(g/kg)
0~14	8.9	3.9	0.60	0.93	9.6	4.8	18
14~30	9.1	3.2	0.42	1.05	9.5	3.6	17
30~60	9.0	4.2	0.41	1.21	8.8	3.3	12
60~95	8.7	1.8	0.18	0.85	9.7	3.4	16
95~140	8.6	1.9	0.17	1.07	9.6	3.2	30

11.17.4 米也系（Miye Series）

土　族：粗骨砂质硅质混合型非酸性冷性-普通简育干润雏形土
拟定者：赵玉国，刘　峰，杨　帆，金成伟

分布与环境条件　主要分布于昌都市类乌齐县桑多镇一带，高山坡地，海拔 3500～3900 m，坡度 10°～15°，母质为砂岩风化残-坡积物，稀疏针叶林，下伏草灌，高原温带半干润气候，年均气温约 2.5℃，年均降水量约 579 mm，年均日照时数约 2226 h，无霜期约 50 d。

米也系典型景观

土壤性状与特征变幅　诊断层包括淡薄表层和雏形层；诊断特性包括冷性土壤温度状况和半干润土壤水分状况。有效土体厚度 1 m 以上，约 50 cm 之下为埋藏土体；淡薄表层厚度 10～15 cm，有机碳含量约 45 g/kg；通体无石灰反应，pH 6.0～6.8；层次质地构型为砂质壤土-壤土，砾石含量 20%～50%，砂粒含量 470～670 g/kg。

对比土系　曲水系，同一亚类不同土族，颗粒大小级别相同，通体有石灰反应，碳酸钙含量 10～30 g/kg，pH 8.7～9.1，层次质地构型为砂质壤土-壤质砂土。

利用性能综述　地势较陡，土体较厚，砾石多，养分含量高，有机质含量高，稀疏针叶林，下伏草灌，植被盖度高，应保护植被，防止乱砍滥伐和过度放牧。

参比土种　厚层砂壤性泥质山地灌丛草原土。

代表性单个土体　位于西藏昌都市类乌齐县桑多镇米也村东南，31°6′38.42″N，

96°42′20.56″E，海拔 3710 m，高山中坡下部，坡度 13°，母质为砂岩风化残-坡积物，稀疏针叶林，下伏草灌，覆盖度>80%，50 cm 深处土温为 5.7℃，野外调查采样日期为 2015 年 7 月 5 日，编号 54-047。

米也系代表性单个土体剖面

Ah：0～12 cm，棕色（10YR 4/6，干），暗棕色（10YR 3/4，润），砂质壤土，强发育屑粒状结构，松散，多量灌草根系，20%砾石，向下层波状清晰过渡。

Bw1：12～35 cm，浊黄橙色（10YR 6/4，干），浊黄棕色（10YR 5/3，润），砂质壤土，中等发育小块状—鳞片状结构，稍硬，多量灌草根系，40%砾石，向下层波状渐变过渡。

Bw2：35～50 cm，浊黄棕色（10YR 5/4，干），浊黄棕色（10YR 4/3，润），砂质壤土，中等发育小块状—鳞片状结构，稍硬，中量灌草根系，40%砾石，向下层波状清晰过渡。

Ab：50～75 cm，棕色（10YR 4/4，干），暗棕色（10YR 3/3，润），壤土，中等发育小块状—鳞片状结构，稍硬，多量腐根，40%砾石，向下层波状渐变过渡。

Bwb：75～120 cm，棕色（10YR 4/4，干），暗棕色（10YR 3/3，润），壤土，弱发育小块状结构，稍硬，少量灌草根系，50%砾石。

米也系代表性单个土体物理性质

土层	深度 /cm	砾石 (>2 mm，体积分数)/%	细土颗粒组成（粒径：mm）/(g/kg)			质地	容重 /(g/cm³)
			砂粒 2～0.05	粉粒 0.05～0.002	黏粒 <0.002		
Ah	0～12	20	666	245	89	砂质壤土	0.93
Bw1	12～35	40	655	254	91	砂质壤土	1.29
Bw2	35～50	40	656	249	95	砂质壤土	1.31
Ab	50～75	40	477	372	151	壤土	1.14
Bwb	75～120	50	491	356	153	壤土	1.22

米也系代表性单个土体化学性质

深度 /cm	pH (H_2O)	有机碳 /(g/kg)	全氮(N) /(g/kg)	全磷(P) /(g/kg)	全钾(K) /(g/kg)	CEC /[cmol(+)/kg]	$CaCO_3$ /(g/kg)
0～12	6.2	45.1	3.48	0.76	9.2	23.3	0
12～35	6.0	13.0	0.93	0.50	11.0	11.0	0
35～50	6.4	11.7	0.89	0.59	11.6	11.5	0
50～75	6.5	24.2	1.44	0.81	12.0	23.8	0
75～120	6.8	18.1	1.38	0.87	9.2	17.9	0

11.18 灰化冷凉常湿雏形土

11.18.1 洞青岗系（Dongqinggang Series）

土　族：砂质硅质混合型酸性-灰化冷凉常湿雏形土
拟定者：赵玉国，刘 峰，杨 帆，金成伟

分布与环境条件　主要分布于亚东县下亚东乡一带，高山坡地，海拔 3300～3700 m，母质为花岗片麻岩风化残-坡积物，林地，亚热带半湿润季风气候，年均气温约 5.7℃，年均降水量约 415 mm，年均日照时数约 2745 h，无霜期约 36 d。

洞青岗系典型景观

土壤性状与特征变幅　诊断层包括雏形层；诊断特性包括冷性土壤温度状况、常湿土壤水分状况和灰化淀积现象；有效土体厚度 60～90 cm；淡薄表层厚度 30～40 cm，其中 21～36 cm 有灰化淀积现象；之下雏形层厚约 20～30 cm；通体酸性，pH 5.0～5.4；层次质地构型为壤土-砂质壤土-壤质砂土，砾石含量 5%～20%，砂粒含量 510～810 g/kg。

对比土系　切玛系，空间相近，海拔更低，具有温性土壤温度状况和湿润土壤水分状况，不具有灰化淀积现象，通体 pH>5.5，属同一亚纲不同土类，为简育湿润雏形土；鲁朗系，不同土纲，为灰土，具有漂白层和灰化淀积层，具有寒性土壤温度状况和石质接触面；加嘎普系，不具有灰化淀积现象，pH 5.9～6.1，层次质地构型为壤土-砂质壤土。

利用性能综述　地势起伏，土体深厚，养分含量很高，水分条件好，林灌草地，植被盖度高，牧业利用价值高，注意保护植被，防止水土流失。

参比土种 厚层砂壤性砂质酸性棕壤。

代表性单个土体 位于西藏日喀则市亚东县下亚东乡洞青岗村，27°26′20″N，88°54′00″E，海拔 3556 m，高山缓坡下部，母质为花岗片麻岩风化残-坡积物，林地，覆盖度>90%，50 cm 深处土温 7.6℃，野外调查采样日期为 2015 年 7 月 6 日，编号 54-068。

洞青岗系代表性单个土体剖面

Ah：0～21 cm，红棕色（5YR 4/8，干），红棕色（5YR 4/6，润），壤土，强发育粒状结构，松散，多量灌草根系，5%砾石，向下层波状渐变过渡。

Ahs：21～36 cm，亮红棕色（5YR 5/8，干），亮红棕色（5YR 5/6，润），砂质壤土，强发育粒状—小块状结构，松散—稍硬，中量灌草根系，孔隙壁可见腐殖质淀积胶膜，5%砾石，向下层波状清晰过渡。

Bw：36～64 cm，浅淡黄色（2.5Y 8/4，干），淡黄色（7.5Y 7/3，润），砂质壤土，中等发育小块状结构，稍硬，孔隙壁可见腐殖质淀积胶膜，5%砾石，向下层波状渐变过渡。

C1：64～95 cm，浅淡黄色（2.5Y 8/4，干），淡黄色（7.5Y 7/3，润），壤质砂土，无结构，20%砾石，向下层波状渐变过渡。

C2：95～120 cm，浅淡黄色（2.5Y 8/3，干），淡灰色（7.5Y 7/2，润），壤质砂土，无结构，5%砾石。

洞青岗系代表性单个土体物理性质

土层	深度/cm	砾石（>2 mm，体积分数）/%	细土颗粒组成(粒径：mm)/(g/kg)			质地	容重/(g/cm³)
			砂粒 2～0.05	粉粒 0.05～0.002	黏粒 <0.002		
Ah	0～21	5	511	356	133	壤土	0.76
Ahs	21～36	5	534	338	128	砂质壤土	0.91
Bw	36～64	5	533	367	100	砂质壤土	1.23
C1	64～95	20	803	154	43	壤质砂土	1.31
C2	95～120	5	756	191	53	壤质砂土	1.40

洞青岗系代表性单个土体化学性质

深度/cm	pH(H_2O)	有机碳/(g/kg)	全氮(N)/(g/kg)	全磷(P)/(g/kg)	全钾(K)/(g/kg)	CEC/[cmol(+)/kg]	游离铁(Fe)/(g/kg)	活性铝+1/2活性铁/%
0～21	5.0	71.6	4.18	0.80	7.4	37.4	11.9	0.64
21～36	5.1	48.5	2.51	0.83	7.7	33.0	35.5	2.68
36～64	5.4	17.4	1.19	0.73	10.0	17.3	26.1	0.85
64～95	5.4	11.6	0.89	0.76	10.1	12.1	25.2	0.90
95～120	5.3	6.3	0.51	0.67	10.4	9.6	—	—

11.19 普通冷凉常湿雏形土

11.19.1 加嘎普系（Jiagapu Series）

土　　族：砂质硅质混合型非酸性-普通冷凉常湿雏形土
拟定者：李德成，杨仁敏，王　帅

分布与环境条件　主要分布于林芝市巴宜区鲁朗镇一带，高山坡地，海拔 3600~4000 m，母质为片麻岩风化坡积物，杉树林地，高原温暖半湿润气候，年均气温约 5.4℃，年均降水量约 668 mm，年均日照时数约 2003 h，无霜期约 175 d。

加嘎普系典型景观

土壤性状与特征变幅　诊断层包括淡薄表层和雏形层；诊断特性包括冷性土壤温度状况和常湿土壤水分状况；地表多落叶，有效土体厚度 60~90 cm；淡薄表层厚度 10~20 cm，有机碳含量约 29 g/kg；之下为雏形层，厚约 60~70 cm；通体酸性，pH 5.9~6.1；层次质地构型为壤土-砂质壤土，砂粒含量 460~620 g/kg，粉粒含量 310~440 g/kg。

对比土系　鲁朗系，空间相近，但海拔高，具有灰化淀积层，属不同土纲，为灰土；洞青岗系，不同亚类，为灰化冷凉常湿雏形土，具有灰化淀积现象，通体酸性，pH 5.0~5.4，层次质地构型为壤土-砂质壤土-壤质砂土。

利用性能综述　地势起伏，土体深厚，养分含量中等，水分条件好，林灌草地，植被盖度高，牧业利用价值高，注意保护植被，防止水土流失。

参比土种　厚层壤性麻砂质暗棕壤。

代表性单个土体　位于西藏林芝市林芝县鲁朗镇加嘎普村南，29°38′57.38″N，94°42′40.97″E，海拔 3894 m，高山中部中下部，母质为片麻岩风化残-坡积物，杉树林地，植被覆盖度>90%，50 cm 深处土温为 8.3℃，野外调查采样日期为 2015 年 6 月 30 日，编号 54-099。

加嘎普系代表性单个土体剖面

Ah：0～12 cm，浊橙色（10YR 7/3，干），灰棕色（10YR 6/2，润），壤土，强发育屑粒状结构，松散，多量灌草根系，2%砾石，向下层平滑渐变过渡。

AB：12～38cm，浊黄橙色（10YR 7/4，干），浊黄橙色（10YR 6/3，润），壤土，强发育粒状—小块状结构，松散—稍硬，多量灌草根系，向下层平滑清晰过渡。

Bw1：38～50cm，浊黄色（2.5Y 6/4，干），灰橄榄色（7.5Y 5/3，润），壤土，中等发育中块状结构，稍硬，少量灌草根系，向下层平滑清晰过渡。

Bw2：50～87 cm，淡黄色（2.5Y 7/4，干），橄榄黄色（7.5Y 6/3，润），砂质壤土，中等发育中块状结构，稍硬，向下层波状渐变过渡。

C：87～130 cm，淡黄色（2.5Y 7/4，干），橄榄黄色（7.5Y 6/3，润），砂质壤土，无结构。

加嘎普系代表性单个土体物理性质

土层	深度/cm	砾石（>2 mm，体积分数）/%	细土颗粒组成(粒径：mm)/(g/kg)			质地	容重/(g/cm³)
			砂粒 2～0.05	粉粒 0.05～0.002	黏粒 <0.002		
Ah	0～12	2	483	407	110	壤土	1.17
AB	12～38	0	479	403	118	壤土	1.19
Bw1	38～50	0	470	436	94	壤土	1.38
Bw2	50～87	0	610	316	74	砂质壤土	1.38
C	87～130	0	548	372	80	砂质壤土	1.40

加嘎普系代表性单个土体化学性质

深度/cm	pH(H_2O)	有机碳/(g/kg)	全氮(N)/(g/kg)	全磷(P)/(g/kg)	全钾(K)/(g/kg)	CEC/[cmol(+)/kg]	$CaCO_3$/(g/kg)
0～12	5.9	28.7	1.58	0.92	10.3	15.3	0
12～38	6.1	20.0	1.38	0.85	10.1	15.1	0
38～50	6.0	7.6	0.64	0.73	11.0	8.5	0
50～87	5.9	7.5	0.59	0.85	10.9	8.8	0
87～130	5.9	4.5	0.34	0.86	10.8	7.7	0

11.20 腐殖钙质常湿雏形土

11.20.1 嘎朗系（Galang Series）

土　族：壤质盖粗骨质混合型温性-腐殖钙质常湿雏形土
拟定者：李德成，杨仁敏，王　帅

分布与环境条件　主要分布于林芝市波密县古乡一带，海拔 2400～2900 m，中山坡地，坡度 10°～15°，母质为石灰岩风化残-坡积物，林地，亚热带山地湿润季风气候，年均气温约 8.7℃，年均降水量约 976 mm，年均日照时数约 1560 h，无霜期约 176 d。

嘎朗系典型景观

土壤性状与特征变幅　诊断层包括淡薄表层和钙积层；诊断特性包括温性土壤温度状况、常湿土壤水分状况、碳酸盐岩岩性特征和腐殖质特性；地表多枯枝落叶，有效土体厚度 60～90 cm，通体石灰岩碎屑含量 2%～80%，1 m 土体有机碳储量 30～40 kg/m^2；淡薄表层厚度 10～25 cm，有机碳含量约 28 g/kg；15～46 cm 之间有腐殖质淀积胶膜；钙积层上界 46 cm，厚度大于 70 cm，碳酸钙含量 170～420 g/kg；通体 pH 5.9～7.3；通体粉壤土，粉粒含量 520～570 g/kg。

对比土系　落日村系，空间相近，地形和土地利用一致，成土母质为花岗岩风化物，不同亚纲，为漂白简育湿润雏形土，具有漂白层、湿润土壤水分状况，漂白层上界 38 cm，厚度约 80 cm，通体 pH 5.4～6.2，层次质地构型为砂壤土-壤质砂土-砂壤土。

利用性能综述　地势较陡，土体较厚，砾石较多，养分含量高，林地，植被盖度高，应保护天然林地,禁止乱砍滥伐,防止水土流失。

参比土种 褐土。

代表性单个土体 位于西藏林芝市波密县古乡嘎朗村东北,29°55′43″N,95°38′21″E,海拔 2671 m,中山中坡中部,坡度 10°,母质为石灰岩风化残-坡积物,杂木林地,植被盖度>90%,50 cm 深处土温为 12.6℃,野外调查采样日期为 2015 年 7 月 1 日,编号 54-037。

O: +3~0 cm,枯枝落叶层。

Ah: 0~15cm,浊黄棕色(10YR 4/3,干),黑棕色(10YR 3/2,润),粉壤土,中等发育屑粒状结构,松散,中量灌草根系,1 条蚯蚓,2%砾石,向下层平滑清晰过渡。

Bh: 15~46 cm,黄棕色(2.5Y 5/4,干),橄榄棕色(2.5Y 4/3,润),粉壤土,中等发育中块状结构,坚硬,孔隙壁可见腐殖质胶膜,5%砾石,向下层平滑清晰过渡。

Bk: 46~70 cm,浊黄橙色(10YR 6/3,干),灰黄棕色(10YR 5/2,润),粉壤土,中等发育中块状结构,坚硬,20%砾石,强度石灰反应,向下层不规则突变过渡。

Ck: 70~110 cm,灰黄棕色(10YR 6/2,干),棕灰色(10YR 5/1,润),粉壤土,弱发育小块状结构,80%砾石,极强度石灰反应。

嘎朗系代表性单个土体剖面

嘎朗系代表性单个土体物理性质

土层	深度/cm	砾石(>2 mm,体积分数)/%	细土颗粒组成(粒径:mm)/(g/kg)			质地	容重/(g/cm³)
			砂粒 2~0.05	粉粒 0.05~0.002	黏粒 <0.002		
Ah	0~15	2	359	566	75	粉壤土	1.09
Bh	15~46	5	361	556	83	粉壤土	1.25
Bk	46~70	20	371	544	85	粉壤土	1.25
Ck	70~110	80	394	521	85	粉壤土	1.27

嘎朗系代表性单个土体化学性质

深度/cm	pH(H_2O)	有机碳/(g/kg)	全氮(N)/(g/kg)	全磷(P)/(g/kg)	全钾(K)/(g/kg)	CEC/[cmol(+)/kg]	$CaCO_3$/(g/kg)
0~15	5.9	28.1	1.92	0.58	9.6	21.5	0
15~46	5.9	15.4	1.13	0.47	9.9	10.3	0
46~70	7.1	16.0	1.09	0.48	9.0	9.2	172
70~110	7.3	14.0	1.01	0.37	7.2	5.8	426

11.21 腐殖酸性常湿雏形土

11.21.1 鲁古村系（Lugucun Series）

土　族：砂质硅质混合型热性-腐殖酸性常湿雏形土
拟定者：赵玉国，刘　峰，杨　帆，金成伟

分布与环境条件　主要分布于林芝市墨脱县墨脱镇一带，中山坡地中下部，海拔 700～1100 m，坡度 5°～8°，母质为砂岩风化残坡积物，亚热带湿润气候，年均气温约 16.5℃，年均降水量约 2078 mm，年均日照时数约 1861 h，无霜期约 340 d。

鲁古村系典型景观

土壤性状与特征变幅　诊断层包括暗瘠表层和雏形层；诊断特性包括热性土壤温度状况、常湿土壤水分状况和腐殖质特性；地表多落叶，有效土体厚度大于 1 m；暗瘠表层厚度 30～50 cm，有机碳含量 25～40 g/kg，80 cm 以上土体有腐殖质胶膜。通体酸性，pH 4.1～5.5；层次质地构型为壤土-砂壤土，砂粒含量 500～700 g/kg。

对比土系　仁钦崩系，同一县域，不同土纲，为淋溶土，具有黏化层，黏粒含量 150～170 g/kg，可见黏粒胶膜，通体 pH 5.0～6.0；巴登系，同一县域不同土类，pH 6.2～6.5，有效土体厚度 60～90 cm，暗瘠表层厚度 10～30 cm，层次质地构型为砂质壤土-壤质砂土；巴日系，同一县域不同土类，pH 5.4～6.7，暗瘠表层厚度 20～30 cm，通体砂质壤土。

利用性能综述　地势起伏，土体深厚，砂性重，养分含量很低，亚热带湿润气候，降水量大，荒草地杂植香蕉，植被盖度高，具有较高的园地利用潜力，应增施有机肥和复合肥，培肥土壤，同时防止水土流失。

参比土种 厚层砂壤性麻砂质黄壤。

代表性单个土体 位于西藏林芝市墨脱县墨脱镇鲁古村西南，墨脱村东北，29°20′19.847″N，95°20′05.955″E，海拔908 m，中山坡地中下部，坡度5°，母质为砂岩风化残坡积物，灌草植被或香蕉林，覆盖度90%以上，50 cm深处土温20.4℃，野外调查采样日期为2015年7月3日，编号54-116-2。

鲁古村系代表性单个土体剖面

Ah： 0～22cm，棕色（7.5YR 4/3，干），黑棕色（7.5YR 3/2，润），壤土，中等发育粒状—小块状结构，松散，多量灌草根系，2条蚯蚓，向下层波状渐变过渡。

ABh： 22～40cm，浊黄橙色（10YR 6/4，干），浊黄棕色（10YR 5/3，润），壤土，中等发育小块状结构，稍硬，中量灌草根系，2个蚁窝，向下层波状清晰过渡。

Bh： 40～80cm，浊黄橙色（10YR 6/4，干），浊黄棕色（10YR 5/3，润），砂壤土，中等发育中块状结构，稍硬，少量灌草根系，向下层平滑渐变过渡。

Bw： 80～110cm，浊黄橙色（10YR 6/4，干），浊黄棕色（10YR 5/3，润），砂壤土，弱发育小块状结构，稍硬，少量灌草根系，向下层波状清晰过渡。

C： 110～140cm，浊黄橙色（10YR 6/4，干），浊黄棕色（10YR 5/3，润），砂壤土，无结构。

鲁古村系代表性单个土体物理性质

土层	深度 /cm	砾石 (>2 mm，体积分数)/%	细土颗粒组成(粒径：mm)/(g/kg)			质地	容重 /(g/cm³)
			砂粒 2～0.05	粉粒 0.05～0.002	黏粒 <0.002		
Ah	0～22	2	513	382	105	壤土	1.23
ABh	22～40	2	503	393	104	壤土	1.28
Bh	40～80	2	659	266	75	砂壤土	1.35
Bw	80～110	2	692	242	66	砂壤土	1.38
C	110～140	2	647	321	32	砂壤土	1.38

鲁古村系代表性单个土体化学性质

深度 /cm	pH (H₂O)	有机碳 /(g/kg)	全氮(N) /(g/kg)	全磷(P) /(g/kg)	全钾(K) /(g/kg)	CEC /[cmol(+)/kg]	CaCO₃ /(g/kg)
0～22	4.1	39.6	2.57	1.32	2.7	—	0
22～40	5.0	25.5	1.85	1.37	2.8	—	0
40～80	5.4	15.0	1.55	1.34	3.1	—	0
80～110	5.5	10.1	1.23	1.21	3.5	—	0
110～140	5.5	9.4	1.10	1.31	3.9	—	0

11.22 腐殖简育常湿雏形土

11.22.1 巴登系（Badeng Series）

土　　族：砂质硅质混合型热性非酸性-腐殖简育常湿雏形土
拟定者：赵玉国，刘　峰，杨　帆

分布与环境条件　主要分布于林芝市墨脱县德兴乡一带，中山坡地，海拔 800～1000 m，坡度 10°～15°，母质为花岗片麻岩风化残-坡积物，亚热带湿润气候，年均气温约 16.5℃，年均降水量约 2370 mm，年均日照时数约 1895 h，无霜期约 340 d。

巴登系典型景观

土壤性状与特征变幅　诊断层包括暗瘠表层和雏形层；诊断特性包括热性土壤温度状况、常湿土壤水分状况和腐殖质特性；地表多枯枝阔叶，有效土体厚度 60～90 cm；暗瘠表层厚度 10～30 cm，有机碳含量 30～50 g/kg，其下 B 层孔隙壁可见腐殖质淀积胶膜，1 m 土体有机碳储量 20～25 kg/m^2；通体 pH 6.2～6.5；层次质地构型为砂质壤土-壤质砂土，砾石含量 5%～45%，砂粒含量 580～760 g/kg。

对比土系　巴日系，同一土族，有效土体厚度约 1 m，暗瘠表层厚度 20～30 cm，有机碳含量 40～65 g/kg，通体砂质壤土；鲁古村系，同一县域不同土类，有效土体厚度大于 1 m，暗瘠表层厚度 30～50 cm，通体酸性，pH 4.1～5.5，层次质地构型为壤土-壤壤土；仁钦崩系，同一县域，不同土纲，为淋溶土，具有黏化层，黏粒含量 150～170 g/kg，可见黏粒胶膜，通体 pH 5.0～6.0。

利用性能综述　地势起伏，土体深厚，砂性重，养分含量中等，亚热带湿润气候，降水量大，密布林灌草，植被盖度很高，应保护自然植被，防止水土流失。

参比土种　厚层砾砂壤性麻砂质黄棕壤。

代表性单个土体　位于西藏林芝市墨脱县德兴乡巴登则村东，29°16′20.351″N，95°12′16.046″E，中山中坡下部，海拔828 m，坡度12°，母质为花岗片麻岩风化残−坡积物，落叶林地，盖度>90%，50 cm深处土温为20.4℃，野外调查采样日期为2015年7月2日，编号54-017。

巴登系代表性单个土体剖面

O：　+2~0 cm，枯枝落叶层。

Ah：　0~10 cm，灰黄棕色（10YR 5/2，干），棕灰色（10YR 4/1，润），5%砾石，砂质壤土，强发育屑粒状结构，松散，多量灌草根系，1个蚁穴，1条蚯蚓，向下层波状渐变过渡。

ABh：10~26 cm，浊黄棕色（10YR 5/3，干），灰黄棕色（10YR 4/2，润），5%砾石，砂质壤土，弱发育小块状结构，稍硬，1条蚯蚓，孔隙壁可见腐殖质胶膜，少量灌草根系，向下层波状清晰过渡。

Bh：　26~52 cm，浊黄棕色（10YR 5/4，干），浊黄棕色（10YR 4/3，润），10%砾石，砂质壤土，弱发育小块状结构，稍硬，孔隙壁可见腐殖质胶膜，向下层波状渐变过渡。

Bw：52~87 cm，浊黄棕色（10YR 5/4，干），浊黄棕色（10YR 4/3，润），15%砾石，壤质砂土，弱发育小块状结构，稍硬，向下层波状渐变过渡。

C：87~100 cm，淡黄色（2.5Y 7/4，干），浊黄色（2.5Y 6/3，润），45%砾石，壤质砂土，无结构。

巴登系代表性单个土体物理性质

土层	深度 /cm	砾石 (>2 mm，体积分数)/%	细土颗粒组成（粒径：mm)/(g/kg)			质地	容重 /(g/cm³)
			砂粒 2~0.05	粉粒 0.05~0.002	黏粒 <0.002		
Ah	0~10	5	587	326	87	砂质壤土	1.23
ABh	10~26	5	643	290	67	砂质壤土	1.37
Bh	26~52	10	636	296	68	砂质壤土	1.37
Bw	52~87	15	747	212	41	壤质砂土	1.39
C	87~100	45	758	217	35	壤质砂土	1.40

巴登系代表性单个土体化学性质

深度 /cm	pH (H_2O)	有机碳 /(g/kg)	全氮(N) /(g/kg)	全磷(P) /(g/kg)	全钾(K) /(g/kg)	CEC /[cmol(+)/kg]	$CaCO_3$ /(g/kg)
0~10	6.2	45.8	3.74	1.44	6.4	20.5	0
10~26	6.3	29.9	2.82	1.25	6.6	15.5	0
26~52	6.3	21.7	2.43	1.18	6.4	15.1	0
52~87	6.5	12.2	1.22	1.05	7.3	10.3	0
87~100	6.5	8.5	0.82	1.06	7.5	8.3	0

11.22.2 巴日系（Bari Series）

土　族：砂质硅质混合型热性非酸性-腐殖简育常湿雏形土
拟定者：赵玉国，刘 峰，杨 帆，金成伟

分布与环境条件　主要分布于林芝市墨脱县墨脱镇一带，中山坡地，海拔1400～1800 m，坡度5°～10°，母质为花岗片麻岩风化坡积物，亚热带湿润气候，年均气温约15.5℃，年均降水量约2078 mm，年均日照时数约1863 h，无霜期约340 d。

巴日系典型景观

土壤性状与特征变幅　诊断层包括暗瘠表层和雏形层；诊断特性包括热性土壤温度状况、常湿土壤水分状况和腐殖质特性；地表多枯枝落叶，有效土体厚度约1 m；暗瘠表层厚度20～30 cm，有机碳含量40～65 g/kg；其下B层孔隙壁可见腐殖质淀积胶膜，1 m土体有机碳储量30～40 kg/m^2；通体pH 5.4～6.7，通体砂质壤土，砂粒含量580～720 g/kg，砾石含量2%～20%。

对比土系　巴登系，同一土族，有效土体厚度60～90 cm，暗瘠表层厚度10～30 cm，有机碳含量30～50 g/kg，通体pH 6.2～6.5，层次质地构型为砂质壤土-壤质砂土；鲁古村系，同一县域不同土类，有效土体厚度大于1 m，暗瘠表层厚度30～50 cm，通体酸性，pH 4.1～5.5，层次质地构型为壤土-砂壤土；仁钦崩系，同一县域，不同土纲，为淋溶土，具有黏化层，黏粒含量150～170 g/kg，可见黏粒胶膜，通体pH 5.0～6.0。

利用性能综述　地势起伏，土体深厚，砂性重，养分含量中等，亚热带湿润气候，降水量大，密布林灌草，植被盖度很高，应保护自然植被，防止水土流失。

参比土种　厚层砂壤性麻砂质黄壤。

代表性单个土体 位于西藏林芝市墨脱县墨脱镇巴日村西南,29°19′54.438″N,95°21′20.176″E,海拔 1604 m,中山中坡中部,坡度 8°,母质为花岗片麻岩风化坡积物,阔叶林地,植被盖度>90%,50 cm 深处土温为 19.5℃,野外调查采样日期为 2015 年 7 月 3 日,编号 54-015。

巴日系代表性单个土体剖面

O: +2~0 cm,枯枝落叶层。

Ah: 0~10 cm,橄榄棕色(2.5Y 4/6,干),暗橄榄棕色(2.5Y 3/3,润),砂质壤土,强发育屑粒状结构,松散,中量灌草根系,1 个蚁穴,2%砾石,向下层波状渐变过渡。

ABh:10~30 cm,黄棕色(2.5Y 5/4,干),橄榄棕色(2.5Y 4/3,润),砂质壤土,强发育粒状—小块状结构,松散—稍硬,中量灌草根系,孔隙壁可见腐殖质胶膜,2%砾石,向下层平滑清晰过渡。

Bh: 30~57 cm,浊黄橙色(10YR 6/4,干),浊黄棕色(10YR 5/3,润),砂质壤土,中等发育中块状结构,稍硬,孔隙壁可见腐殖质胶膜,5%砾石,向下层波状渐变过渡。

Bw: 57~95 cm,亮黄棕色(10YR 6/6,干),浊黄棕色(10YR 5/4,润),砂质壤土,弱发育小块状结构,稍硬,10%砾石,向下层波状渐变过渡。

C: 95~120 cm,浊黄橙色(10YR 7/4,干),浊黄橙色(10YR 6/3,润),砂质壤土,无结构,20%砾石。

巴日系代表性单个土体物理性质

土层	深度/cm	砾石(>2 mm,体积分数)/%	细土颗粒组成(粒径:mm)/(g/kg)			质地	容重/(g/cm³)
			砂粒 2~0.05	粉粒 0.05~0.002	黏粒 <0.002		
Ah	0~10	2	584	309	107	砂质壤土	1.22
ABh	10~30	2	600	283	117	砂质壤土	1.27
Bh	30~57	5	585	308	107	砂质壤土	1.35
Bw	57~95	10	720	206	74	砂质壤土	1.36
C	95~120	20	616	299	85	砂质壤土	1.41

巴日系代表性单个土体化学性质

深度/cm	pH(H_2O)	有机碳/(g/kg)	全氮(N)/(g/kg)	全磷(P)/(g/kg)	全钾(K)/(g/kg)	CEC/[cmol(+)/kg]	$CaCO_3$/(g/kg)
0~10	5.4	60.5	4.47	1.30	3.0	29.2	0
10~30	5.6	40.7	3.15	1.11	3.4	24.4	0
30~57	6.1	32.5	2.42	1.21	3.4	20.3	0
57~95	6.4	22.3	1.81	1.05	3.6	18.9	0
95~120	6.7	11.8	0.99	0.78	5.3	13.3	0

11.23 漂白简育湿润雏形土

11.23.1 落日村系（Luoricun Series）

土　　族：粗骨砂质盖粗骨质硅质混合型非酸性温性-漂白简育湿润雏形土
拟定者：赵玉国，李德成，刘合满

分布与环境条件　主要分布于林芝市巴宜区一带，海拔 2200～2500 m，中山坡地，坡度 10°～15°，母质为花岗片麻岩风化残-坡积物，针阔混交林地，高原温暖半湿润气候，年均气温约 7.8℃，年均降水量约 689 mm，年均日照时数约 1885 h，无霜期约 176 d。

落日村系典型景观

土壤性状与特征变幅　诊断层包括淡薄表层、漂白层和雏形层；诊断特性包括温性土壤温度状况和湿润土壤水分状况；地表多枯枝落叶，有效土体厚度 60～90 cm，之下为砾石；淡薄表层厚度 10～20 cm，有机碳含量约 33 g/kg；其下为雏形层，厚度约 20 cm；漂白层上界 38 cm，厚度约 80 cm，干态颜色明度 7，彩度 2；通体 pH 5.4～6.2；层次质地构型为砂壤土-壤质砂土-砂壤土，通体砂粒含量 600～770 g/kg，砾石含量 10%～90%。

对比土系　加当嘎系，同一县域，不同土类，为斑纹简育湿润淋溶土，无漂白层，具有准石质接触面，30 cm 以下可见铁锰斑纹，pH 4.9～7.0，通体砂质壤土；嘎朗系，同一县域不同亚纲，为腐殖钙质常湿雏形土，具有钙积层、常湿土壤水分状况、碳酸盐岩岩性特征和腐殖质特性。

利用性能综述　地势较陡，土体较厚，砾石较多，养分含量高，林灌草植被，植被盖度高，应保护自然植被，防止乱砍滥伐，保持水土。

参比土种　厚层砂壤性麻砂质酸性棕壤。

代表性单个土体　位于西藏林芝市巴宜区鲁朗镇落日村西北，30°3′38.0″N，95°11′54.8″E，海拔 2337 m，中山中坡下部，坡度 10°，母质为花岗片麻岩风化残-坡积物，松、栎混交林地，50 cm 深处土温为 10.7℃，野外调查采样日期为 2016 年 7 月 7 日，编号 54-203。

落日村系代表性单个土体剖面

O：　+2～0 cm，枯枝落叶层。

Ah：0～17 cm，黄棕色（10YR 5/6，干），棕色（10YR 4/4，润），10%砾石，砂壤土，强发育屑粒状结构，松散，多量树灌根系，向下层平滑清晰过渡。

Bw：17～38 cm，亮黄棕色（10YR 6/6，干），浊黄棕色（10YR 5/3，润），25%砾石，砂壤土，中等发育小块状结构，稍硬，中量树灌根系，向下层波状清晰过渡。

E：　38～85 cm，浊黄橙色（10YR 7/2，干），棕灰色（10YR 6/1，润），70%砾石，壤质砂土，弱发育小块状结构，稍硬，向下层波状渐变过渡。

CE：85～120 cm，浊黄橙色（10YR 7/2，干），棕灰色（10YR 6/1，润），90%砾石，砂壤土，无结构。

落日村系代表性单个土体物理性质

土层	深度/cm	砾石（>2 mm，体积分数）/%	细土颗粒组成(粒径：mm)/(g/kg)			质地	容重/(g/cm³)
			砂粒 2～0.05	粉粒 0.05～0.002	黏粒 <0.002		
Ah	0～17	10	605	317	78	砂壤土	1.07
Bw	17～38	25	706	243	51	砂壤土	1.26
E	38～85	70	762	202	36	壤质砂土	1.49
CE	85～120	90	726	235	39	砂壤土	1.51

落日村系代表性单个土体化学性质

深度/cm	pH(H_2O)	有机碳/(g/kg)	全氮(N)/(g/kg)	全磷(P)/(g/kg)	全钾(K)/(g/kg)	CEC/[cmol(+)/kg]	$CaCO_3$/(g/kg)
0～17	5.4	32.9	1.72	0.43	20.4	—	0
17～38	5.5	17.0	0.94	0.47	21.4	—	0
38～85	6.1	3.4	0.17	0.68	25.8	—	0
85～120	6.2	2.3	0.11	0.74	26.1	—	0

11.24 斑纹简育湿润雏形土

11.24.1 加当嘎系（Jiadangga Series）

土　族：砂质盖粗骨砂质硅质混合型非酸性温性-斑纹简育湿润雏形土
拟定者：赵玉国，刘　峰，杨　帆，金成伟

分布与环境条件　主要分布于林芝市巴宜区一带，高山坡地，海拔 2800～3200 m，坡度 10°～20°，母质为花岗岩风化残-坡积物，杂木林地，温带湿润季风气候，年均气温约 8.6℃，年均降水量约 664 mm，年均日照时数约 2029 h，无霜期约 175 d。

加当嘎系典型景观

土壤性状与特征变幅　诊断层包括淡薄表层和雏形层；诊断特性包括温性土壤温度状况、湿润土壤水分状况、准石质接触面和氧化还原特征；有效土体厚度 60～90 cm，之下为半风化砾石；淡薄表层厚度 10～15 cm，有机碳含量约 31 g/kg；之下为雏形层，厚度约 60 cm，其中 30 cm 以下可见铁锰斑纹；通体 pH 4.9～7.0；通体砂质壤土，砾石含量 5%～90%。

对比土系　落日村系，同一县域，不同亚类，为漂白简育湿润淋溶土，有漂白层，pH 5.4～6.2，层次质地构型为砂壤土-壤质砂土-砂壤土。

利用性能综述　地势陡峭，土体厚度中等，砾石较多，养分含量偏低，林灌草植被，植被盖度较高，应保护自然植被，禁止乱砍滥伐，防止水土流失。

参比土种　厚层砾砂壤性麻砂质棕壤。

代表性单个土体　位于西藏林芝市巴宜区加当嘎村东南，29°40′4.89″N，94°22′18.62″E，海拔 3001 m，高山中坡下部，坡度 15°，母加质为花岗岩风化残-坡积物，杂木林地，覆盖度约 70%，50 cm 深处土温为 12.4℃，野外调查采样日期为 2015 年 6 月 30 日，编号 54-022。

加当嘎系代表性单个土体剖面

O：+2～0 cm，枯枝落叶层。

Ah：0～11 cm，浊黄棕色（10YR 5/4，干），浊黄棕色（10YR 4/3，润），砂质壤土，中等发育屑粒状结构，松散，多量树灌根系，5%砾石，向下层波状渐变过渡。

Bw：11～30 cm，浊黄橙色（10YR 6/3，干），灰黄棕色（10YR 5/2，润），砂质壤土，中等发育小块状结构，稍硬，多量树灌根系，5%砾石，向下层波状清晰渐变过渡。

Br：30～60 cm，亮黄棕色（10YR 6/6，干），浊黄棕色（10YR 5/4，润），砂质壤土，强发育中块状结构，坚硬，中量铁锰斑纹，30%砾石，向下层波状渐变过渡。

C：60～110 cm，亮黄棕色（10YR 6/8，干），黄棕色（10YR 5/6，润），砂质壤土，90%半风化砾石。

加当嘎系代表性单个土体物理性质

土层	深度/cm	砾石（>2 mm，体积分数)/%	细土颗粒组成(粒径：mm)/(g/kg)			质地	容重/(g/cm³)
			砂粒 2～0.05	粉粒 0.05～0.002	黏粒 <0.002		
Ah	0～11	5	578	352	70	砂质壤土	1.26
Bw	11～30	5	659	288	53	砂质壤土	1.32
Br	30～60	30	630	298	72	砂质壤土	1.46
C	60～110	90	711	242	47	砂质壤土	

加当嘎系代表性单个土体化学性质

深度/cm	pH（H_2O）	有机碳/(g/kg)	全氮(N)/(g/kg)	全磷(P)/(g/kg)	全钾(K)/(g/kg)	CEC/[cmol(+)/kg]	$CaCO_3$/(g/kg)
0～11	4.9	31.1	1.79	0.58	9.0	9.5	0
11～30	5.3	10.9	0.66	0.50	10.4	5.5	0
30～60	6.4	3.3	0.32	0.41	11.3	6.6	0
60～110	7.0	3.0	0.28	0.31	10.8	5.2	0

11.25 普通简育湿润雏形土

11.25.1 明期系（Mingqi Series）

土　族：粗骨砂质硅质混合型非酸性温性-普通简育湿润雏形土
拟定者：赵玉国，刘　峰，杨　帆

分布与环境条件　主要分布于林芝市察隅县竹瓦根镇一带，海拔 3500～3900 m，高山坡地，坡度 15°～30°，母质为残-坡积物，林地，亚热带山地湿润季风气候，年均气温约 10.5℃，年均降水量约 767 mm，年均日照时数约 1629 h，无霜期约 280 d。

明期系典型景观

土壤性状与特征变幅　诊断层包括淡薄表层和雏形层；诊断特性包括温性土壤温度状况、湿润土壤水分状况和准石质接触面；地表多枯枝落叶，有效土体厚度 30～60 cm，之下为半风化砾石；淡薄表层厚度 10～20 cm，有机碳含量约 37 g/kg；之下为雏形层；表层和母质层有少量碳酸钙，通体 pH 4.6～8.2；通体砂质壤土，砾石含量 20%～90%，砂粒含量 560～720 g/kg。

对比土系　大达隆巴系，同一土族，pH 5.7～6.6，通体壤质砂土，砾石含量 40%～80%，砂粒含量 770～870 g/kg；国雪隆巴系，同一土族，有效土体厚度 60～90 cm，通体 pH 5.5～6.4，层次质地构型为壤质砂土-砂土-壤质砂土，砾石含量 20%～50%，砂粒含量 740～870 g/kg；切玛系，同一土族，有效土体厚度 60～90 cm，通体 pH 5.5～6.4，层次质地构型为壤质砂土-砂质壤土-壤质砂土，砾石含量 10%～40%，砂粒含量 710～820 g/kg；日噶系，同一县域不同土纲，具有黏化层，属于淋溶土。

利用性能综述　地势较陡，土体较厚，砾石多，养分含量高，林地，植被盖度高，应保护自然植被，防止水土流失。

参比土种　中层砾砂壤性泥质淋溶灰褐土。

代表性单个土体　位于西藏林芝市察隅县竹瓦根镇明期村，28°47′42.62″N，97°36′43.16″E，海拔 3701 m，高山中坡下部，坡度 20°，母质为残-坡积物，杉树林地，植被盖度>90%，50 cm 深处土温为 12.9℃，野外调查采样日期为 2015 年 7 月 2 日，编号 54-040。

O：　+10～0 cm，枯枝落叶层。

Ah：　0～15 cm，黄棕色（2.5Y 5/4，干），橄榄棕色（2.5Y 4/3，润），砂质壤土，强发育屑粒状结构，松散，多量树灌根系，20%砾石，向下层波状渐变过渡。

Bw：　15～30 cm，淡黄色（2.5Y 7/3，干），浊黄色（2.5Y 6/3，润），砂质壤土，强发育小块状结构，坚硬，中量树灌根系，30%砾石，向下层波状渐变过渡。

BC：　30～60 cm，浊黄色（2.5Y 6/4，干），黄棕色（2.5Y 5/3，润），砂质壤土，弱发育小块状结构，坚硬，中量树灌根系，50%半风化砾石，向下层波状渐变过渡。

C：　60～120 cm，淡黄色（2.5Y 7/4，干），浊黄色（2.5Y 6/3，润），砂质壤土，坚硬，90%半风化基岩，中度石灰反应。

明期系代表性单个土体剖面

明期系代表性单个土体物理性质

土层	深度/cm	砾石（>2 mm，体积分数)/%	细土颗粒组成(粒径：mm)/(g/kg)			质地	容重/(g/cm³)
			砂粒 2～0.05	粉粒 0.05～0.002	黏粒 <0.002		
Ah	0～15	20	719	200	81	砂质壤土	1.01
Bw	15～30	30	560	312	128	砂质壤土	1.17
BC	30～60	50	607	279	114	砂质壤土	1.33
C	60～120	90	568	310	122	砂质壤土	1.41

明期系代表性单个土体化学性质

深度/cm	pH(H₂O)	有机碳/(g/kg)	全氮(N)/(g/kg)	全磷(P)/(g/kg)	全钾(K)/(g/kg)	CEC/[cmol(+)/kg]	CaCO₃/(g/kg)
0～15	4.6	36.5	1.70	0.86	10.8	18.2	5
15～30	5.4	21.5	1.18	0.69	11.1	12.9	0
30～60	7.0	16.8	1.06	0.81	11.9	13.2	0
60～120	8.2	5.8	0.47	0.70	12.3	6.4	15

11.25.2 大达隆巴系（Dadalongba Series）

土　族：粗骨砂质硅质混合型非酸性温性-普通简育湿润雏形土
拟定者：李德成，杨仁敏，王　帅

分布与环境条件　主要分布于林芝市察隅县竹瓦根镇一带，海拔 3000～3300 m，高山坡地，坡度 10°～15°，母质为石英砂片麻岩风化残-坡积物，杉树林地，亚热带山地湿润季风气候，年均气温约 13.3℃，年均降水量约 775 mm，年均日照时数约 1608 h，无霜期约 280 d。

大达隆巴系典型景观

土壤性状与特征变幅　诊断层包括淡薄表层和雏形层；诊断特性包括温性土壤温度状况、湿润土壤水分状况和准石质接触面；地表多枯枝落叶，有效土体厚度 30～60 cm；淡薄表层厚度 5～15 cm，有机碳含量约 20 g/kg；之下为雏形层，厚约 50 cm；通体 pH 5.7～6.6。通体壤质砂土，砾石含量 40%～80%，砂粒含量 770～870 g/kg。

对比土系　明期系，同一土族，表层和母质层有少量碳酸钙，通体 pH 4.6～8.2，通体砂质壤土，砾石含量 20%～90%，砂粒含量 560～720 g/kg；国雪隆巴系，同一土族，有效土体厚度 60～90 cm，通体 pH 5.5～6.4，层次质地构型为壤质砂土-砂土-壤质砂土，砾石含量 20%～50%，砂粒含量 740～870 g/kg；切玛系，同一土族，有效土体厚度 60～90 cm，通体 pH 5.5～6.4，层次质地构型为壤质砂土-砂质壤土-壤质砂土，砾石含量 10%～40%，砂粒含量 710～820 g/kg；日噶系，同一县域不同土纲，具有黏化层，属于淋溶土。

利用性能综述 地势陡峭，土体厚，砾石多，养分含量中等偏低，林地，植被盖度高，应保护自然植被，禁止乱砍滥伐，防止水土流失。

参比土种 厚层砾砂壤性麻砂质棕壤。

代表性单个土体 位于西藏林芝市察隅县竹瓦根镇大达隆巴村北，28°48′8.28″N，97°29′4.92″E，海拔 3155 m，高山中坡下部，坡度 12°，母质为石英砂片麻岩风化残-坡积物母质，杉树林地，植被盖度>90%，50 cm 深处土温为 15.3℃，野外调查采样日期为 2015 年 7 月 1 日，编号 54-038。

大达隆巴系代表性单个土体剖面

O: +5～0 cm，枯枝落叶。

Ah: 0～10 cm，浊黄橙色（10YR 6/4，干），浊黄棕色（10YR 5/3，润），壤质砂土，强发育屑粒状结构，松散，多量灌草根系，40%砾石，向下层波状清晰过渡。

Bw1: 10～30 cm，浊黄橙色（10YR 7/4，干），浊黄橙色（10YR 6/3，润），壤质砂土，强发育小块状结构，坚硬，少量灌草根系，50%砾石，向下层平滑清晰过渡。

Bw2: 30～60 cm，淡黄橙色（10YR 8/4，干），浊黄橙色（10YR 7/3，润），壤质砂土，中等发育小块状结构，稍硬，80%砾石，向下层波状渐变过渡。

C: 60～120 cm，半风化基岩。

大达隆巴系代表性单个土体物理性质

土层	深度/cm	砾石（>2 mm，体积分数）/%	细土颗粒组成(粒径：mm)/(g/kg)			质地	容重/(g/cm³)
			砂粒 2～0.05	粉粒 0.05～0.002	黏粒 <0.002		
Ah	0～10	40	779	186	35	壤质砂土	1.19
Bw1	10～30	50	823	152	25	壤质砂土	1.31
Bw2	30～60	80	860	126	14	壤质砂土	1.46

大达隆巴系代表性单个土体化学性质

深度/cm	pH(H₂O)	有机碳/(g/kg)	全氮(N)/(g/kg)	全磷(P)/(g/kg)	全钾(K)/(g/kg)	CEC/[cmol(+)/kg]	CaCO₃/(g/kg)
0～10	5.7	19.8	0.69	1.84	11.6	13.2	0
10～30	6.1	11.4	0.52	1.82	12.6	9.2	0
30～60	6.6	3.1	0.23	1.35	13.1	5.5	0

11.25.3 国雪隆巴系（Guoxuelongba Series）

土　族：粗骨砂质硅质混合型非酸性温性-普通简育湿润雏形土
拟定者：赵玉国，刘　峰，杨　帆

分布与环境条件　主要分布于林芝市察隅县竹瓦根镇一带，海拔 2900～3200 m，高山坡地，坡度 10°～15°，母质为石英砂岩风化残-坡积物，杂木林地，亚热带山地湿润季风气候，年均气温约 13.4℃，年均降水量约 779 mm，年均日照时数约 1599 h，无霜期约 280 d。

国雪隆巴系典型景观

土壤性状与特征变幅　诊断层包括淡薄表层和雏形层；诊断特性包括温性土壤温度状况、湿润土壤水分状况和准石质接触面；地表多枯枝落叶，有效土体厚度 60～90 cm；淡薄表层厚度 15～20 cm，有机碳含量约 21 g/kg；之下为雏形层，厚约 50 cm；通体 pH 5.5～6.4；层次质地构型为壤质砂土-砂土-壤质砂土，砾石含量 20%～50%，40 cm 以下砾石表面有弱石灰反应，砂粒含量 740～870 g/kg。

对比土系　明期系，同一土族，表层和母质层有少量碳酸钙，通体 pH 4.6～8.2，通体砂质壤土，砾石含量 20%～90%，砂粒含量 560～720 g/kg；大达隆巴系，同一土族，pH 5.7～6.6，通体壤质砂土，砾石含量 40%～80%，砂粒含量 770～870 g/kg；切玛系，同一土族，有效土体厚度 60～90 cm，通体 pH 5.5～6.4，层次质地构型为壤质砂土-砂质壤土-壤质砂土，砾石含量 10%～40%，砂粒含量 710～820 g/kg；日噶系，同一县域不同土纲，具有黏化层，属于淋溶土。

利用性能综述　地势陡峭，土体厚，砾石多，养分含量中等偏低，林地，植被盖度高，应保护自然植被，禁止乱砍滥伐，防止水土流失。

参比土种　厚层砾砂壤性麻砂质黄棕壤。

代表性单个土体　位于西藏林芝市察隅县竹瓦根镇国雪隆巴村西，大达隆巴村东，28°47′23.69″N，97°32′2.33″E，海拔 3002 m，高山中坡中下部，坡度 10°，母质为石英砂岩风化残-坡积物，杂木林地，覆盖度>90%，50 cm 深处土温为 15.4℃，野外调查采样日期为 2015 年 7 月 2 日，编号 54-039。

国雪隆巴系代表性单个土体剖面

O:　+2～0 cm，枯枝落叶。

Ah:　0～20 cm，橄榄棕色（2.5Y 4/4，干），暗橄榄棕色（2.5Y 3/3，润），20%砾石，壤质砂土，强发育屑粒状结构，松散，多量灌草根系，向下层平滑清晰过渡。

Bw1:　20～40 cm，浊黄色（2.5Y 6/4，干），黄棕色（2.5Y 5/3，润），40%砾石，砂土，弱发育小块状结构，坚硬，中量灌草根系，向下层平滑清晰过渡。

Bw2:　40～68 cm，淡黄色（2.5Y 7/4，干），浊黄色（2.5Y 6/3，润），壤质砂土，弱发育小块状结构，稍硬，少量灌草根系，50%半风化砾石，其表面有微弱石灰反应，向下层波状渐变过渡。

C1:　68～90 cm，淡黄色（2.5Y 7/4，干），浊黄色（2.5Y 6/3，润），50%砾石，壤质砂土，稍硬。

C2:　90～110 cm，半风化砾石。

国雪隆巴系代表性单个土体物理性质

土层	深度/cm	砾石（>2 mm，体积分数）/%	细土颗粒组成(粒径：mm)/(g/kg)			质地	容重/(g/cm³)
			砂粒 2～0.05	粉粒 0.05～0.002	黏粒 <0.002		
Ah	0～20	20	798	170	32	壤质砂土	1.17
Bw1	20～40	40	865	116	19	砂土	1.39
Bw2	40～68	50	812	157	31	壤质砂土	1.40
C1	68～90	50	744	210	46	壤质砂土	1.44

国雪隆巴系代表性单个土体化学性质

深度/cm	pH(H_2O)	有机碳/(g/kg)	全氮(N)/(g/kg)	全磷(P)/(g/kg)	全钾(K)/(g/kg)	CEC/[cmol(+)/kg]	$CaCO_3$/(g/kg)
0～20	5.5	21.4	1.58	0.93	12.7	9.2	0
20～40	5.6	7.0	0.58	0.90	14.2	4.2	0
40～68	5.8	6.3	0.42	0.85	13.7	4.2	0
68～90	6.4	4.2	0.23	0.79	13.8	2.7	0

11.25.4 切玛系（Qiema Series）

土　族：粗骨砂质硅质混合型非酸性温性-普通简育湿润雏形土
拟定者：赵玉国，宋效东，鞠　兵

分布与环境条件　主要分布于日喀则市亚东县亚东乡一带，高山坡地，海拔 2800～3200 m，坡度 15°～30°，母质为花岗片麻岩风化残-坡积物，针叶林植被，亚热带半湿润季风气候，年均气温 7.7℃，年均降水量约 415 mm，年均日照时数约 2743 h，无霜期约 306 d。

切玛系典型景观

土壤性状与特征变幅　诊断层包括淡薄表层和雏形层；诊断特性包括温性土壤温度状况和湿润土壤水分状况；地表多枯枝落叶，有效土体厚度 60～90 cm；淡薄表层厚度 10～20 cm，有机碳含量约 13 g/kg；之下为雏形层，厚约 40～60 cm；通体 pH 5.5～6.4；层次质地构型为壤质砂土-砂质壤土-壤质砂土，砾石含量 10%～40%，砂粒含量 710～820 g/kg。

对比土系　明期系，同一土族，表层和母质层有少量碳酸钙，通体 pH 4.6～8.2，通体砂质壤土，砾石含量 20%～90%，砂粒含量 560～720 g/kg；大达隆巴系，同一土族，pH 5.7～6.6，通体壤质砂土，砾石含量 40%～80%，砂粒含量 770～870 g/kg；国雪隆巴系，同一土族，有效土体厚度 60～90 cm，通体 pH 5.5～6.4，层次质地构型为壤质砂土-砂土-壤质砂土，砾石含量 20%～50%，砂粒含量 740～870 g/kg；洞青岗系，空间相近，海拔更高，具有冷性土壤温度状况、常湿土壤水分状况和灰化淀积现象，通体 pH<5.5，属不同亚纲，为灰化冷凉常湿雏形土。

利用性能综述　地势陡峭，土体较厚，砾石多，养分含量中等，林灌草地，植被盖度高，应保护自然植被，禁止乱砍滥伐，防止水土流失。

参比土种　棕壤。

代表性单个土体　位于西藏日喀则市亚东县亚东乡切玛村，27°26′18.4″N，88°55′5.3″E，海拔3060 m，高山坡下部，坡度20°，母质为花岗片麻岩风化残-坡积物，冷杉林夹杂灌，覆盖度>90%，50 cm深处土温为9.8℃，野外调查采样日期为2015年7月7日，编号54-069。

切玛系代表性单个土体剖面

O：+2～0 cm，枯枝落叶。

Ah：0～18 cm，淡黄色（2.5Y 7/3，干），灰橄榄色（7.5Y 6/2，润），壤质砂土，强发育屑粒状结构，松散，多量灌草根系，10%砾石，向下层平滑清晰过渡。

Bw1：18～42 cm，淡黄色（2.5Y 7/4，干），橄榄黄色（7.5Y 6/3，润），砂质壤土，中等发育块、片状结构，稍硬，中量灌草根系，30%砾石，向下层波状渐变过渡。

Bw2：42～65 cm，浊黄橙色（10YR 7/3，干），灰黄棕色（10YR 6/2，润），壤质砂土，弱发育小块状结构，稍硬，少量灌草根系，40%砾石，向下层平滑清晰过渡。

2C：65～100 cm，浅淡黄色（2.5Y 8/4，干），淡黄色（7.5Y 7/3，润），壤质砂土，无结构，30%砾石。

切玛系代表性单个土体物理性质

土层	深度 /cm	砾石 (>2 mm，体积分数)/%	细土颗粒组成(粒径：mm)/(g/kg)			质地	容重 /(g/cm³)
			砂粒 2～0.05	粉粒 0.05～0.002	黏粒 <0.002		
Ah	0～18	10	749	210	41	壤质砂土	1.29
Bw1	18～42	30	713	243	44	砂质壤土	1.29
Bw2	42～65	40	814	159	27	壤质砂土	1.41
2C	65～100	30	770	192	38	壤质砂土	1.40

切玛系代表性单个土体化学性质

深度 /cm	pH (H_2O)	有机碳 /(g/kg)	全氮(N) /(g/kg)	全磷(P) /(g/kg)	全钾(K) /(g/kg)	CEC /[cmol(+)/kg]	$CaCO_3$ /(g/kg)
0～18	5.5	13.0	1.13	0.95	8.6	14.8	0
18～42	6.4	12.8	0.98	0.8	9.9	12.3	0
42～65	6.3	6.6	0.48	0.86	10.1	9.5	0
65～100	6.2	5.9	0.46	0.65	12.8	5.8	0

第 12 章 新 成 土

12.1 永冻寒冻冲积新成土

12.1.1 开欧系（Kaiou Series）

土　族：粗骨砂质长石混合型石灰性-永冻寒冻冲积新成土
拟定者：李德成，杨仁敏，王　帅

分布与环境条件　分布于西藏那曲市安多县帮爱乡一带，高原沟谷，海拔 4700~5200 m，母质为冲-洪积物，退化草地，高原亚寒带半湿润季风气候，年均气温-2.1℃，年均降水量 433 mm，年均日照时数 2792 h，无绝对无霜期。

开欧系典型景观

土壤性状与特征变幅　诊断层包括淡薄表层；诊断特性包括永冻土壤温度状况、潮湿土壤水分状况、冲积物岩性特征、永冻层次、冻融特征、钙积现象和石灰性；地表有冻胀丘，有效土体厚度 20 cm，40 cm 以下出现积水；淡薄表层厚度 15~20 cm，通体有石灰反应，碳酸钙含量 50~140 g/kg，pH 8.3~9.0，20 cm 以下有钙积现象；层次质地构型为砂土-砂质壤土，砂粒含量 670~940 g/kg，砾石含量 10%~60%。

对比土系　唐古拉系，同一亚类不同土族，颗粒大小级别为砂质，可见冲积层理，无钙积现象，通体有石灰反应，碳酸钙含量 50~90 g/kg，pH 8.8~9.1，层次质地构型为砂土-砂壤土；昂仁系，不同亚类，为斑纹寒冻冲积新成土，具有寒性土壤温度状况、氧化还原特征，通体无石灰反应，pH 6.6～6.9，层次质地构型为砂质壤土-壤质砂土-砂质壤土；措玛塘系，同一县域不同亚纲，为石灰寒冻正常新成土，不具有永冻土壤温度状况和冲积物岩性特征。

利用性能综述　　地势较为平坦，下有永冻层，容易积水，养分含量低，海拔高，温度低，草被盖度低，牧业利用价值有限，应提升草被盖度，防止过度放牧。

参比土种　　薄毡砾泥性灰洪积草甸沼泽土。

代表性单个土体　　位于西藏那曲市安多县帮爱乡开欧村，32°44′41.153″N，91°51′27.062″E，海拔 4939 m，高原河谷，母质为冲-洪积物，退化草地，薹草覆盖度约 20%，50 cm 深处土温 0℃，野外调查采样日期为 2015 年 7 月 9 日，编号 54-005。

开欧系代表性单个土体剖面

Ah1：0～10 cm，棕色（10YR 4/4，干），暗棕色（10YR 3/3，润），砂土，弱发育粒状结构，松散，多量草根，10%砾石，强度石灰反应，向下层平滑突变过渡。

Ah2：10～20 cm，黑棕色（2.5Y 3/1，干），黑棕色（2.5Y 3/1，润），砂质壤土，弱发育粒状—小块状结构，松散—稍硬，中量草根，30%砾石，中度石灰反应，向下层波状突变过渡。

Ckr：20～40 cm，砂质壤土，无结构，中量铁锰斑纹，75%砾石，强度石灰反应。

开欧系代表性单个土体物理性质

土层	深度/cm	砾石（>2 mm，体积分数）/%	细土颗粒组成(粒径：mm)/(g/kg)			质地	容重/(g/cm³)
			砂粒 2～0.05	粉粒 0.05～0.002	黏粒 <0.002		
Ah1	0～10	10	937	31	32	砂土	1.26
Ah2	10～20	30	689	212	99	砂质壤土	1.36
Ckr	20～40	75	670	238	92	砂质壤土	1.49

开欧系代表性单个土体化学性质

深度/cm	pH(H_2O)	有机碳/(g/kg)	全氮(N)/(g/kg)	全磷(P)/(g/kg)	全钾(K)/(g/kg)	CEC/[cmol(+)/kg]	$CaCO_3$/(g/kg)
0～10	8.3	72.1	2.29	1.48	6.9	8.5	126
10～20	8.9	3.1	0.17	0.15	5.1	0.5	50
20～40	9.0	2.9	0.23	0.17	5.3	0.5	137

12.1.2 唐古拉系（Tanggula Series）

土　族：砂质硅质型石灰性-永冻寒冻冲积新成土
拟定者：赵玉国，李德成

分布与环境条件　主要分布于那曲市安多县强玛镇一带，高原，海拔 4800～5200 m，母质为冲积物，高覆盖度牧草地，高原亚寒带半湿润季风气候，年均气温约-2.0℃，年均降水量约 463 mm，年均日照时数约 2791 h，无绝对无霜期。

唐古拉系典型景观

土壤性状与特征变幅　诊断层包括淡薄表层；诊断特性包括永冻土壤温度状况、潮湿土壤水分状况、砂质冲积物岩性特征、永冻层次和冻融特征。地表有冻胀丘，有效土体厚度 18 cm，下为冲积物母质，可见冲积层理；淡薄表层厚度 15～20 cm；通体有石灰反应，碳酸钙含量 50～90 g/kg，pH 8.8～9.1；层次质地构型为砂土-砂壤土，砂粒含量 700～950 g/kg。

对比土系　开欧系，同一亚类不同土族，颗粒大小级别为粗骨砂质，通体有石灰反应，碳酸钙含量 50～140 g/kg，pH 8.3～9.0，20 cm 以下有钙积现象，层次质地构型为砂土-砂质壤土。

利用性能综述　地势较为平坦，下有永冻层，地表积水，养分含量中等，草被盖度较高，海拔高，温度低，牧业利用价值受限，应保护自然生态系统，防止过度放牧。

参比土种　砾砂性冲积新成土。

代表性单个土体　位于西藏那曲市安多县强玛镇尼亚尔塘村西，32°40′21.4″N，91°52′17.5″E，海拔 5000 m，高原，母质为冲积物，高覆盖度牧草地，覆盖度>80%，50 cm 深处土温 0℃，野外调查采样日期为 2015 年 7 月 12 日，编号 N3.1。

唐古拉系代表性单个土体剖面

Ah：0~18cm，浊橙色（7.5YR 6/4，干），浊棕色（7.5YR 5/3，润），砂土，弱发育粒状结构，松散，中量草灌被根系，强度石灰反应，向下层波状渐变过渡。

C1：18~50cm，浊橙色（7.5YR 7/4，干），浊棕色（7.5YR 6/3，润），砂土，弱发育粒状结构，松散—稍坚硬，少量草灌根系，可见残留冲积层理，强度石灰反应，向下层波状渐变过渡。

C2：50~80cm，浊橙色（7.5YR 7/3，干），灰棕色（7.5YR 6/2，润），砂土，无结构，可见残留冲积层理，强度石灰反应，向下层波状清晰过渡。

Ab：80~120cm，浊棕色（7.5YR 5/3，干），灰棕色（7.5YR 4/2，润），砂壤土，弱发育粒状结构，松散，少量铁锰斑纹，可见残留冲积层理，强度石灰反应。

唐古拉系代表性单个土体物理性质

土层	深度 /cm	砾石 (>2 mm，体积分数)/%	细土颗粒组成(粒径：mm)/(g/kg)			质地	容重 /(g/cm³)
			砂粒 2~0.05	粉粒 0.05~0.002	黏粒 <0.002		
Ah	0~18	0	921	37	42	砂土	1.48
C1	18~50	0	912	37	51	砂土	1.47
C2	50~80	0	913	42	45	砂土	1.49
Ab	80~120	0	719	178	103	砂壤土	1.22

唐古拉系代表性单个土体化学性质

深度 /cm	pH (H_2O)	有机碳 /(g/kg)	全氮(N) /(g/kg)	全磷(P) /(g/kg)	全钾(K) /(g/kg)	$CaCO_3$ /(g/kg)
0~18	8.8	4.1	0.33	0.24	15.1	86
18~50	9.0	4.3	0.36	0.20	15.0	89
50~80	9.1	3.5	0.28	0.19	14.3	78
80~120	8.5	20.0	1.59	0.35	16.3	56

12.2 斑纹寒冻冲积新成土

12.2.1 昂仁系（Angren Series）

土　族：砂质混合型非酸性-斑纹寒冻冲积新成土
拟定者：赵玉国，鞠　兵，宋效东

分布与环境条件　主要分布于日喀则市昂仁县龙仁曲乡一带，冲积平原河谷，海拔 4700~5200 m，高覆盖度牧草地，母质为冲-洪积物，高原亚寒带半干旱季风气候，年均气温-0.2℃，年均降水量 428 mm，年均日照时数 3032 h，无霜期约 60 d。

昂仁系典型景观

土壤性状与特征变幅　诊断层包括淡薄表层；诊断特性包括寒性土壤温度状况、潮湿土壤水分状况、冲积物岩性特征、氧化还原特征和冻融特征；有效土体厚度 20 cm，之下为冲积物母质，可见冲积层理；淡薄表层厚度 10~20 cm；通体无石灰反应，pH 6.6~6.9；层次质地构型为砂质壤土-壤质砂土-砂质壤土，砂粒含量 670~840 g/kg。

对比土系　开欧系，地形部位和成土母质类似，2 m 内有永冻层，同一土类不同亚类，为永冻寒冻冲积新成土，具有永冻土壤温度状况、永冻层次、冻融特征、钙积现象和石灰性，pH 8.3~9.0，20 cm 以下有钙积现象，层次质地构型为砂土-砂质壤土。

利用性能综述　高原河谷，周期性泛滥，土体厚度中等，养分含量较低，草被盖度较高，高海拔、温度低，牧业利用价值受限，应保护自然生态系统，防止过度放牧。

参比土种　砾砂性灰洪积新成土。

代表性单个土体　位于西藏日喀则市昂仁县龙仁曲乡提布卓纳村，29°32′41.6″N，85°45′01.8″E，海拔 4928 m，高原河谷，母质为冲-洪积物，草地，覆盖度>80%，50 cm 深处土温 2.6℃，野外调查采样日期为 2015 年 6 月 30 日，编号 54-057。

昂仁系代表性单个土体剖面

Ah：0～20 cm，橄榄棕色（2.5Y 4/4，干），暗橄榄棕色（2.5Y 3/3，润），砂质壤土，中等发育屑粒状结构，松散，多量细根，向下层平滑清晰过渡。

C：20～43 cm，黄棕色（2.5Y 5/4，干），橄榄棕色（2.5Y 4/3，润），壤质砂土，松软，可见冲积层理，多量细根，向下层平滑渐变过渡。

Cr：43～60 cm，橄榄棕色（2.5Y 4/6，干），暗橄榄棕色（2.5Y 3/3，润），砂质壤土，无结构，冲积层理明显，多量铁锰斑纹。

昂仁系代表性单个土体物理性质

土层	深度/cm	砾石（>2 mm，体积分数）/%	细土颗粒组成(粒径：mm)/(g/kg)			质地	容重/(g/cm³)
			砂粒 2～0.05	粉粒 0.05～0.002	黏粒 <0.002		
Ah	0～20	0	777	137	86	砂质壤土	1.29
C	20～43	0	836	87	77	壤质砂土	1.42
Cr	43～60	0	672	194	134	砂质壤土	1.39

昂仁系代表性单个土体化学性质

深度/cm	pH(H₂O)	有机碳/(g/kg)	全氮(N)/(g/kg)	全磷(P)/(g/kg)	全钾(K)/(g/kg)	CEC/[cmol(+)/kg]	CaCO₃/(g/kg)
0～20	6.8	13.0	1.07	0.45	8.9	9.6	0
20～43	6.9	5.5	0.48	0.42	8.3	7.8	0
43～60	6.6	7.1	0.57	0.43	8.3	8.8	0

12.3 石灰红色正常新成土

12.3.1 嘎玛尔系（Gamaer Series）

土　族：粗骨黏质硅质混合型冷性-石灰红色正常新成土
拟定者：李德成，杨仁敏，王 帅

分布与环境条件　主要分布于昌都市丁青县丁青镇一带，高山坡地中部，海拔 3400～3800 m，坡度 3°～8°，母质为北方红土或红砂岩风化坡积物，高覆盖度灌草地，高原寒带气候，年均气温 3.6℃，年均降水量约 620 mm，年均日照时数约 2466 h，没有绝对无霜期。

嘎玛尔系典型景观

土壤性状与特征变幅　诊断层包括淡薄表层；诊断特性包括冷性土壤温度状况、半干润土壤水分状况、红色砂岩岩性特征、石质接触面、钙积现象和石灰性；有效土体厚度小于 30 cm，淡薄表层厚度 10～20 cm；通体有石灰反应，碳酸钙含量 20～60 g/kg，pH 8.1～8.6，18 cm 以下有钙积现象；石质接触面上界出现在 40 cm 左右，层次质地构型为粉质黏壤土-粉质黏土，粉粒含量 470～500 g/kg，砾石含量 30%～90%。

对比土系　日吉系，不同亚类同一土族，颗粒大小级别为粗骨砂质，具有温性土壤温度状况，碳酸钙含量 100～130 g/kg，pH 9.2～9.7，30 cm 以下有钙积现象，层次质地构型为砂质壤土-壤土。

利用性能综述　地势略起伏，土体薄，砾石较多，养分含量较高，高覆盖度草地，植被盖度很高，草被高度较大，生草产量较高，牧业利用价值高，注意应保护植被，防止过度放牧。

参比土种　亚高山草甸草原土。

代表性单个土体　位于西藏昌都市丁青县协雄乡嘎玛尔南,31°20′44.003″N,95°42′22.309″E,海拔 3691 m,高山中坡中部,坡度 5°,母质为红砂岩风化坡积物,高覆盖度灌草地,覆盖度>90%,50 cm 深处土温为 6.5℃,野外调查采样日期为 2015 年 7 月 6 日,编号 54-050。

嘎玛尔系代表性单个土体剖面

Ah1:0~5 cm,棕色(7.5YR 4/6,干),暗棕色(7.5YR 3/4,润),粉质黏壤土,中等发育粒状结构,松散,多量灌草根系,30%砾石,中度石灰反应,向下层平滑清晰过渡。

Ah2:5~18 cm,红棕色(5YR 4/6,干),暗红棕色(5YR 3/4,润),粉质黏壤土,弱发育小块状结构,坚硬,中量灌草根系,50%砾石,中度石灰反应,向下层波状渐变过渡。

Ck:18~40 cm,亮红棕色(5YR 5/6,干),浊红棕色(5YR 4/4,润),粉质黏土,无结构,90%砾石,强度石灰反应。

嘎玛尔系代表性单个土体物理性质

土层	深度/cm	砾石(>2 mm,体积分数)/%	细土颗粒组成(粒径:mm)/(g/kg)			质地	容重/(g/cm³)
			砂粒 2~0.05	粉粒 0.05~0.002	黏粒 <0.002		
Ah1	0~5	30	143	496	361	粉质黏壤土	1.14
Ah2	5~18	50	159	499	342	粉质黏壤土	1.26
Ck	18~40	90	125	473	402	粉质黏土	1.31

嘎玛尔系代表性单个土体化学性质

深度/cm	pH(H_2O)	有机碳/(g/kg)	全氮(N)/(g/kg)	全磷(P)/(g/kg)	全钾(K)/(g/kg)	CEC/[cmol(+)/kg]	$CaCO_3$/(g/kg)
0~5	8.1	32.9	2.86	0.52	8.4	22.7	22
5~18	8.5	15.1	1.74	0.50	8.7	17.9	44
18~40	8.6	11.6	1.36	0.46	8.4	16.0	56

12.3.2 日吉系（Riji Series）

土　　族：粗骨砂质硅质混合型温性-石灰红色正常新成土
拟定者：李德成，杨仁敏，王帅

分布与环境条件　主要分布于昌都市八宿县白玛镇一带，高山坡地，海拔 3000～3400 m，母质为红砂岩风化残-坡积物，稀疏灌草地，高原温带半干旱季风气候，年均气温约 7.6℃，年均降水量约 230～260 mm，年均日照时数约 2694 h，无霜期约 150 d。

日吉系典型景观

土壤性状与特征变幅　诊断层包括淡薄表层；诊断特性包括温性土壤温度状况、半干润土壤水分状况、准石质接触面、钙积现象和石灰性。地表粗碎块面积约 50%，有效土体厚度约 10 cm，之下为残积风化母质；淡薄表层厚度 5～15 cm；通体有石灰反应，碳酸钙含量 100～130 g/kg，pH 9.2～9.7，30 cm 以下有钙积现象；层次质地构型为砂质壤土-壤土，砾石含量 20%～50%，砂粒含量 380～770 g/kg。

对比土系　嘎玛尔系，同一亚类不同土族，颗粒大小级别为粗骨黏质，具有冷性土壤温度状况，碳酸钙含量 20～60 g/kg，pH 8.1～8.6，18 cm 以下有钙积现象，层次质地构型为粉质黏壤土-粉质黏土。

利用性能综述　地势较陡，土体薄，砾石较多，养分含量很低，稀疏灌草地，植被盖度低，应封境育草，提升植被盖度，保护自然生态系统。

参比土种　粗骨性泥质石灰性褐土。

代表性单个土体　位于西藏昌都市八宿县白玛镇日吉村西北，30°03′52.912″N，96°55′28.661″E，海拔 3239 m，高山中坡中下部，母质为红砂岩风化残-坡积物，稀疏灌木草地，覆盖度约 30%，50 cm 深处土温为 12.7℃，野外调查采样日期为 2015 年 7 月 5 日，编号 54-004。

日吉系代表性单个土体剖面

Ah：0~5 cm，红色（10R 4/8，干），红色（10R 4/6，润），20%砾石，砂质壤土，中等发育屑粒状结构，松散，中量灌草根系，强度石灰反应，向下层波状渐变过渡。

C：5~30 cm，红色（10R 4/8，干），红色（10R 4/6，润），50%砾石，砂质壤土，弱发育小块状结构，坚硬，强度石灰反应，向下层波状清晰过渡。

Ck：30~60 cm，红色（10R 4/8，干），红色（10R 4/6，润），90%砾石，壤土，弱发育小块状结构，坚硬，强度石灰反应。

日吉系代表性单个土体物理性质

土层	深度/cm	砾石（>2 mm，体积分数）/%	细土颗粒组成(粒径：mm)/(g/kg)			质地	容重/(g/cm³)
			砂粒 2~0.05	粉粒 0.05~0.002	黏粒 <0.002		
Ah	0~5	20	770	140	90	砂质壤土	1.44
C	5~30	50	612	229	159	砂质壤土	1.43
Ck	30~60	90	380	399	221	壤土	1.46

日吉系代表性单个土体化学性质

深度/cm	pH(H_2O)	有机碳/(g/kg)	全氮(N)/(g/kg)	全磷(P)/(g/kg)	全钾(K)/(g/kg)	CEC/[cmol(+)/kg]	$CaCO_3$/(g/kg)
0~5	9.2	4.2	0.41	0.40	10.6	3.0	108
5~30	9.4	4.7	0.47	0.40	9.8	4.0	100
30~60	9.7	3.0	0.35	0.38	8.6	2.9	125

12.4 永冻寒冻正常新成土

12.4.1 益秀拉系（Yixiula Series）

土　　族：粗骨砂质硅质混合型非酸性-永冻寒冻正常新成土
拟定者：李德成，杨仁敏，王　帅

分布与环境条件　主要分布于林芝市察隅县竹瓦根镇一带，海拔 4400～4800 m，高山坡地，坡度 10°～20°，母质为花岗片麻岩风化残积物，裸地，亚热带高山湿润季风气候，年均气温约-2.1℃，年均降水量约 795 mm，年均日照时数约 1614 h，无绝对无霜期。

益秀拉系典型景观

土壤性状与特征变幅　诊断层包括淡薄表层；诊断特性包括永冻土壤温度状况、湿润土壤水分状况、冻融特征和石质接触面。地表岩石露头面积 2%～5%，粗碎块面积约 80%；有效土体厚度约 10 cm，淡薄表层厚度 10～15 cm，之下是风化碎屑，石质接触面上界出现在 50～60 cm；通体无石灰反应，pH 5.5～5.7，砂质壤土，砂粒含量 660～690 g/kg，砾石含量 50%～80%。

对比土系　日噶系，同一县域不同土纲，为淋溶土，海拔更低，具有黏化层，有效土体厚度 60～90 cm，黏化层上界 12 cm，黏粒含量约 180～210 g/kg。

利用性能综述　地势较陡，土体薄，砾石多，海拔高，温度低，裸地，植被盖度极低，无农业利用价值，应维持自然生态系统。

参比土种　中层砾砂壤性麻砂质高山寒漠土。

代表性单个土体　位于西藏林芝市察隅县竹瓦根镇益秀拉村东北，28°43′19.74″N，97°42′17.28″E，海拔 4695 m，高山顶部，坡度 15°，母质为花岗片麻岩风化残积物，裸地，地面大量岩石出露，有苔藓，50 cm 深处土温为 0℃，野外调查采样日期为 2015 年 7 月 2 日，编号 54-091。

益秀拉系代表性单个土体剖面

Ah：　0～10 cm，淡黄橙色（10YR 8/3，干），浊黄橙色（10YR 7/2，润），砂质壤土，中等发育屑粒状结构，松散，少量草根，多量铁锰斑纹，50%砾石，向下层平滑清晰过渡。

Cdr1：10～30 cm，浅淡黄色（2.5Y 8/4，干），淡黄色（7.5Y 7/3，润），砂质壤土，稍硬，少量草根，多量铁锰斑纹，80%砾石，向下层波状渐变过渡。

Cdr2：30～55 cm，浊棕色（7.5YR 6/3，干），灰橄榄色（7.5Y 5/2，润），砂质壤土，无结构，多量铁锰斑纹，80%砾石，向下层平滑突变过渡。

R：　 55～90 cm，半风化基岩，多量铁锰斑纹。

益秀拉系代表性单个土体物理性质

土层	深度/cm	砾石(>2 mm，体积分数)/%	细土颗粒组成(粒径：mm)/(g/kg)			质地	容重/(g/cm³)
			砂粒 2～0.05	粉粒 0.05～0.002	黏粒 <0.002		
Ah	0～10	50	688	193	119	砂质壤土	1.33
Cdr1	10～30	80	662	210	128	砂质壤土	1.49
Cdr2	30～55	80	675	211	114	砂质壤土	1.49

益秀拉系代表性单个土体化学性质

深度/cm	pH(H_2O)	有机碳/(g/kg)	全氮(N)/(g/kg)	全磷(P)/(g/kg)	全钾(K)/(g/kg)	CEC/[cmol(+)/kg]	$CaCO_3$/(g/kg)
0～10	5.5	10.5	0.31	0.41	14.9	9.9	0
10～30	5.7	1.9	0.92	0.25	15.8	9.2	0
30～55	5.8	1.1	0.56	0.21	15.1	9.1	0

12.5 草毡寒冻正常新成土

12.5.1 妥坝系（Tuoba Series）

土　　族：壤质盖粗骨质硅质混合型非酸性-草毡寒冻正常新成土
拟定者：赵玉国，李德成

分布与环境条件　　主要分布于昌都市卡若区、江达县一带的陡坡山地区域，海拔 4100～4500 m，高山坡地，母质为黄土质坡积物，高覆盖度牧草地，高原寒温带半干润季风气候，年均气温约 4.7℃，年均降水量约 538 mm，年均日照时数约 2264 h，无霜期约 90 d。

妥坝系典型景观

土壤性状与特征变幅　　诊断层包括草毡表层；诊断特性包括寒性土壤温度状况、半干润土壤水分状况和石质接触面；有效土体厚度小于 20 cm，仅发育有草毡表层，厚度 10～15 cm，C/N 约 14，之下是基岩；无石灰反应，pH 5.6，粉壤土，粉粒含量 550～600 g/kg，砾石含量约 10%。

对比土系　　罗玛林系，同一亚类不同土族，颗粒大小级别为粗骨质，洪积物母质，有准石质接触面，草毡表层下伏洪积砾石，砂质壤土，砂粒含量 560～580 g/kg，砾石含量 40%～90%。

利用性能综述　　地势陡峭，土体极薄，草毡层下伏基岩，植被盖度高，草被生长良好，具有牧业利用价值，侵蚀风险大，侵蚀后植被恢复难度大，应特别注意防止过度放牧，保护自然植被。

参比土种 亚高山草甸土。

代表性单个土体 位于西藏昌都市卡若区妥坝乡扎溪村附近，31°22′20.6″N，97°42′44.6″E，海拔 4353 m，高山坡地中下部，坡度 20°，母质为黄土质坡积物，高覆盖度牧草地，覆盖度>80%，50 cm 深处土温为 6.6℃，野外调查采样日期为 2016 年 6 月 29 日，编号 54-200。

Ao：0～12 cm，棕色（7.5YR 4/4，干），暗棕色（7.5YR 3/3，润），粉壤土，强发育屑粒状结构，松散，多量草根，10%砾石，向下层波状突变过渡。

2R：12～40 cm，基岩。

妥坝系代表性单个土体剖面

妥坝系代表性单个土体物理性质

土层	深度/cm	砾石(>2 mm，体积分数)/%	细土颗粒组成(粒径：mm)/(g/kg)			质地	容重/(g/cm³)
			砂粒 2～0.05	粉粒 0.05～0.002	黏粒 <0.002		
Ao	0～12	10	250	588	162	粉壤土	0.78

妥坝系代表性单个土体化学性质

深度/cm	pH(H₂O)	有机碳 /(g/kg)	全氮(N)/(g/kg)	全磷(P)/(g/kg)	全钾(K)/(g/kg)	CEC/[cmol(+)/kg]	CaCO₃/(g/kg)
0～12	5.6	74.2	5.18	0.91	8.1	12.1	0

12.5.2 罗玛林系（Luomalin Series）

土　族：粗骨质硅质混合型非酸性-草毡寒冻正常新成土
拟定者：赵玉国，刘 峰，杨 帆

分布与环境条件　主要分布于林芝市工布江达县加兴乡一带，海拔 3800～4200 m，高山沟谷，母质为洪积物，高覆盖度牧草地，高原温带半干润季风气候，年均气温约 4.7℃，年均降水量约 519 mm，年均日照时数约 2811 h，无霜期约 156 d。

罗玛林系典型景观

土壤性状与特征变幅　诊断层包括草毡表层；诊断特性包括寒性土壤温度状况、半干润土壤水分状况和准石质接触面。有效土体厚度小于 30 cm，草毡表层厚度 18～22 cm，C/N 约 14，之下是洪积砾石；通体无石灰反应，pH 6.0～6.1，砂质壤土，砂粒含量 560～580 g/kg，砾石含量 40%～90%。

对比土系　妥坝系，同一亚类不同土族，颗粒大小级别为壤质盖粗骨质，基岩上覆黄土沉积物二元母质，有石质接触面，草毡表层下伏基岩，粉壤土，粉粒含量 550～600 g/kg，砾石含量约 10%。

利用性能综述　坡麓缓坡位置，洪积物母质发育，土体薄，草毡层下伏冲洪积砾石，牧草地，植被盖度高，应保护植被，防止过度放牧，并注意沟谷边沿侵蚀。

参比土种　厚毡砂壤性冲积草甸土。

代表性单个土体　位于西藏林芝市工布江达县加兴乡罗玛林村东北，29°52′21.28″N，92°37′16.85″E，海拔 4036 m，高山沟谷，母质为洪积物，高覆盖度牧草地，覆盖度>90%，50 cm 深处土温为 6.6℃，野外调查采样日期为 2015 年 6 月 29 日，编号 54-072。

罗玛林系代表性单个土体剖面

Ao：　0~20 cm，浊黄棕色（10YR 5/4，干），暗棕色（10YR 3/3，润），40%砾石，砂质壤土，中等发育屑粒状结构，松散，多量草根，向下层不规则突变过渡。

C1：　20~35 cm，浊黄棕色（10YR 5/4，干），暗棕色（10YR 3/3，润），90%砾石，砂质壤土，松散，多量草根。

C2：　35~70 cm，砾石。

罗玛林系代表性单个土体物理性质

土层	深度/cm	砾石（>2 mm，体积分数）/%	细土颗粒组成(粒径：mm)/(g/kg)			质地	容重/(g/cm³)
			砂粒 2~0.05	粉粒 0.05~0.002	黏粒 <0.002		
Ao	0~20	40	565	374	61	砂质壤土	1.01
C1	20~35	90	570	424	71	砂质壤土	1.24

罗玛林系代表性单个土体化学性质

深度/cm	pH(H₂O)	有机碳/(g/kg)	全氮(N)/(g/kg)	全磷(P)/(g/kg)	全钾(K)/(g/kg)	CEC/[cmol(+)/kg]	CaCO₃/(g/kg)
0~20	6.0	22.8	1.61	0.83	10.5	9.9	0
20~35	6.1	11.4	0.98	0.78	9.9	9.5	0

12.6 石灰寒冻正常新成土

12.6.1 措玛塘系（Cuomatang Series）

土　　族：砂质盖粗骨质硅质混合型-石灰寒冻正常新成土
拟定者：赵玉国，刘　峰，杨　帆，金成伟

分布与环境条件　主要分布于那曲市安多县措玛乡一带，冲积平原，海拔 4200～4700 m，母质为冲积物，高覆盖度草地，高原亚寒带半干旱气候，年均气温约-2.0℃，年均降水量约 428 mm，年均日照时数约 2857 h，无绝对无霜期。

措玛塘系典型景观

土壤性状与特征变幅　诊断层包括淡薄表层；诊断特性包括寒性土壤温度状况、半干润土壤水分状况、冻融特征和石灰性。有效土体厚度小于 30 cm，之下为砾石，淡薄表层厚度 10～20 cm，可见鳞片状结构；通体有石灰反应，碳酸钙含量 40～70 g/kg，pH 8.5～8.8，20 cm 以下有钙积现象；层次质地构型为砂质壤土-壤质砂土-砂质壤土，砾石含量 5%～50%，砂粒含量 700～820 g/kg。

对比土系　开欧系，同一县域不同亚纲，为永冻寒冻冲积新成土，具有永冻土壤温度状况、潮湿土壤水分状况、冲积物岩性特征、永冻层次、冻融特征和钙积现象，40 cm 以下出现积水，碳酸钙含量 50～140 g/kg，pH 8.3～9.0，20 cm 以下有钙积现象，层次质地构型为砂土-砂质壤土。

利用性能综述　地势平缓，土体薄，腐殖质层下伏砾石，养分含量低，牧草地，植被盖度较高，具有一定牧业利用价值，应保护植被，防止过度放牧。

参比土种 亚高山草原草甸土。

代表性单个土体 位于西藏那曲市安多县措玛乡措玛塘村西，32°12′10.590″N，91°33′26.590″E，海拔 4587 m，冲积平原，母质为冲积物，高覆盖度牧草地，覆盖度>90%，50 cm 深处土温为 1.5℃，野外调查采样日期为 2015 年 7 月 8 日，编号 54-060。

措玛塘系代表性单个土体剖面

Ah：0～7 cm，棕色（7.5YR 4/6，干），暗棕色（7.5YR 3/4，润），砂质壤土，弱发育屑粒状结构，松散，5%砾石，中度石灰反应，向下层平滑清晰过渡。

ACd：7～20 cm，棕色（7.5YR 4/6，干），暗棕色（7.5YR 3/4，润），壤质砂土，弱发育鳞片状结构，稍硬，20%砾石，中度石灰反应，向下层平滑清晰过渡。

Ckd：20～38 cm，浊红棕色（5YR 5/4，干），浊红棕色（5YR 4/3，润），砂质壤土，稍硬，50%砾石，强度石灰反应。

措玛塘系代表性单个土体物理性质

土层	深度/cm	砾石（>2 mm，体积分数）/%	细土颗粒组成(粒径：mm)/(g/kg)			质地	容重/(g/cm³)
			砂粒 2～0.05	粉粒 0.05～0.002	黏粒 <0.002		
Ah	0～7	5	704	191	105	砂质壤土	1.30
ACd	7～20	20	817	107	76	壤质砂土	1.33
Ckd	20～38	50	749	148	103	砂质壤土	1.36

措玛塘系代表性单个土体化学性质

深度/cm	pH (H₂O)	有机碳/(g/kg)	全氮(N)/(g/kg)	全磷(P)/(g/kg)	全钾(K)/(g/kg)	CEC/[cmol(+)/kg]	CaCO₃/(g/kg)
0～7	8.5	12.3	1.12	0.34	7.2	4.7	48
7～20	8.7	10.2	1.05	0.38	7.5	4.8	44
20～38	8.8	8.9	0.98	0.31	8.0	4.9	69

12.7 普通寒冻正常新成土

12.7.1 玛永系（Mayong Series）

土　族：粗骨砂质硅质混合型非酸性-普通寒冻正常新成土
拟定者：赵玉国，吴华勇，杨　飞

分布与环境条件　主要分布于日喀则市仲巴县拉让乡一带，高山坡地，海拔 4300～4700 m，坡度 5°～10°，母质为砂岩风化坡积物，退化草地，高原亚寒带半干旱气候，年均气温约 –2.0℃，年均降水量约 250～300 mm，年均日照时数约 3088 h，无霜期约 105 d。

玛永系典型景观

土壤性状与特征变幅　诊断层包括淡薄表层；诊断特性包括寒性土壤温度状况、半干润土壤水分状况和冻融特征。有效土体厚度 30 cm，淡薄表层厚度 20～30 cm；通体无石灰反应，pH 7.7～8.0，层次质地构型为砂质壤土-壤质砂土，砾石含量 20%～50%，砂粒含量 570～880 g/kg。

对比土系　恰圭朗果系，不同土类，为石灰干旱正常新成土，不具有冻融特征，具有干旱土壤水分状况和石灰性，干旱结皮厚度 1～3 cm，干旱表层厚度 10～15 cm，通体有石灰反应，碳酸钙含量 10～50 g/kg，pH 8.7～9.0，部分层次有钙积现象，层次质地构型为壤土-粉壤土。

利用性能综述　坡麓堆积物，土体较薄，疏松多砾石，养分含量中等，草地植被盖度较低，牧业利用价值低，且易破坏土壤结构，造成风蚀，注意防止过度放牧，维持自然植被系统。

参比土种　砂砾性洪积亚高山荒漠草原土。

代表性单个土体　位于西藏日喀则市仲巴县拉让乡玛永村西南，29°45′19.4″N，83°56′57.6″E，海拔 4512 m，高山中坡下部，坡度 6°，母质为砂岩风化坡积物，退化草地，覆盖度约 40%，50 cm 深处土温为 1.9℃，野外调查采样日期为 2015 年 6 月 30 日，编号 54-006。

玛永系代表性单个土体剖面

Ah1：0～15 cm，棕色（10YR 4/4，干），暗棕色（10YR 3/3，润），砂质壤土，强发育屑粒状结构，松散，多量草根，20%砾石，向下层平滑清晰过渡。

Ah2：15～30 cm，浊黄橙色（10YR 6/3，干），灰黄棕色（10YR 5/2，润），砂质壤土，中等发育粒状一小块状结构，松散一稍硬，多量草根，30%砾石，向下层波状清晰过渡。

Cd1：30～50 cm，浊黄橙色（10YR 6/4，干），浊黄棕色（10YR 5/3，润），壤质砂土，弱发育小块状一鳞片状结构，坚硬，少量草根，50%砾石，向下层波状渐变过渡。

Cd2：50～80 cm，浊黄橙色（10YR 6/4，干），浊黄棕色（10YR 5/3，润），壤质砂土，弱发育鳞片状结构，稍硬，少量草根，50%砾石。

玛永系代表性单个土体物理性质

土层	深度/cm	砾石（>2 mm，体积分数）/%	细土颗粒组成（粒径：mm）/(g/kg)			质地	容重/(g/cm³)
			砂粒 2～0.05	粉粒 0.05～0.002	黏粒 <0.002		
Ah1	0～15	20	570	298	132	砂质壤土	1.24
Ah2	15～30	30	728	177	95	砂质壤土	1.40
Cd1	30～50	50	843	92	65	壤质砂土	1.47
Cd2	50～80	50	870	70	60	壤质砂土	1.48

玛永系代表性单个土体化学性质

深度/cm	pH(H_2O)	有机碳/(g/kg)	全氮(N)/(g/kg)	全磷(P)/(g/kg)	全钾(K)/(g/kg)	CEC/[cmol(+)/kg]	$CaCO_3$/(g/kg)
0～15	8.0	16.0	1.48	0.64	11.0	10.7	0
15～30	7.7	6.2	0.64	0.33	10.3	6.4	0
30～50	7.8	2.8	0.27	0.28	8.8	3.8	0
50～80	7.9	2.0	0.22	0.31	8.5	3.4	0

12.8 石灰干旱正常新成土

12.8.1 恰圭朗果系（Qiaguilangguo Series）

土　族：粗骨壤质混合型-石灰干旱正常新成土
拟定者：赵玉国，吴华勇，杨 飞

分布与环境条件　主要分布于西藏阿里地区普兰县普兰镇一带，高原丘陵坡地，海拔4500～4900 m，坡度 10°～15°，母质为坡积物，荒草地，高原亚寒带干旱气候，年均气温约 0.2℃，年均降水量约 170 mm，年均日照时数约 3186 h，无霜期约 119 d。

恰圭朗果系典型景观

土壤性状与特征变幅　诊断层包括干旱表层；诊断特性包括寒性土壤温度状况、干旱土壤水分状况和石灰性。地表遍布粗碎块，有效土体厚度 30～40 cm，干旱结皮厚度 1～3 cm，干旱表层厚度 10～15 cm；通体有石灰反应，碳酸钙含量 10～50 g/kg，pH 8.7～9.0，部分层次有钙积现象；层次质地构型为壤土-粉壤土，砾石含量 10%～50%，粉粒含量 350～590 g/kg。

对比土系　玛永系，不同土类，为普通寒冻正常新成土，具有冻融特征，无干旱表层，通体无石灰反应，pH 7.7～8.0，层次质地构型为砂质壤土-壤质砂土；热拉村系，不同土类，为普通干润正常新成土，具有淡薄表层、半干润土壤水分状况，通体无石灰反应，pH 8.0～8.7，层次质地构型为壤质砂土-砂土。

利用性能综述　坡麓堆积物，土体较厚，疏松多砾石，养分含量中等，草地植被，盖度较低，牧业利用价值低，且易破坏土壤结构，造成风蚀，注意防止过度放牧，维持自然植被系统。

参比土种　砂砾性洪积亚高山荒漠草原土。

代表性单个土体　位于西藏阿里地区普兰县普兰镇恰圭朗果村西南，30°41′16.4″N，81°43′7.3″E，海拔 4705 m，高原丘陵中坡中下部，坡度 10°，母质为坡麓堆积物，荒草地，植被盖度约 10%，50 cm 深处土温为 3.1℃，野外调查采样日期为 2015 年 7 月 1 日，编号 54-036。

恰圭朗果系代表性单个土体剖面

K：　+2～0 cm，干旱结皮。

Ah：　0～12 cm，黄棕色（2.5Y 5/3，干），暗灰黄色（2.5Y 4/2，润），壤土，中等发育屑粒状结构，松散，20%砾石，中度石灰反应，向下层波状渐变过渡。

AC：　12～35 cm，橄榄棕色（2.5Y 4/6，干），暗橄榄棕色（2.5Y 3/3，润），石面可见钙膜，壤土，无结构，松散，10%砾石，中度石灰反应，向下层波状清晰过渡。

Ck1：　35～60 cm，浊黄色（2.5Y 6/3，干），暗灰黄色（2.5Y 5/2，润），壤土，无结构，松散，50%砾石，中度石灰反应，向下层波状清晰过渡。

C：　60～80 cm，淡黄色（2.5Y 7/3，干），灰黄色（2.5Y 6/2，润），壤土，无结构，松散，30%砾石，轻度石灰反应，向下层波状渐变过渡。

Ck2：　80～120 cm，淡灰色（5Y 7/2，干），灰色（5Y 6/1，润），粉壤土，无结构，松散，40%砾石，中度石灰反应。

恰圭朗果系代表性单个土体物理性质

土层	深度/cm	砾石（>2 mm，体积分数）/%	细土颗粒组成(粒径：mm)/(g/kg)			质地	容重/(g/cm³)
			砂粒 2～0.05	粉粒 0.05～0.002	黏粒 <0.002		
Ah	0～12	20	503	351	146	壤土	1.24
AC	12～35	10	456	370	174	壤土	1.27
Ck1	35～60	50	292	486	222	壤土	1.30
C	60～80	30	366	485	149	壤土	1.44
Ck2	80～120	40	188	588	224	粉壤土	1.44

恰圭朗果系代表性单个土体化学性质

深度/cm	pH(H₂O)	有机碳/(g/kg)	全氮(N)/(g/kg)	全磷(P)/(g/kg)	全钾(K)/(g/kg)	CEC/[cmol(+)/kg]	CaCO₃/(g/kg)
0～12	8.9	16.5	1.65	0.91	10.6	15.6	11
12～35	8.7	14.3	1.31	0.61	9.8	19.2	15
35～60	8.9	12.5	1.28	0.63	10.1	19.3	42
60～80	9.0	4.2	0.35	0.54	9.6	10.3	11
80～120	8.7	4.4	0.47	0.65	9.9	11.5	44

12.9 普通干润正常新成土

12.9.1 热拉村系（Relacun Series）

土　族：砂质硅质混合型温性-普通干润正常新成土
拟定者：赵玉国，鞠　兵，宋效东

分布与环境条件　分布于西藏日喀则市南木林县奴玛乡一带，高原盆地低丘，海拔3500～3900 m，母质为老的河流冲积物，稀疏灌草地，高原温带半干旱气候，年均气温约5.8℃，年均降水量约352 mm，年均日照时数约3054 h，无霜期95～125 d。

热拉村系典型景观

土壤性状与特征变幅　诊断层包括淡薄表层；诊断特性包括温性土壤温度状况和半干润土壤水分状况。有效土体厚度小于30 cm，淡薄表层厚度10～15 cm；通体无石灰反应，pH 8.0～8.7；层次质地构型为壤质砂土-砂土-壤质砂土，砂粒含量830～890 g/kg，砾石含量2%～10%。

对比土系　恰圭朗果系，不同土类，为石灰干旱正常新成土，具有干旱表层、干旱土壤水分状况和石灰性，碳酸钙含量10～50 g/kg，pH 8.7～9.0，部分层次有钙积现象，层次质地构型为壤土-粉壤土。

利用性能综述　地势起伏，土体较厚，养分含量低，灌草地，植被盖度较低，应提升植被盖度，防止过度放牧。

参比土种 山地灌丛草原土。

代表性单个土体 位于西藏日喀则市南木林县奴玛乡热拉村西，29°21′9.843″N，89°38′12.42″E，海拔 3700 m，高原盆地低丘，母质为老的河流冲积物，灌草覆盖度 30%，50 cm 深处土温 9.1℃，野外调查采样日期为 2015 年 6 月 29 日，编号 54-089。

Ah：0～10 cm，黄棕色（2.5Y 5/4，干），橄榄棕色（2.5Y 4/3，润），2%砾石，壤质砂土，弱发育屑粒状结构，松散，少量灌草根系，向下层模糊渐变过渡。

C1：10～20 cm，灰黄棕色（10YR 6/2，干），棕灰色（10YR 5/1，润），10%砾石，砂土，无结构，向下层模糊渐变过渡。

C2：20～130 cm，灰黄棕色（10YR 6/2，干），棕灰色（10YR 5/1，润），5%砾石，壤质砂土，无结构。

热拉村系代表性单个土体剖面

热拉村系代表性单个土体物理性质

土层	深度/cm	砾石（>2 mm，体积分数）/%	细土颗粒组成(粒径：mm)/(g/kg)			质地	容重/(g/cm³)
			砂粒 2～0.05	粉粒 0.05～0.002	黏粒 <0.002		
Ah	0～10	2	862	88	50	壤质砂土	1.49
C1	10～20	10	884	73	43	砂土	1.50
C2	20～130	5	831	109	60	壤质砂土	1.50

热拉村系代表性单个土体化学性质

深度/cm	pH(H₂O)	有机碳/(g/kg)	全氮(N)/(g/kg)	全磷(P)/(g/kg)	全钾(K)/(g/kg)	CEC/[cmol(+)/kg]	CaCO₃/(g/kg)
0～10	8.0	1.9	0.16	0.47	10.1	2.7	0
10～20	8.6	1.3	0.13	0.39	10.4	2.5	0
20～130	8.7	1.3	0.15	0.36	10.4	2.6	0

参 考 文 献

冯学民, 蔡德利. 2004. 土壤温度与气温及纬度和海拔关系的研究. 土壤学报, 41(3): 489-491.

高以信, 鲍薪奎. 1995. 青藏高原土壤冻融过程对土壤性状的影响及其在系统分类中的意义. 土壤学报, 32(增刊).

高以信, 李明森. 2000. 横断山区土壤. 北京: 科学出版社.

龚子同, 等. 1999. 中国土壤系统分类: 理论·方法·实践. 北京: 科学出版社.

龚子同, 张甘霖, 陈志诚, 等. 2007. 土壤发生与系统分类. 北京: 科学出版社.

何毓蓉, 吴毅. 1999. 西藏左贡农区土壤的系统分类与肥力特征. 西南农业学报, 12(2): 12-17.

李连捷. 1954. 西藏高原的自然区域. 地理学报, 20(3): 255-266.

西藏自治区统计局, 国家统计局西藏调查总队. 2019. 2018 年西藏自治区国民经济和社会发展统计公报 [http://tjj.xizang.gov.cn/xxgk/tjxx/tjgb/201906/t20190604_110904.html].

西藏自治区土地管理局. 1994. 西藏自治区土壤资源. 北京: 科学出版社.

西藏自治区土地管理局. 1994. 西藏自治区土种志. 北京: 科学出版社.

张甘霖, 龚子同. 2012. 土壤调查实验室分析方法. 北京: 科学出版社.

张甘霖, 李德成. 2017. 野外土壤描述与采样手册. 北京: 科学出版社.

张甘霖, 王秋兵, 张凤荣, 等. 2013. 中国土壤系统分类土族和土系划分标准. 土壤学报, 50(4): 190-198.

张慧智. 2008. 中国土壤温度空间预测与表征研究. 南京: 中国科学院南京土壤研究所.

张慧智, 史学正, 于东升, 等. 2009. 中国土壤温度的季节性变化及其区域分异研究. 土壤学报, 46(2): 227-234.

中国科学院南京土壤研究所, 中国科学院西安光学精密机械研究所. 1989. 中国土壤标准色卡. 南京: 南京出版社.

中国科学院南京土壤研究所土壤系统分类课题组. 1985. 中国土壤系统分类初拟. 土壤, 17: 290-318.

中国科学院南京土壤研究所土壤系统分类课题组. 1987. 中国土壤系统分类(二稿). 土壤学进展特刊, 69-104.

中国科学院南京土壤研究所土壤系统分类课题组, 中国土壤系统分类课题研究协作组. 1995. 中国土壤系统分类(修订方案). 北京: 中国农业科技出版社.

中国科学院南京土壤研究所土壤系统分类课题组, 中国土壤系统分类课题研究协作组. 2001. 中国土壤系统分类检索. 3 版. 合肥: 中国科学技术大学出版社.

中国科学院青藏高原综合科学考察队. 1985. 西藏土壤. 北京: 科学出版社.

邹德生. 1994. 新疆西藏干旱区的灌耕土及其在土壤系统分类中的位置. 干旱区地理, 17(2): 61-66.

附录 1 土壤发生层的符号表达

1 发生层符号

用英文大写字母表示。

O 有机层，包括枯枝落叶层、泥炭层、根系密集层
A 腐殖质表层，耕作层
E 漂白层
B 物质淀积层，或聚积层，或风化 B 层
C 母质层
R 基岩
K 矿质土壤 A 层之上的矿质结壳层，如盐结壳等

2 发生层特性

指发生层所具有的发生学上的特性，用英文小写字母并列置于发生层符号大写字母之后，注意不是下标形式。

a 高分解有机物质
b 埋藏层；例如，Ab 表示埋藏表层
c 结皮；例如，Ac 表示结皮层
d 冻融特征
e 半分解有机物质
f 永冻层
g 潜育特征
h 腐殖质聚积
i 低分解和未分解有机物质；例如，Oi 表示枯枝落叶层
j 黄钾铁矾
k 碳酸盐聚积；例如，Bk 表示钙积层
l 网纹；例如，第四纪红黏土具有网纹特征的母质层，用 Cl 表示
m 强胶结，形成的硬磐，不易用手掰开；例如，Btm 表示黏磐，Bkm 表示钙磐，Bym 表示石膏磐，Bzm 表示盐磐
n 钠聚积
o 根系盘结；例如，Oo 表示草毡层
p 耕作影响；例如，Ap 表示耕作层，水田和旱地均可用 Ap1 和 Ap2 表示，Ap1 表示耕作层，Ap2 表示水田的犁底层和旱地的受耕作影响层次
q 次生硅聚积

r　氧化还原特征；例如，水耕人为土和潮湿雏形土的铁锰斑纹或铁锰结核

s　铁锰聚积，自型土中的铁锰淀积和风化残积，可进一步按铁锰分异细分为：s1 铁聚积，s2 锰聚积

t　黏粒聚积；例如，Bt 表示黏化层

u　人为堆垫、灌淤、堆积等影响

v　变性特征

w　就地风化形成的显色、有结构的层次；例如，Bw 表示风化 B 层

x　胶结，但未形成硬磐，与 m 不同处在于易用手掰开

y　石膏聚积

z　可溶盐聚积

φ　磷聚积；例如，Bφ 表示磷积层，Bφm 表示磷质硬磐

3　主要土纲发生层符号

3.1　人为土纲

3.1.1　水耕人为土

耕作层，Ap1；犁底层，Ap2

有漂白层的 B 层，E

具有潜育特征的 B 层，Bg

铁渗淋亚层或其他类型的 B 层，Br

3.1.2　旱耕人为土

耕作层，Aup1、Aup2⋯

耕淀层，Bp

3.1.3　垆土

耕作层，Aup1；犁底层，Aup2

老熟化层，Aupb1、Aupb2⋯；老耕作淀积层，Bub

原褐土腐殖质层，2A

原褐土次生黏化层，2Btx

原褐土碳酸钙聚积层，2Bk

原褐土黄土母质，2C

3.1.4　灌淤土

灌淤耕作层，只有一层的，Aup1；可分为两层的，Aup11、Aup12

灌淤犁底层，Aup2；不是灌淤犁底层，Au2

未出现灌淤犁底层的，Au2；出现灌淤犁底层的，Au3

灌淤耕作淀积层，Bup

灌淤斑纹层，Bur

有斑纹的原冲积母质层，2Cr

无斑纹的原冲积母质层，2C

3.2 干旱土纲

孔状结皮，Ac
片状层，Ad
紧实层，Bx；次生黏化层，Btx
钙积层，Bk；钙磐，Bkm；石膏层，By；石膏磐，Bym；盐积层，Bz；盐磐，Bzm

3.3 铁铝土、富铁土纲

腐殖质表层，Ah；耕作层，Ap1、Ap2
B 层，①耕作淀积层，Bp1；②风化 B 层，Bw；③黏淀层，Bt；④黏磐，Btm；⑤黏化层，Bt 或 Btx；⑥网纹层，Bl
有网纹的母质层，Cl；无网纹的母质层，C
基岩，R

3.4 变性土纲

腐殖质表层 Ah；耕作层，Ap1、Ap2
有变性特征的 B 层，①无斑纹、无砂姜，Bv1、Bv2…；②有砂姜，Bkv1、Bkv2…（根据经验，一般情况下，有 r 的层次，由于土体潮湿，基本没有 v）
无变性特征的 B 层，①有砂姜、无斑纹，Bk；②有斑纹、无砂姜，Br；③有斑纹和砂姜，Bkr
有斑纹、无砂姜的母质层，Cr；有砂姜、无斑纹的母质层，Ck；有斑纹和砂姜的母质层，Ckr

4 注意事项

4.1 关于小写字母的排序

按决定亚类-土类-亚纲-土纲的顺序排，如砂姜钙积潮湿变性土亚类的 B 层，可用 Bkv 表示，k——钙积（砂姜钙积，亚类-土类），v——变性特征（土纲）

4.2 母岩或母质

下部为整块基岩（即为石质接触面或准石质接触面），或为破碎的砾石但基本没有细土的，用 R 表示
下部为砾石+细土混合的，或全部为细土的，用 C 表示

4.3 潜育特征

不采用潜育层术语，合理地表达为具有潜育特征的层，潜育层不用 G 表示，而是在该层符号后加 g 表示

4.4 水耕人为土的氧化还原层

漂白层，用 E 表示；具有潜育特征的，用 Bg 表示；铁渗淋亚层或其他情况，用 Br 表示

4.5 旱地耕作层

可分别用 Ap1、Ap2 表示，但如果 Ap2 符合耕淀层条件，则用 Bp 表示

4.6 富铁土、铁铝土的 B 层

如果没有黏化层、氧化还原特征、耕淀层、网纹层等特征的，用 Bw1、Bw2 表示

4.7 关于碳酸盐聚积符号 k 的用法

第一种情况，野外没有观察到碳酸钙假菌丝体，或粉末或斑点或砂姜，此时要严格按照《中国土壤系统分类检索》（第三版）中碳酸钙含量的规定，判断钙积层有无，如果有，加 k

第二种情况，在未测定碳酸钙含量情况下，但是在野外观察到了假菌丝体，或粉末或斑点或砂姜，可加 k

4.8 关于暗沃表层表达

第一种情况，如果是耕地，表层用 Ap 表示，之下的层次分别用 Ah2、Ah3…表示

第二种情况，如果不是耕地，依次用 Ah1、Ah2、Ah3…表示

附录2 中国土壤系统分类土族与土系划分标准(试行稿)

"我国土系调查与《中国土系志》编制"(2008 FY110600)项目组

1 土族的定义和划分标准

1.1 土族的定义

土族是土壤系统分类的基层分类单元,它是亚类的续分,主要反映与土壤利用管理有关的土壤理化性质的分异。

用于土族分类的主要鉴别特征是剖面控制层段内的土壤颗粒大小级别、不同颗粒级别的土壤矿物组成类型、土壤温度状况、石灰性与土壤酸碱性、有效土体厚度,以反映成土因素和土壤性质的地域性差异。

不同类别的土壤划分土族的依据及指标可以不同。

1.2 土族划分的原则

1)使用区域性成土因素所引起的相对稳定的土壤属性差异作为划分依据,而不用成土因素本身;

2)同一亚类中土族的鉴别特征应当一致,主要表现在控制层段内其"量"的差异;不同亚类间土族的鉴别特征可有所不同;

3)鉴别土族的依据及指标不能与上级或下级分类单元交叉或重复使用。

1.3 土族划分的控制层段

土族的控制层段是指稳定影响土壤中物质迁移和转化及根系活动的主要土体层段。
土族的控制层段一般不包括表土层。
用于鉴别土族的不同鉴别特征的控制层段范围不同。

1.4 矿质土壤和某些有机土壤的矿质土层的土族鉴别特征

区分同一亚类中不同土族时,可选择的主要鉴别特征包括:颗粒大小级别及其替代级别、矿物学类型、石灰性和酸碱反应类别、土壤温度类别。

土族名称描述由其所具有的主要鉴别特征按颗粒大小级别及其替代级别、矿物学类型、石灰性和酸碱反应类别、土壤温度类别的顺序依次组合而成。但如果亚类单元的名称中已反映了该鉴别特征，则土族名称中不再出现该鉴别特征。特别注意亚类名称中的"砂质"、"铝质"、"酸性"、"寒性"、"冷凉"、"钙积"、"石灰"等。如"砂质新成土"、"铝质常湿淋溶土"、"酸性湿润淋溶土"、"寒性火山灰土"、"冷凉淋溶土"、"钙积干润变性土"、"石灰淡色潮湿雏形土"。

1.4.1 颗粒大小级别及其替代级别

（1）矿质土壤颗粒大小级别及其替代级别的定义

颗粒大小级别用于表征整个土壤的颗粒大小构成，包括细土（直径<2 mm）、小于单个土体砾石和类岩碎屑（直径2~75 mm），但不包括有机物质和可溶性大于石膏的盐类。

替代颗粒级别用于有火山灰性质的土壤或含大量火山玻璃、浮石、火山渣的土壤。

砾石是指直径≥2 mm，水平尺寸小于单个土体的强胶结或结持性更强的所有颗粒物质；类岩碎屑是指直径≥2 mm，水平尺寸小于单个土体，胶结程度弱于强胶结级别的碎屑。

无论火山渣、浮石、类浮石碎屑的结持性如何，均视为替代颗粒级别中的碎屑，但在粒度分析实验的样品准备过程中，大多数该类岩碎屑会破裂成为直径≤2 mm的碎屑，因此常被划为颗粒大小级别中的细土部分。

（2）强对比颗粒大小级别

如果颗粒大小控制层段由两个具有对比明显的颗粒大小级别或其替代级别的层次组成，且两层厚度都≥10 cm（包括不在控制层段的部分），它们的过渡区厚度<10 cm，则两个级别名称要在土族名称中同时使用。例如"粗骨砂质盖黏质混合型温性-普通淡色潮湿雏形土"。

（3）多层强对比颗粒大小级别

如果存在两组及以上颗粒大小强烈对比层次，以对比最强烈的一组命名；若两两组合对比相似，以出现深度较浅的对比组命名，并附加"多层"名称。例如"粗骨砂质盖黏质多层混合型温性-普通淡色潮湿雏形土"。

（4）非强对比颗粒大小级别

当土层不具有强对比颗粒大小级别时，土族名称中所用颗粒大小级别由控制层段内不同层次的颗粒大小的加权平均值决定；对于火山灰土或者具有火山灰特性的土壤，则以层次（累计）最厚的颗粒大小级别或替代级别描述土族名称。

（5）矿质土壤颗粒大小级别或其替代级别的控制层段

A．对于薄层（<50 cm）的石质土：从矿质土表至石质接触面。

B．对火山灰土：从矿质土表或具有火山灰土壤性质的有机质层上界（取较浅者），到根系限制层或100 cm处（取较浅者）。

C．对具有黏化层、碱积层、黏磐或聚铁网纹层的土壤，如果这些层次的上界位于矿质土表100 cm内，且下界位于25 cm之下，则控制层段属下列情况之一：

a．矿质土表100 cm内存在颗粒大小强对比层次：黏化层、碱积层、黏磐或聚铁

网纹层上部 50 cm，或到 100 cm 处，或至根系限制层（取较深者）；或

b．其他情况：如果黏化层、碱积层、黏磐或聚铁网纹层的厚度<50 cm，则其全部均为控制层段；如果其厚度≥50 cm，则其上部 50 cm 为控制层段。

D．对具有黏化层、碱积层、黏磐或聚铁网纹层的土壤，如果这些层次的上界在矿质土表 100 cm 之下：Ap 层下界或矿质土表下 25 cm 处（取较深者），到矿质土表下 100 cm 处或根系限制层（取较浅者）。

E．对其他黏化层或碱积层下界位于矿质土表 25 cm 以内的矿质土壤：黏化层或碱积层上界，到矿质土表下 100 cm 处或根系限制层（取较浅者）。

F．其他矿质土壤：Ap 层或矿质土表下 25 cm（取较深者）下边界，到矿质土表下 100 cm 或根系限制层（取较浅者）。

(6) 矿质土壤颗粒大小级别及其替代级别检索

控制层段每一层的土壤颗粒大小级别及其替代级别名称都必须按照如下顺序检索。

A．矿质土壤在控制层段中最厚的部分（如果控制层段不在附表 1 列出的强对比颗粒大小级别中），或控制层段中作为附表 1 列出的强对比颗粒大小级别组成之一的部分，或整个控制层段内的细土组分（包括相连的中小孔隙）的体积含量<10%，且其满足以下替代级别标准之一：

a．整个土体内的火山灰、火山渣、火山砾、浮石和类浮石碎屑>60%（重量计）且大于 2 mm 的组分中类浮石碎屑≥2/3（体积计）　　　　　　　　　　　　　　浮石质
或

b．整个土体内的火山灰、火山渣、火山砾、浮石和类浮石碎屑>60%（重量计）且大于 2 mm 的部分中类浮石碎屑<2/3（体积计）　　　　　　　　　　　　　火山渣质
或

c．细土部分（包括相连的中小孔隙）所占体积含量<10%的其他矿质土壤　　碎屑质

B．细土部分（包括相连的中小孔隙）所占体积含量≥10%的矿质土壤，且在控制层段中最厚的部分（如果控制土层不在附表 1 列出的强对比颗粒大小级别中），或控制层段中作为附表 1 列出的强对比颗粒大小级别组成之一的部分，或整个控制层段内，满足以下替代级别标准之一：

1.它们：

a．有火山灰土壤特性，并且在 1500 kPa 压力下，未风干土样含水量<30%，风干土样含水量<12%；或

b．没有火山灰特性，粒径 0.02～2.0 mm（砂粒）的细土部分含量≥30%，并且此部分中至少有 30%（颗粒数计）由火山玻璃、玻璃聚合体、玻璃包被颗粒和其他玻璃质火山碎屑组成；和

c．有下列条件之一：

（1）砾石和类岩碎屑含量≥35%（体积计），其中至少 2/3 为浮石或类浮石碎屑
　　　　　　　　　　　　　　　　　　　　　　　　　　　　　　　　　　火山灰-浮石质
或

（2）砾石含量≥35%（体积计）　　　　　　　　　　　　　　　　火山灰-粗骨质

或

（3）砾石含量<35%（体积计）　　　　　　　　　　　　　　　　火山灰质

2. 细土部分有火山灰特性，且在 1500 kPa 压力下，风干细土样品含水量≥12%，或未风干细土样品含水量在 30%～100%；和

a. 砾石和类岩碎屑至少占 35%（体积计），其中至少 2/3 为浮石或类浮石碎屑

中粒-浮石质

或

b. 砾石含量≥35%（体积计）　　　　　　　　　　　　　　　　中粒-粗骨质

或

c. 砾石含量<35%（体积计）　　　　　　　　　　　　　　　　中粒质

或

3. 细土部分有火山灰特性，并且在 1500 kPa 压力下，风干细土样品含水量≥100%；和

a. 砾石和类岩碎屑含量≥35%（体积计），其中至少 2/3 为浮石或类浮石碎屑

水合-浮石质

或

b. 砾石含量≥35%（体积计）　　　　　　　　　　　　　　　　水合-粗骨质

或

c. 砾石含量<35%（体积计）　　　　　　　　　　　　　　　　水合质

注意：在以下级别中，"黏粒"不包括黏粒大小的碳酸盐，黏粒大小的碳酸盐作粉粒处理。如果在 1500 kPa 压力下，颗粒大小控制层段的一半以上或强对比级别中颗粒大小控制层段的一部分中，所测黏粒含水量≤0.25 或≥0.6 时，则黏粒含量按以下关系式计算：黏粒含量%=2.5×（1500 kPa 压力下持水量%—有机碳含量%）。

C. 其他矿质土壤在控制层段中最厚的部分（如果控制层段的一部分有颗粒大小替代级别且不在附表 1 列出的强对比颗粒大小级别中）或控制层段中作为附表 1 列出的强对比颗粒大小级别组成之一的部分，或整个控制层段中，满足以下颗粒大小级别标准之一（顺序检索）：

1. 砾石含量≥75%（体积计）（即细土部分（<2 mm 颗粒）<25%，体积计）　粗骨质

或

2. 砾石含量≥25%（体积计），细土部分砂粒含量≥55%（重量计）　　**粗骨砂质**

或

3. 砾石含量≥25%（体积计），细土部分黏粒含量≥35%（重量计）　　**粗骨黏质**

或

4. 砾石含量≥25%（体积计）的其他土壤　　　　　　　　　　　　　**粗骨壤质**

或

5. 砾石含量<25%（体积计），细土部分砂粒含量≥55%（重量计）　　**砂质**

或

6. 砾石含量<25%（体积计），细土部分黏粒含量≥60%（重量计） **极黏质**

或

7. 砾石含量<25%（体积计），细土部分黏粒含量35%～60%（重量计） **黏质**

或

8. 砾石含量<25%（体积计），细土部分黏粒含量20%～35%（重量计） **黏壤质**

或

9. 砾石含量<25%（体积计）的其他土壤 **壤质**

注：当碎屑含量之差≥50%或黏粒绝对含量之差≥25%时构成颗粒大小强对比，根据检索出的颗粒大小级别命名。

将矿质土壤颗粒大小级别划分3个类别：
　　Ⅰ 碎屑含量>75%，粗骨质；
　　Ⅱ 碎屑含量25%～75%，粗骨砂质、粗骨壤质、粗骨黏质；
　　Ⅲ 碎屑含量<25%，砂质、壤质、黏壤质、黏质、极黏质。

附表1　强对比土壤颗粒大小级别的颗粒含量要求

	Ⅰ	Ⅱ	Ⅲ
Ⅰ		碎屑含量之差≥50%或黏粒绝对含量之差≥25%	强对比
Ⅱ	碎屑含量之差≥50%或黏粒绝对含量之差≥25%	黏粒绝对含量之差≥25%	碎屑含量之差≥50%或黏粒绝对含量之差≥25%
Ⅲ	强对比	碎屑含量之差≥50%或黏粒绝对含量之差≥25%	黏粒绝对含量之差≥25%

1.4.2　矿物学类别

土壤矿物学有助于预测土壤行为及其对管理的响应。不同土壤由于颗粒大小级别不同，所适用的矿物学类别不同。

（1）矿物学类别控制层段

矿物学类别控制层段与颗粒大小级别控制层段相同。

（2）矿物学类别检索

土族矿物学类型是根据（颗粒大小级别）控制层段内特定颗粒大小组分的矿物学组成来确定。对于强对比颗粒大小级别的土壤来说，既可以给出两个颗粒大小级别或替代级别的矿物学类别名称（二者一致除外），也可以只给出在上部的颗粒大小级别或替代级别的矿物学类别，如"黏质盖粗骨砂质蒙皂石型盖混合型"或"黏质盖粗骨砂质蒙皂石型"。

附表2为土族的矿物学类型检索，应依次进行检索，土族矿物学类型即为首先检出的满足其标准的类型。例如，如果控制层段 $CaCO_3$ 当量大于40%，即使同时满足其他标准，依然视为碳酸盐型。

附表 2 土族矿物学类型检索

矿物学类型	定义	决定组分
1. 适用于所有颗粒大小级别的矿物学类别		
碳酸盐型	碳酸盐（$CaCO_3$ 表示）与石膏含量之和≥40%（重量计），其中碳酸盐占总量的65%以上	<2 mm 或 <20 mm
石膏型	碳酸盐（$CaCO_3$ 表示）与石膏含量之和≥40%（重量计），其中石膏占总量的35%以上	
氧化铁型	连二亚硫酸盐-柠檬酸盐浸提性氧化铁（Fe_2O_3）含量>40%（重量计）	
三水铝石型	三水铝石含量>40%（重量计）	
氧化物型	连二亚硫酸盐-柠檬酸盐浸提性氧化铁（%）+三水铝石（%）与黏粒含量之比（%）≥0.20	<2 mm
蛇纹石型	蛇纹石矿物含量>40%（重量计）	
海绿石型	海绿石含量>40%（重量计）	
2. 适用于土族颗粒大小级别为粗骨质、粗骨砂质、粗骨壤质、砂质、壤质、黏壤质的矿物学类别		
云母型	云母含量>40%（重量计）	
云母混合型	云母含量20%～40%（重量计），余为其他矿物	
硅质型	二氧化硅和其他极耐风化矿物含量>90%（重量计）	0.02～2 mm
硅质混合型	二氧化硅含量40%～90%（重量计），余为其他矿物	
长石型	长石含量>40%（重量计）	
长石混合型	长石含量20%～40%（重量计），余为其他矿物	
混合型	其他土壤	
3. 适用于土族颗粒大小级别为粗骨黏质、黏质、极黏质的矿物学类别		
埃洛石型	埃洛石含量>50%（重量计）	
埃洛石混合型	埃洛石含量30%～50%（重量计），余为其他矿物	
高岭石型	高岭石及较少量其他1:1或非膨胀的2:1型层状矿物含量>50%（重量计）	
高岭石混合型	高岭石及较少量其他1:1或非膨胀的2:1型层状矿物含量30%~50%（重量计），余为其他矿物	
蒙脱石型	蒙脱石类矿物（蒙脱石或绿脱石）含量>50%（重量计）	
蒙脱石混合型	蒙脱石类矿物（蒙脱石或绿脱石）含量30%～50%（重量计），余为其他矿物	≤0.002 mm
伊利石型	伊利石（水合云母）含量>50%（重量计）	
伊利石混合型	伊利石（水合云母）含量30%～50%（重量计），余为其他矿物	
蛭石型	蛭石含量>50%（重量计）	
蛭石混合型	蛭石含量30%～50%（重量计），余为其他矿物	
绿泥石型	绿泥石含量>50%（重量计）	
绿泥石混合型	绿泥石含量30%～50%（重量计），余为其他矿物	
混合型	其他土壤	

1.4.3 矿质土壤的石灰性和酸碱反应级别

（1）石灰性类别控制层段

A．根系限制层深度≤25 cm：根系限制层上 2.5 cm 厚土层。

B．根系限制层深度 25～50 cm：矿质土表下 25 cm 到根系限制层。

C．其他：矿质土表下 25～50 cm。

酸性，非酸性和铝质类别的控制层段同颗粒大小级别。

（2）石灰性与反应类别检索

A. 铁铝土中在控制层段中有一厚度≥30 cm 土层，在其细土部分中每千克土壤含 KCl 提取态 Al>2 cmol(+)。 铝质（含铝）

B. 其他土壤中，全部控制层段的细土部分遇冷稀 HCl 冒气泡的土壤。 石灰性

C. 其他土壤中，整个控制层段 pH<5.5（1∶2.5 水∶土提取）的土壤。 酸性

D. 其他土壤中，控制层段的部分或全部在水提取液（1∶2.5）中 pH≥5.5 的土壤。 非酸性

1.4.4 土壤温度等级

（1）土壤温度等级控制层段

土壤温度控制层段为土壤表层以下 50 cm 或根系限制层上界（取较浅者）。

（2）土壤温度等级检索

A. 永冻土，根据土壤年均温：

1. ≤-10℃ 高寒性

或

2. -5℃至-10℃ 近寒性

或

3. 0℃至-5℃ 亚寒性

B. 其他土壤，根据年平均土温：

1. 0℃至9℃

1) 若夏季（北半球 6~8 月份）平均土温与冬季（北半球 12~2 月份）平均土温之差<6℃ 寒性

或

2) 若夏季（北半球 6~8 月份）平均土温与冬季（北半球 12~2 月份）平均土温之差≥6℃ 冷性

或

2. 9℃至 16℃ 温性

或

3. 16℃至 23℃ 热性

或

4. ≥23℃ 高热性

C. 其他土壤，根据土壤年均温确定土壤温度等级如下：

1. 低于 9℃ 恒冷性

或

2. 9℃至 16℃ 恒温性

或

3. 16℃至 23℃ 恒热性

或

4. ≥23℃ 恒高热性

1.5 有机土和有机冻土的土族鉴别特征

有机土和有机冻土的土族名称中，各级别出现的顺序应该如下：①颗粒大小级别，②矿物学类别，包括有机土中湖积物的性质，③酸碱反应类别，④土壤温度等级，⑤有效土体厚度等级（仅用于有机土）。

1.5.1 颗粒大小级别

颗粒大小级别仅用于有机土和有机冻土中的矿质底层亚类的土族名称。通过对控制层段中矿质土壤物质的性质进行颗粒大小级别的检索来确定颗粒大小级别名称。该级别与其他土纲的颗粒大小级别相比更具概括性。

（1）颗粒大小级别的控制层段

有机土和有机冻土土族的颗粒大小控制层段是矿质土层的上部 30 cm 或控制层段内的矿质层部分，依厚者。

（2）有机土和有机冻土颗粒大小级别检索

A．有机土和有机冻土的矿质底层亚类在颗粒大小控制层段内具有（重量计）：

1. 细土部分（包括与其相连的中小孔隙）的体积含量<10% **碎屑质**

或

2. 细土部分的质地为砂或壤砂，且极细砂含量<50%（重量计） **砂质或砂质-粗骨质**

或

3. 细土部分的黏粒含量<35%且砾石的体积含量≥35% **壤质-粗骨质**

或

4. 砾石的体积含量≥35% **黏质-粗骨质**

或 5. 细土部分中黏粒含量≥35% **黏质**

或

6. 有机土和有机冻土的所有其他矿质土层亚类 **壤质**

或

B．所有其他有机土和有机冻土：不使用颗粒大小级别。

1.5.2 矿物学类别，包括湖积物性质

有机土的矿物学类别，根据土类或亚类的性质不同可以分为三种。第一种是铁质腐殖质土壤物质。第二种是三种湖积物质——粪粒性土、硅藻性土和灰泥性土。第三种是矿质底层亚类的矿质土层。这些矿质土层的矿物学类别检索与矿质土壤相同。有机冻土的矿质底层亚类与矿质土壤有着相同的矿物学类别。

（1）铁质腐殖质矿物学类别

铁质腐殖质土壤物质，即沼铁，是水化氧化铁与有机物质混合后就地形成的沉积物，

以分散软质形式或胶结成大型团聚体的形式存在，且在矿质或有机土层中具以下所有特征：

　　A．每年至少有六个月处于水饱和状态（或人工排水状态）；

　　B．有≥2%（重量计）的铁质结核，结核侧向大小从最小＜5 mm 到最大＞100 mm，且自由氧化铁含量≥10%（重量计）（Fe≥7%）和有机质含量≥1%（重量计）；

　　C．颜色为暗红或棕色，干时颜色变化不大。

　　铁质腐殖质矿物学类别适用于除水藓低分解有机土和其他土类中的水藓质亚类以外的低分解有机土、半分解有机土和高分解有机土。如果铁质腐殖质类别用于有机土的土族名称中，土族中就不再出现其他的矿物学类别，因为铁的存在被认为是最重要的矿物学鉴别特征。

　　（2）仅用于湖积亚类的矿物学类别

　　如果土壤不符合铁质腐殖质矿物学类别，且在控制层段内湖积物质厚度≥5 cm，则用以下土族类别名称：粪粒质、硅藻质和灰泥质。

　　（3）铁质腐殖质和用于湖积亚类的矿物学类别的控制层段

　　铁质腐殖质和用于湖积亚类的矿物学类别的控制层段同有机土。

　　（4）仅用于矿质底层亚类的矿物学类别

　　有机土和有机冻土的矿质底层亚类所用矿物学类别检索与矿质土壤相同，具铁质腐殖质矿物学类别的有机土除外。

　　（5）仅用于矿质底层亚类的矿物学类别的控制层段

　　对于有机土和有机冻土的矿质底层亚类，矿物学类型控制层段与颗粒大小控制层段相同。

　　（6）矿物学类别检索

　　A．有机土（低分解有机土除外），水藓低分解有机土和其他土类中的水藓亚类在有机土控制层段内具有铁质腐殖质土壤物质；　　　　　　　　　　　　**铁腐殖质型**

或

　　B．其他有机土壤在其控制层段内有≥5 cm 的湖积物质由以下物质组成：

　　　1．粪粒质土　　　　　　　　　　　　　　　　　　　　　　　　**粪粒质型**

或

　　　2．硅藻质土　　　　　　　　　　　　　　　　　　　　　　　　**硅藻质型**

或

　　　3．灰泥质土　　　　　　　　　　　　　　　　　　　　　　　　**灰泥质型**

或

　　C．矿质底层亚类的有机冻土和其他有机土：使用矿质土壤的矿物学类别检索。

或

　　D．所有其他有机冻土和有机土：不使用矿物学类别。

1.5.3 反应类别

反应类别用于所有有机土和有机冻土的土族名称中。两类反应类别定义如下：

A．有机土和有机冻土在其控制层段内的一层或多层中有机土壤物质的未风干 pH≥4.5（0.01 mol/L $CaCl_2$ 处理）； **弱酸性**

或

B．所有其他有机土或有机冻土。 **强酸性**

1.5.4 土壤温度等级

同矿质土壤。有机冻土的温度等级与其他冻土相同。

1.5.5 有效土体厚度等级

有效土体厚度等级是指到根系限制层、碎屑质颗粒大小级别土层、火山渣或浮石质替代级别土层的深度。有机土中有效土体厚度等级内的根系限制层包括：硬磐；石质钙积、石质石膏、和薄铁磐层；连续络合胶结层；致密、石质、准石质和石化铁质接触面。以下检索用于有机土所有亚类的土族中。浅薄级别不用于低分解有机土亚纲。

有效土体厚度等级检索如下：

A．有机土中，到根系限制层、碎屑质颗粒大小级别土层、火山渣或浮石质替代级别土层的深度<18 cm； **极浅薄**

或

B．除低分解有机土的有机土中的，距土壤表层 18~50 cm 内出现根系限制层、碎屑质颗粒大小级别土层、火山渣或浮石质替代级别土层； **浅薄**

或

C．所有其他有机土：不使用有效土体厚度等级。

2 土系的定义及划分标准

2.1 土系定义

土系是土壤系统分类中最基层的分类单元，是发育在相同母质上、处于相同景观部位、具有相同土层排列和相似土壤属性的土壤集合。

2.2 土系划分原则和依据

土系是具有实用目的的分类单元，其划分依据应主要考虑土族内影响土壤利用的性质差异。相对于其他分类级别而言，土系能够对不同的土壤类型给出精确的解释。

具体来说：

（1）土系鉴别特征必须在土系控制层段内使用。
（2）土系鉴别特征的变幅范围不能超过土族，但要明显大于观测误差。
（3）使用易于观测且较稳定的土壤属性，如深度、厚度等。
（4）土系鉴别特征也可考虑土壤发生层的发育程度。
（5）与利用有关但不属于土壤本身性质的指标，如坡度或地表砾石，一般不作为土系划分依据。
（6）不同利用强度和功能的土壤，土系属性变幅可以不同。一般地，具有重要功能的土壤类型可以适当细分，否则划分可以相对较粗。

2.3 土系划分的控制层段

与土族不同，土系控制层段始于土表，也包括根系限制层或准石质接触面（但上界需在矿质土壤表层 125 cm 以内）以下的 25 cm。如在距矿质表层 100～150 cm 内出现诊断层，其下界突破 150 cm，则控制层段到诊断层下界为止，但最多不超过 200 cm。

一般情况下，土系的控制层段为 0～150 cm。

2.4 土系鉴别特征的控制层段检索

在一个土族中，用于区别土系所考虑的土体部分如下：

A．对于在 150 cm 深度内具永冻特征的矿质土壤：控制层段为从土表到以下最浅者：
 1．石质或石化铁质接触面；或
 2．如果到永冻层深度小于 75 cm，则取从土壤表面往下的 100 cm 处；或
 3．如果永冻层上界位于土壤表层 75 cm 或以下，则取永冻层上界之下的 25 cm 处；或
 4．根系限制层或准石质接触面以下 25 cm 处；或
 5．150 cm 深度处；或

B．其他矿质土壤：从土表至以下最浅者处：
 1．石质或石化铁质层；或
 2．如果 150 cm 内有致密或准石质接触层，则取致密土层或准石质接触层以下 25 cm 处或土表以下 150 cm 处，依浅者；或
 3．如果最深的诊断层底部未达到土表以下 150 cm 处，则取土表下 150 cm 处；或
 4．如果最深的诊断层下界距土表 150 cm 或更深，则取最深诊断层的下界或 200 cm 深处，依浅者；或

C．有机土壤（有机土和有机冻土）：从土表到以下最浅者：
 1．石质或石化铁质接触面；或
 2．致密土层或准石质接触面以下 25 cm 处；或
 3．如果到永冻层的深度小于 75 cm，则取 100 cm 深度处；或
 4．如果永冻层上界位于距土壤表层以下 75～125 cm，则取永冻层上界之下的

25 cm 处；或

5．最底部土层基部。

2.5 土系划分可选土壤性质与划分标准

2.5.1 特定土层深度和厚度

A．特定土层或属性（诊断表下层、根系限制层、残留母质层、诊断特性、诊断现象）（雏形层除外）：

依上界出现深度，可分为 0~50 cm、50~100 cm、100~150 cm。如指标在高级单元已经应用，则不再在土系中使用。

B．诊断表下层厚度：

在出现深度范围一致的情况下，如诊断表下层厚度差异达到两倍（即相差达到 3 倍）、或厚度差异超过 30 cm，可以区分不同的土系。

2.5.2 表层土壤质地

当表层（或耕作层）20 cm 混合后质地为不同的类别时，可以按照质地类别区分土系。土壤质地类别如下：

砂土类，壤土类，黏壤土类，黏土类（见《土壤调查实验室分析方法》P9）。

2.5.3 土壤中砾石、结核、侵入体等

在同一土族中，当土体内加权碎屑、结核、侵入体等（直径或最大尺寸 2~75 mm）绝对含量差异超过 30%时，可以划分不同土系。

2.5.4 土壤盐分含量

盐化类型的土壤（非盐成土）按照表层土壤盐分含量，可以划分不同的土系。有关标准见附表 3。

附表 3　盐化类型的土壤（非盐成土）盐分含量划分标准

	高盐含量	中盐含量	低盐含量
全盐量/（g/kg）	10~20	5~10	2~5

2.6 土系命名

土系以首次发现并记录或占优势的地名命名，地名不宜过大或过小，可优先考虑乡镇以及风景名胜区名称，名称长度最好为 2~4 个汉字。

土系命名要避免以下词汇：①不雅的或粗俗的词语；②专业名词，如岩石名、矿物名、地貌、地层名、动植物名；③特定人名，除非该人名已被用于表示地理位置，如黑龙江的尚志市、山西的左权县；④已获注册的版权名和商标名、发音和拼写上与已有土系名称相似的名称；⑤多处可能出现的小地点地名，如"村头""山前""沟边"等；⑥带有时代性政治色彩的地名，如"五星""解放""胜利""幸福"等。

索　引

A

暗瘠表层　30
暗色潮湿寒冻雏形土　113
暗沃表层　30
暗沃简育永冻潜育土　89
昂仁系　227

B

巴登系　207
巴果绕系　99
巴日系　209
佰绘系　149
斑纹暗沃冷凉淋溶土　95
斑纹肥熟旱耕人为土　43
斑纹寒冻冲积新成土　227
斑纹简育干润淋溶土　99
斑纹简育寒冻雏形土　169
斑纹简育湿润雏形土　213
表蚀简育寒冻雏形土　155
布如曲系　161

C

草毡表层　30
草毡寒冻正常新成土　235
雏形层　32
雏形土　103
措玛塘系　239
措热隆系　103

D

达登系　187
达纠塘系　123

达郎列系　109
达玛拉系　175
达木嘎系　137
达普卡系　173
达荣卡系　193
打加错系　163
大达隆巴系　217
淡薄表层　31
档楚系　143
地哈通系　129
冻融特征　34
洞青岗系　199

E

鄂钦系　125

F

肥熟表层　31
腐殖钙质常湿雏形土　203
腐殖简育常湿雏形土　207
腐殖简育常湿淋溶土　97
腐殖酸性常湿雏形土　205
腐殖质特性　34
富铝化过程　29

G

嘎朗系　203
嘎玛尔系　229
钙积草毡寒冻雏形土　121
钙积层和钙积现象　32
钙积过程　28
钙积简育干润雏形土　187

钙积简育寒冻雏形土　157

干旱表层　31

干旱土　47

革吉系　75

根打塘系　53

贡巴子系　135

国雪隆巴系　219

H

哈索龙系　127

灰化淀积层和灰化淀积现象　31

灰化过程　29

灰化冷凉常湿雏形土　199

灰土　45

J

吉考玛系　159

加布系　79

加错系　167

加当嘎系　213

加嘎普系　201

加热克系　69

甲岗系　55

甲卫朝系　51

江果玛系　155

江孜系　177

结壳潮湿正常盐成土　83

K

开欧系　223

克布林典系　63

克色系　93

矿底半腐正常有机土　39

矿底纤维永冻有机土　37

L

拉热系　83

拉欣系　61

郎岭塘系　145

亮扎隆系　65

列根系　121

林堤系　89

淋溶土　95

磷质耕作淀积层　32

鲁古村系　205

鲁朗系　45

罗玛林系　237

落日村系　211

M

马攸木拉系　111

玛永系　241

满拉系　47

门次系　71

米也系　197

明期系　215

N

拿多拉山系　151

纳龙系　131

乃木嘎雅系　81

黏化层　32

黏化钙积寒性干旱土　47

黏化过程　28

娘巴错系　133

酿阁东系　153

P

帕里系　39

帕那系　37

漂白层　31

漂白简育湿润雏形土　211

索　引

普荣岗系　191
普通暗沃寒冻雏形土　149
普通草毡寒冻雏形土　127
普通潮湿寒冻雏形土　115
普通淡色潮湿雏形土　181
普通底锈干润雏形土　185
普通钙积寒性干旱土　53
普通干润正常新成土　245
普通寒冻正常新成土　241
普通简育干润雏形土　191
普通简育寒冻雏形土　171
普通简育寒性干旱土　75
普通简育湿润雏形土　215
普通简育水耕人为土　41
普通简育永冻潜育土　91
普通简育正常灰土　45
普通冷凉常湿雏形土　201
普通黏化寒性干旱土　49
普通永冻寒冻雏形土　103

Q

骑普系　73
恰圭朗果系　243
潜育过程　29
潜育特征　33
潜育土　89
强布果系　117
切玛系　221
曲水系　195

R

热拉村系　245
人为土　41
仁吉岗系　185
仁钦崩系　97

日噶系　95
日吉系　231
日土系　115
弱钙简育寒性干旱土　63

S

色岗系　77
色玛系　179
申扎系　59
石灰草毡寒冻雏形土　125
石灰淡色潮湿雏形土　177
石灰干旱正常新成土　243
石灰寒冻正常新成土　239
石灰红色正常新成土　229
石灰简育寒冻雏形土　165
石灰简育正常潜育土　93
石灰性　34
石质钙积寒性干旱土　51
熟化过程　29
水耕表层　31
水耕氧化还原层　32
索多系　49

T

塔玛系　181
唐古拉系　225
塘嘎布系　91
土久隆系　105
土壤水分状况　33
土壤温度状况　33
沱怕尼牙系　165
妥坝系　235

W

瓦康山系　147
翁塘系　157

X

下察隅系　41

显布隆巴系　101

香加拉系　171

新成土　223

徐果措系　87

Y

亚岗系　113

亚木勒系　107

亚沙系　67

岩性特征　33

盐成土　83

盐积层　32

盐碱化过程　28

盐结壳　31

氧化还原过程　29

氧化还原特征　33

以普特系　119

益秀拉系　233

拥哇系　169

永冻层次　34

永冻寒冻冲积新成土　223

永冻寒冻正常新成土　233

永久村系　183

有机表层　30

有机土　37

有机土壤物质/有机现象　33

有机物质积累过程　27

玉来系　85

原始成土过程　27

约康系　189

Z

扎玛尔塘系　139

查仓囊系　141

章麦系　43

直隆系　57

（准）石质接触面　33

(S-0024.01)
ISBN 978-7-5088-5890-6

定价：268.00 元